无穷维随机动力系统的吸引子

赵文强　张一静◎著

重庆大学出版社

内容提要

本书主要介绍无穷维随机动力系统的吸引子理论及作者在这一领域的最新研究成果，内容共分9章.第1章介绍Sobolev空间的一些预备知识.第2章着重阐述随机动力系统的基本概念和非初始空间上吸引子的存在性和上半连续性结果.从第3章起，主要考虑由白噪声驱动的反应扩散方程、退化的半线性抛物方程、非经典扩散方程、三维Camassa-Holm模型、Boussinesq模型、非自治FitzHugh-Nagumo系统等随机模型的吸引子的存在性、正则性、稳定性、上半连续性等.

本书可供高等院校数学专业高年级学生、研究生和教师阅读，也可供相关科技人员参考.

图书在版编目(CIP)数据

无穷维随机动力系统的吸引子/赵文强，张一静著.
—重庆：重庆大学出版社，2017.4(2022.8重印)
ISBN 978-7-5624-9116-3

Ⅰ.①无… Ⅱ.①赵… ②张… Ⅲ.①无限维—随机系统—动力系统(数学)—吸引子 Ⅳ.①O175

中国版本图书馆CIP数据核字(2017)第043202号

无穷维随机动力系统的吸引子
赵文强 张一静 著
策划编辑：杨粮菊
责任编辑：文 鹏 姜 凤 版式设计：杨粮菊
责任校对：谢 芳 责任印制：张 策
*
重庆大学出版社出版发行
出版人：饶帮华
社址：重庆市沙坪坝区大学城西路21号
邮编：401331
电话：(023) 88617190 88617185(中小学)
传真：(023) 88617186 88617166
网址：http://www.cqup.com.cn
邮箱：fxk@cqup.com.cn (营销中心)
全国新华书店经销
POD：重庆新生代彩印技术有限公司
*
开本：787mm×1092mm 1/16 印张：10.75 字数：268千
2017年4月第1版 2022年8月第2次印刷
ISBN 978-7-5624-9116-3 定价：48.00元

前言

本书的目的是研究无穷维随机动力系统的长时间发展行为，特别是用随机吸引子去描述这一性质. 本书所考虑的随机动力系统主要来自一些随机微分方程，包括自治和非自治的. 从数学上来看，随机动力系统概念是对确定动力系统概念的一种推广，它结合了一个定义在某概率空间上的保持测度不变，具有遍历性的可测动力系统(用于模拟随机噪声)和满足 cocycle 特征的某度量空间上的拓扑动力系统，其演化规律由随机微分方程的解所确定.

对随机微分方程的研究起源于 20 世纪初期 Gibbs 关于保守力学系统 Hamilton-Jacobi 方程和 Langevin 关于布朗运动随机方程的研究. 20 世纪 70 年代，Bensoussan，Temam，Pardouxd 等不少数学家涉入随机非线性微分方程的研究. 随着社会科学和自然科学的发展，研究者们发现随机微分方程出现在大量的实际问题中. 随机微分方程是介于微分方程和概率论之间的交叉学科，是数学的两个分支相互渗透的结果. 对随机偏微分方程的引入，通常的思路是对确定性方程的部分，引入“随机力”“噪声”或“激发力”来弥补确定性方程中所忽略的偶然影响因素. 而如何建立随机动力系统的概念则要追溯到 1992 年，一批数学家如 Crauel，Flandoli，Schmalfuß及 Debussche 等建立了无穷维随机维动力系统基本理论，找到了随机吸引子得以恰如其分阐述的基本框架，并研究了反应扩散方程、Navier-Stokes 方程、Burgers 方程等具体的随机微分方程，获得了这些方程生成的随机动力系统及其吸引子的存在性结果. 近年来，随机微分方程及其随机动力系统的研究得到了蓬勃发展.

虽然有许多数学家从事随机动力系统的吸引子等相关问题的研究，获得了一些数学物理方程模型，如反应扩散方程、KDV 方程、Wave 方程等在一些函数空间上的吸引子及其上半连续性结果，然而这些结果在应用上还远远不够，很多方程如薛定谔方程等仍然未得到解决. 同时，由于方程的非线性以及本身的复杂性，许多来自物理、力学、金融、生物等领域中的非线性微分方程有很多值得研究的问题.

本书介绍了研究无穷维随机动力系统需要的一系列预备知识，包括 Sobolev 空间、随机过程、Wiener 过程等内容. 建立了随机系统在非初始空间上吸引子的存在性和上半连续性标准. 着重研究了白噪声驱动的反应扩散方程、退化的半线性抛物方程、非经典扩散方程、三维 Camassa-Holm 模型、Boussinesq 模型、非自治 FitzHugh-Nagumo 系统等随机模型在不同函数空间上吸引子的存在性、正则性、稳定性、上半连续性等问题，系统地阐述了无穷维随机动力系统的吸引子理论和研究方法，包括紧嵌入法、谱分解法、尾部估计法、能量方程法、渐近预估计法等. 全书共分 9 章，内容的安排以及具有的特点如下：

第 1 章的目的在于介绍泛函分析和非线性分析中的一些基本内容，主要是后面需要用到的一些预备知识和结果. 我们引入了一些 Lebesgue 可积函数空间和 Sobolev 空间，如 $W^{k,p}$ 空间，特别地，当 $k=0, p=2$ 时，L^2 为 Hilbert 空间的重要例子. 整理了经常会使用的 Young 不等式、Hölder 不等式、Gronwall 引理、Sobolev 插值、嵌入和紧嵌入等内容. 并系统地介绍了各种收敛，给出了无穷序列空间和加权无穷序列空间上集合的紧性定理.

第 2 章介绍了概率论和无穷维随机动力系统的相关概念和理论. 对速降随机变量给出了等价刻画. 引入了渐近紧、Omega-极限紧、Flattening 条件等内容，并用于刻画吸引子的存在性. 证明了一个重要结果：随机动力系统在非初始空间的吸引子的存在性仅取决于系统在初始空间上的连续性、吸收集的存在性，以及系统在非初始空间的渐近紧性，与系统在非初始空间上吸收集的存在性和连续性无关. 这一发现揭示了随机动力系统更深刻的性质. 最后介绍了吸引子上半连续性的概念，给出了随机吸引子在非初始空间上的上半连续性条件. 这些结果为研究吸引子的正则性提供了理论依据.

第 3 章分别讨论了定义在有界域上，具有加法和乘法白噪声的反应扩散方程：

$$du-\mu\Delta u dt+(f(x,u)+g(x))dt=\sum_{j=1}^{m}h_j(x)dW_j(t),$$

和

$$du-\mu\Delta u dt+f(u)dt=g(x)dt+\sum_{j=1}^{m}b_j u\circ dW_j(t),$$

这里的 μ 为正常数，$f(x,u)$ 满足给定的增长和耗散条件，$\{W_j(t)\}_{j=1}^{m}$ 为 m 维布朗运动. 展示了方程的解在光滑函数空间 $H_0^1(\mathcal{O})$ 上拟连续，并且利用谱分解法证明了带白噪声反应扩散方程的解在 $H_0^1(\mathcal{O})$ 上是 Omega-极限紧的，从而获得了随机吸引子的唯一存在性结果. 最后,在系统参数满足一定的附加条件时,方程的解具有压缩特征. 从而证明了此时的吸引子是渐近稳定的,并且仅仅包含一个元素,恰为随机系统的唯一平衡稳定点.

第 4 章分别研究了带加法和乘法噪声的一类半线性退化的随机抛物方程:

$$du + (\lambda u - \mathrm{div}(\sigma(x)\nabla u) + f(u))\mathrm{d}t = \sum_{j=1}^{m}\phi_j(x)\mathrm{d}W_j(t),$$

和

$$du + \lambda u\,\mathrm{d}t - \mathrm{div}(\sigma(x)\nabla u)\mathrm{d}t + f(u)\mathrm{d}t$$
$$= g(x)\mathrm{d}t + \sum_{j=1}^{m} b_j u \circ \mathrm{d}W_j(t),$$

这里 div 代表散度,$\{W_j(t)\}_{j=1}^{m}$ 为双边实值 Wiener 过程. 方程的非退化性表现在其中的扩散变量 σ 为 $D_N \subset \mathbb{R}^N$ 上的非光滑或者无界函数,其中 $N \geqslant 2$. 即 $\sigma: D_N \to [0,\infty)$ 满足假设:

$\mathcal{H}_\alpha$:当 D_N 有界时,则假设对某些 $\alpha \in (0,2)$ 和每一个 $z \in \overline{D_N}$,$\sigma \in L^1_{loc}(D_N)$ 及 $\liminf\limits_{x \to z} |x-z|^{-\alpha}\sigma(x) > 0$;

$\mathcal{H}_\alpha^\beta$:当 D_N 无界时,则假设 σ 满足 $\mathcal{H}_\alpha$,以及对某些 $\beta > 2$,$\liminf\limits_{|x| \to \infty} |x|^{-\beta}\sigma(x) > 0$.

利用谱分解法,证明了生成的随机动力系统在光滑加权函数空间 $D_0^{1,2}(D_N,\sigma)$ 上随机吸引子的存在性结果. 利用新的渐近预估计法,证明了在高次可积函数空间 $L^{2p-2}(D_N)$ 上存在吸引子. 进一步表明了 $L^2(D_N)$ 空间上获得的吸引子是渐近光滑的和高次可积的.

第 5 章考虑了定义在三维周期立体 $\mathcal{O} = [0,L]^3 \subset \mathbb{R}^3$ 上的随机 Camassa-Holm 方程:

$$\begin{cases} \mathrm{d}(\alpha_0^2 u - \alpha_1^2 \Delta u) - \nu\Delta(\alpha_0^2 u - \alpha_1^2\Delta u)\mathrm{d}t - u \times \\ (\nabla \times (\alpha_0^2 u - \alpha_1^2 \Delta u))\mathrm{d}t + \dfrac{1}{\rho_0}\nabla p \mathrm{d}t \\ = f(x)\mathrm{d}t + Q(x)\mathrm{d}W(t), \\ \nabla . u = 0, \end{cases}$$

这里 $t > \tau, \tau \in \mathbb{R}$. $\nu, \rho_0, \alpha_0 > 0, \alpha_1 \geqslant 0$ 为常数. 函数 $u = (u_1, u_2, u_3)$ 定义于$\mathcal{O} \times [\tau, t]$表示不可压缩流体的流速,$\dfrac{1}{\rho_0}p = \dfrac{1}{\rho_0}p(x,t)$表示压强. $f(x)$和 $Q(x)\mathrm{d}W(t)$表示流体所受外来干扰因素,随机部分 $Q(x)\mathrm{d}W(t)$与 Brownian 运动 $W(t)$的广义偏微分相联系. 这里 $W(t)$为定义在概率空间(Ω, F, P)上的双边实值的 Wiener 过程. 我们研究了该方程在 $H^2(\mathcal{O})^3$ 空间中随机吸引子的存在性. 然而该模型的解轨道在 $H^2(\mathcal{O})^3$ 中既不紧也不连续,因此传统的

方法不可行.这里运用了拟连续性概念和Omega-极限紧性概念,采用谱分解法获得系统在 $H^2(\mathcal{O})^3$ 空间上的Omega-极限紧性,建立了 H^2-吸引子的存在性,从而进一步展示了吸引子的高维光滑性.

第6章研究了具有深厚流体力学背景的带可加噪声的Boussinesq模型:

$$\begin{cases} \mathrm{d}v+[(v.\nabla)v-\nu\Delta v+\nabla p]\mathrm{d}t=e_2(T-\varepsilon_1)\mathrm{d}t+\sum_{j=1}^{m}\phi_j\mathrm{d}w_j(t), \\ \mathrm{d}T+[(v.\nabla)T]\mathrm{d}t-\kappa\Delta T=0, \\ \mathrm{div}v=0, \end{cases}$$

这里流体所占区域是单位面积为1的平面区域 $\mathcal{O}=(0,1)\times(0,1)\subset\mathbb{R}^2$, $e_2\in\mathbb{R}^2$ 为重力加速度方向的单位向量. $v(x,t)=(v_1(x,t),v_2(x,t))$、$p(x,t)$ 和 $T(x,t)$ 分别代表流体的速度、压强和温度域. κ 为常数,表示热传导系数. $\nu>0$ 表示流体的黏滞系数. ε_1 为在顶部 $x_2=1$ 处的温度,而 $\varepsilon_0=\varepsilon_1+1$ 为在底部 $x_2=0$ 处的温度. $\phi_j(x)=(\phi_{j1}(x),\phi_{j2}(x))$ 为定义在 $\mathcal{O}$ 上属于某Hilbert空间的函数. $w(t)=\{w_1(t),w_2(t),\cdots,w_m(t)\}$ 为双边实值的Wiener过程.方程组赋予非齐次边界条件:

$$\begin{cases} v=0,\text{当 } x_2=0,x_2=1; \\ T=\varepsilon_0,\text{当 } x_2=0,\text{及 } T=\varepsilon_1=\varepsilon_0-1,\text{当 } x_2=1; \\ \psi|_{x_1=0}=\psi|_{x_1=1},\text{其中 } \psi=v,T,P,\dfrac{\partial v}{\partial x_1},\dfrac{\partial T}{\partial x_1}. \end{cases}$$

在没有参数 $\min\{\nu,\kappa\}>1$ 的限制条件下,利用紧嵌入方法证明了生成的随机系统在 $(L^2)^2\times L^2$ 空间上的渐近紧性,从而获得了吸引子的存在性结果.

第7章考虑了强度为 ε 的加法噪声扰动下,定义在无界域上的随机非经典扩散方程:

$$\begin{cases} u_t-\Delta u_t-\Delta u+u+f(x,u)=g(x)+\varepsilon h\dot{W},x\in\mathbb{R}^N, \\ u(x,\tau)=u_0(x),x\in\mathbb{R}^N, \end{cases}$$

其中初值 $u_0\in H^1(\mathbb{R}^N)$, $\varepsilon\in(0,1]$ 为噪声强度, $\dot{W}(t)$ 为Wiener过程 $W(t)$ 的广义偏导数, $W(t)=W(t,\omega)=\omega(t)$, $t\in\mathbb{R}$. $g\in L^2(\mathbb{R}^N)$, $h\in H^1(\mathbb{R}^N)$.因为考虑了介质的黏性、弹性和压强等因素对系统的影响,在研究非Newtonian流体、固体力学和热传导问题中,非经典扩散方程具有重要的应用.这里用能量方程方法证明了随机系统在 $H^1(\mathbb{R}^N)$ 上的渐近紧性,获得了吸引子的存在性结果.最后通过验证随机解和确定解的收敛性,结合吸收集随 ε 单调不减的特征,证明随机吸引子在 $H^1(\mathbb{R}^N)$ 空间上在点 $\varepsilon=0$ 处的上半连续性结论.

第 8 章讨论了定义在$\mathbb{R}^N$上的带加法噪声的非自治的耦合系统：

$$\begin{cases} d\tilde{u}+(\lambda\tilde{u}-\Delta\tilde{u}+\alpha\tilde{v})dt=f(x,\tilde{u})dt+g(t,x)dt+h_1 d\omega_1(t), \\ d\tilde{v}+(\sigma\tilde{v}-\beta\tilde{u})dt=h(t,x)dt+h_2 d\omega_2(t), \end{cases}$$

其中初值$(\tilde{u}_0,\tilde{v}_0)\in L^2(\mathbb{R}^N)\times L^2(\mathbb{R}^N)$，参数$\lambda,\alpha,\beta$和$\sigma$为正常数，$h_1$和$h_2$为$\mathbb{R}^N$上满足某些正则条件的函数，非自治项$g$，$h\in L^2_{loc}(\mathbb{R},L^2(\mathbb{R}^N))$，非线性函数$f$具有指数为$p-1,p>2$的多项式型增长，$\omega(t)=(\omega_1(t),\omega_2(t))$为定义在概率空间$(\Omega,F,P)$上的 Wiener 过程. 运用一种新的渐近预估计技术，在不知道非线性函数在最大值时的正负的情况下，获得了随机圈在$L^p(\mathbb{R}^N)\times L^2(\mathbb{R}^N)$上的渐近紧性，从而证明耦合系统在非初始空间$L^{\varpi}(\mathbb{R}^N)\times L^2(\mathbb{R}^N)$上具有唯一拉回吸引子，其中$\varpi\in(2,p]$.

第 9 章研究了具有乘法白噪声和非自治项的反应扩散方程：

$$\begin{cases} du+(\lambda u-\Delta u)dt=f(x,u)dt+g(t,x)dt+\varepsilon u\circ d\omega(t), \\ u(\tau,x)=u_0(x),x\in\mathbb{R}^N, \end{cases}$$

这里$u_0\in L^2(\mathbb{R}^N)$，$\lambda>0$，ε为噪声强度，$t>\tau$，$\omega(t)$为概率空间(Ω,F,P)上的双边实值过程，$f(x,s)$具有多项式形式的增长. 首先，证明了在以原点为中心的球域外部，当时间和半径趋于无穷时，方程的解在$H^1(\mathbb{R}^N)$空间拓扑下任意小. 其次，给出了一个新的估计方法，获得了当截断常数无限增大时，解的L^{2p-2}-范数在紧的一维区间上的积分趋于零. 最后，结合谱分解技术，证明了方程生成的随机圈在$H^1(\mathbb{R}^N)$空间的渐近紧性，并获得了随机吸引子在$H^1(\mathbb{R}^N)$空间上的上半连续性结果.

本书的主要内容完全是作者近年来对相关问题的心得体会和最新的研究成果. 作者在撰写本书的过程中参阅了国内外大量的研究文献，在此向有关学者表示诚挚的感谢！同时衷心感谢重庆大学出版社的有关同志！

限于作者水平，书中欠妥之处在所难免，恳请读者指正.

赵文强

2016 年 10 月于重庆

目录

第 1 章

Sobolev 空间

本章的目的在于介绍泛函分析和非线性分析中的一些基本内容，强调后面需要用到的一些结果. 我们引入了一些 Lebesgue 可积函数空间和 Sobolev 空间，如 $W^{k,p}$空间，特别地，当 $k=0,p=2$ 时，L^2 为 Hilbert 空间的重要例子. 整理了经常会使用的 Young 不等式、Hölder 不等式等内容. 并证明了无穷序列（加权）空间上的一些紧理论.

1.1 度量空间、赋范空间、巴拿赫(Banach)空间

数学中的基本概念就是集合，在应用中需要在元素之间建立某种关系，元素之间的距离就是它们之间的关系体现. 有了这种关系，就可以研究数学中的一些问题. 例如，在实数集合 $\mathbb{R}$上的一个距离就是用绝对值描述，$d(x,y)=|x-y|, x,y\in\mathbb{R}$，于是我们可以研究实数列的极限、一元函数的极限、微分和积分等问题.

1.1.1 度量空间、向量空间

首先引入度量空间的概念，详细的讨论见文献[86].

定义 1.1 设 X 是一个集合，一个定义在 $X\times X$ 上的非负函数 $d: X\times X\to[0,+\infty)$，使得对一切 $x,y,z\in X$ 满足如下度量公理：

i) $d(x,y)=0\Leftrightarrow x=y$；

ii) $d(x,y)\leqslant d(x,z)+d(z,y)$，

则称 $d(x,y)$ 是 x,y 之间的距离，称 (X,d) 为度量空间或距离空间.

容易证明 $d(x,y)$ 具有对称性，即 $d(x,y)=d(y,x)$.

例如，无穷序列空间 $S=\{x=(x_1,x_2,\cdots,x_k,\cdots); x_k\in\mathbb{R}, k=1,2,\cdots\}$，按

$$d(x,y)=\sum_{k=1}^{\infty}\frac{1}{2^k}\ \frac{|x_k-y_k|}{1+|x_k-y_k|}$$

成一度量空间. 再比如，空间 $C[a,b]$ 表示闭区间 $[a,b]$ 上实值（或复值）连续函数全体，定义

$$d(x,y)=\max_{a\leqslant t\leqslant b}|x(t)-y(t)| \qquad x,y\in C[a,b],$$

则容易验证它满足距离条件 i) 和 ii)，因此 $C[a,b]$ 为度量空间.

定义 1.2 设$\{x_n\}$是度量空间 X 中的点列，我们称 $x_0\in X$ 为$\{x_n\}$的极限，记为$\lim\limits_{n\to\infty} x_n=x_0$，如果

$$\lim_{n\to\infty} d(x_n,x_0)=0,\qquad 或者\quad \lim_{n\to\infty} d(x_0,x_n)=0.$$

定义 1.3 设 X 为度量空间，$x_0\in X$，子集

$$B(x_0,\delta)=\{x\in X;d(x,x_0)<\delta\},$$

称为 x_0 的 δ-邻域；设 $A\subset X$，如果存在 x_0 的某个 δ-邻域 $B(x_0,\delta)\supset A$，则称 A 为有界集；如果存在一个 δ-邻域 $B(x_0,\delta)\subset A$，则称 x_0 为 A 的内点；如果 A 中的每一点都是 A 的内点，则称 A 为开集. 显然邻域是开集. 另外，x_0 是 A 的极限点是指 x_0 的每一个 δ-邻域都含有 A 中不同于 x_0 的点；x_0 是 A 的边界点是指 x_0 是 A 的极限点但不是 A 的内点；A 的边界点的全体称为 A 的边界，记为∂A；称 $\overline{A}=A\cup\partial A$ 为 A 的闭包；如果 $\overline{A}=A$，则称 A 为闭集.

定义 1.4 设$\{x_n\}$为度量空间 X 中的点列，如果对任意的 $\eta>0$，存在正数 $N>0$，使得对所有的 $m,n\geqslant N$，都有

$$d(x_n,x_m)<\eta,$$

则称$\{x_n\}$为 X 中的柯西(Cauchy)点列. 如果度量空间 X 中的每一个柯西点列都存在极限 $x_0\in X$，则称 X 是完备的度量空间.

完备空间具有很好的性质，例如在完备度量空间上具有重要的巴拿赫(Banach)压缩映像原理：设 X 为完备的度量空间，$F:X\to X$ 是压缩映射，即存在 $\alpha\in[0,1)$，使得对任何 $x,y\in X$，有

$$d(F(x),F(y))\leqslant \alpha d(x,y),$$

则 F 有唯一的不动点 x^*，即 $F(x^*)=x^*$. 进一步，任意取 $x_0\in X$，取

$$x_n=F(x_{n-1}),n=1,2,\cdots,$$

则有

$$d(x_n,x^*)\leqslant\frac{\alpha^n}{1-\alpha}d(x_1,x_0),n=1,2,\cdots.$$

在许多数学问题和实际问题中，研究的空间不仅要有极限运算，还要求元素之间可以有所谓的加法和数乘的代数运算. 这样就产生了线性空间.

定义 1.5 设 X 是一非空集合，在 X 中定义了元素的加法和实数(或者复数)与元素的乘法运算，并满足下列条件：

(1)加法交换群成立，即对任意 $x,y\in X$，有 $x+y\in X$，使得

i)$x+y=y+x$；

ii)$(x+y)+z=x+(y+z)$，对任意的 $x,y,z\in X$；

iii)存在零元素 $\theta\in X$ 使得对任意的 $x\in X$，$x+\theta=x$；

iv)对每一个 $x\in X$，存在负元素 x'，使得 $x+x'=\theta$，称 x'为 x 的负元素，记作$-x$.

(2)对每一个 $x\in X$ 及任何实数(或者复数)a，有数乘运算 $ax\in X$，且满足：

i)$1x=x$；

ii)$a(bx)=(ab)x$，对任何实数(或者复数)a,b 成立；

iii)$(a+b)x=ax+bx$；$a(x+y)=ax+ay$，则称 X 按上述加法和数乘运算成为线性空间或者向量空间，其中 X 的元素称为向量.

1.1.2 赋范空间、巴拿赫(Banach)空间

在泛函分析中,特别有用的一类度量空间是赋范线性空间.在赋范线性空间中,元素可以相加或者数乘,元素之间不仅有度量,而且每一个元素有类似向量长度的称作范数的量.

定义 1.6 一线性空间 X 上的一个非负函数 $\|.\|:X\to[0,+\infty)$,使得对一切的 $x,y\in X$ 满足:

i) $\|x\|=0\Leftrightarrow x=0$;

ii) $\|\lambda x\|=|\lambda|\,\|x\|$,对所有的 $\lambda\in\mathbb{R}$;

iii) $\|x+y\|\leqslant\|x\|+\|y\|$(三角不等式),则称 $\|x\|$ 为 x 的范数,称 X 按范数 $\|.\|$ 为赋范线性空间.

一个赋范线性空间称为完备的,如果 X 中的每一个 Cauchy 序列收敛于 X 中的点.完备的赋范线性空间称为巴拿赫(Banach)空间,其范数记为 $\|.\|_X$.

一个子集合 $E\subset X$ 称为在 X 中稠密的,如果 E 的闭包 $\overline{E}=X$.等价的,X 中的每一元素 x 能由 E 中的元素逼近,即对任意的 $\eta>0$,存在 $y\in E$,使得 $\|x-y\|_X\leqslant\eta$.特别地,如果 $x\in X$,那么一定存在一序列 $y_n\in E$,使得 $\lim\limits_{n\to\infty}\|y_n-x\|_X=0$.后面我们看到,光滑函数空间在 Lebesque 可积函数空间里是稠密的,这一性质是非常重要的.Banach 空间 X 称为可分的,如果 X 具有可数稠密子集.

定义 1.7 设 X 为 Banach 空间,X 上的两个范数 $\|.\|_1$ 和 $\|.\|_2$ 称为等价的,如果存在正实数 a,b,使得对任意的 $x\in X$,有

$$a\|x\|_2\leqslant\|x\|_1\leqslant b\|x\|_2.$$

可以证明定义在欧式空间 $\mathbb{R}^m$ 上的所有范数都是等价范数,见文献[79].

1.2 连续函数空间 $C^k(\mathcal{O})$ 和 $C_0^k(\mathcal{O})$

本书中,我们用 $\mathcal{O}$ 表示欧式空间 $\mathbb{R}^m$ 的开子集,$\overline{\mathcal{O}}$ 表示 $\mathcal{O}$ 的闭包,$\partial\mathcal{O}$ 表示 $\mathcal{O}$ 的边界.$C^0(\mathcal{O})$ 表示 $\mathcal{O}$ 上所有连续函数的全体,$C^0(\overline{\mathcal{O}})$ 表示 $\overline{\mathcal{O}}$ 上所有连续函数的全体.注意到 $C^0(\mathcal{O})$ 中的函数不一定有界,然而如果 $\mathcal{O}$ 有界,那么 $C(\overline{\mathcal{O}})$ 中的函数有界而且一致连续.于是,$C(\overline{\mathcal{O}})$ 上的范数为上确界范数,

$$\|u\|=\|u\|_\infty=\sup_{x\in\mathcal{O}}|u(x)|.$$

可以证明,如果 $\mathcal{O}$ 有界,那么按上述范数 $C(\overline{\mathcal{O}})$ 为 Banach 空间,而且是可分的,见文献[80].

为了介绍一些高次可微函数的集合,需要引入一些记号.用记号 D_j 表示 $\frac{\partial}{\partial x_j}$,例如,梯度 $\nabla u=(D_1u,D_2u,\cdots,D_mu)$ 以及 $|\nabla u|^2=\sum\limits_{j=1}^{m}|D_ju|^2$.对于 $\alpha=(\alpha_1,\alpha_2,\cdots,\alpha_m)\in\mathbb{R}^m$,其中 $\alpha_i\geqslant 0$,则称 α 为多重指标.对于多重指标 $\alpha=(\alpha_1,\cdots,\alpha_m)$,定义

$$|\alpha|=\alpha_1+\cdots+\alpha_m,$$

$$D^{\alpha} = D_1^{\alpha_1} D_2^{\alpha_2} \cdots D_m^{\alpha_m},$$

于是

$$D^{\alpha}u = \frac{\partial^{\alpha}u(x)}{\partial x^{\alpha}} = \frac{\partial^{|\alpha|}u}{\partial_{x_1}^{\alpha_1}\cdots\partial_{x_m}^{\alpha_m}}.$$

对于 $\mathbb{R}^3 \to \mathbb{R}^3$ 上的向量函数 $v=(v_1,v_2,v_3)$，定义其散度为

$$\operatorname{div} v = \nabla . v = D_1 v_1 + D_2 v_2 + D_3 v_3.$$

定义 v 的旋度为

$$\operatorname{curl} v = \nabla \times v = (D_2 v_3 - D_3 v_2, D_3 v_1 - D_1 v_3, D_1 v_2 - D_2 v_1)$$

如果 v 是 $\mathbb{R}^2 \to \mathbb{R}^2$ 上的向量函数，则其旋度为

$$\operatorname{curl} v = D_1 v_2 - D_2 v_1.$$

类似的可以定义高维数空间 $\mathbb{R}^m(m>3)$ 上的散度与旋度概念.

利用上述多重指标，我们定义 $C^k(\mathcal{O})$ 表示在 $\mathcal{O}$ 上直到 k 阶偏导数都存在而且连续的函数全体，

$$C^k(\mathcal{O}) = \{f; D^{\alpha}f \in C^0(\mathcal{O}), |\alpha| \leqslant k\}.$$

$C^k(\overline{\mathcal{O}})$ 表示在 $\overline{\mathcal{O}}$ 上直到 k 阶偏导数都存在而且连续的函数全体，

$$C^k(\overline{\mathcal{O}}) = \{f; D^{\alpha}f \in C^0(\overline{\mathcal{O}}), |\alpha| \leqslant k\}.$$

注意，$C^k(\overline{\mathcal{O}})$ 可以等价的定义为 $C^k(\mathcal{O})$ 中直到 k 阶偏导数在 $\mathcal{O}$ 有界且一致连续函数全体. 光滑函数空间 $C^{\infty}(\mathcal{O})$ 表示 $\mathcal{O}$ 上具有无穷阶偏导数的函数全体，即

$$C^{\infty}(\mathcal{O}) = \bigcap_{k=0}^{\infty} C^k(\mathcal{O}).$$

在适当的范数下，闭集上的连续函数空间构成 Banach 空间. 设 $\mathcal{O}$ 有界，则 $C^k(\overline{\mathcal{O}}), k<\infty$，按范数

$$\|f\|_{C^k} = \sum_{|\alpha| \leqslant k} \sup_{x\in\mathcal{O}} |D^{\alpha}f(x)|$$

为一可分的 Banach 空间. 注意，无法找到这样的范数使得 $C^{\infty}(\overline{\mathcal{O}})$ 为 Banach 空间，见文献[79].

函数 f 的支集定义为

$$\operatorname{supp} f = \overline{\{x; f(x) \neq 0\}}$$

因为 $\mathcal{O}$ 是开子集，所以讨论 $C^k(\mathcal{O})$ 中函数簇的紧性是很困难的，因此，下面我们定义具有紧支集的连续函数空间.

$C_0^k(\mathcal{O})$ 表示 $\mathcal{O}$ 内具有紧支集的 $C^k(\mathcal{O})$ 函数全体，$0 \leqslant k \leqslant +\infty$，即

$$C_0^k(\mathcal{O}) = \{f \in C^k(\mathcal{O}); \operatorname{supp} f \text{ 有界且 } \operatorname{supp} f \subset \mathcal{O}\}.$$

$C_0^k(\mathcal{O})$ 可以等价定义为在边界 $\partial(\mathcal{O})$ 附近为 0 的 $C^k(\mathcal{O})$ 函数的全体. 事实上，函数在边界附近是否为零，对研究偏微分方程来说是非常重要的，边界附近为零对估计和计算都方便，否则将变得更为复杂.

一个函数 $f: X \to X$ 称为 γ-Hölder 连续的，$0<\gamma\leqslant 1$，如果存在常数 C 使得

$$\|f(x) - f(y)\|_X \leqslant C\|x - y\|_X^{\gamma}, x, y \in X.$$

如果 $\gamma=1$，则 f 是 Lipschitz 连续的，其中 C 称为 Lipschitz 常数. 我们用 $C^{k,\gamma}(\overline{\mathcal{O}})$ 表示 $C^k(\overline{\mathcal{O}})$ 中的函数，使得其 k 阶偏导数是 γ-Hölder 连续的，即常数 $C>0$（可以依赖 f），使得

$$|D^\alpha f(x)-D^\alpha f(y)|\leqslant C|x-y|^\gamma,|\alpha|=k.$$

空间 $C^{k,\gamma}(\overline{\mathcal{O}})$ 按如下的范数为 Banach 空间：

$$\|f\|_{C^{k,\gamma}}=\|f\|_{C^k}+\sup_{x,y\in\overline{\mathcal{O}},|\alpha|=k}\frac{|D^\alpha f(x)-D^\alpha f(y)|}{|x-y|^\gamma}.$$

1.3　Lebesgue 积分

1.3.1　重要不等式

首先给出几个重要的不等式，它们在估计偏微分方程的解时是不可缺少的工具.

引理 1.1　i)(Young 不等式)　设 $a,b\geqslant 0,\varepsilon>0,p>1,q>1,\frac{1}{p}+\frac{1}{q}=1$，则

$$ab\leqslant\frac{a^p}{p}+\frac{b^q}{q}.$$

ii)(带权的 Young 不等式)　设 $a,b\geqslant 0,\varepsilon>0,p>1,q>1,\frac{1}{p}+\frac{1}{q}=1$，则

$$ab\leqslant\frac{\varepsilon a^p}{p}+\varepsilon^{-\frac{q}{p}}\frac{b^q}{q}.$$

iii)(逆 Young 不等式)　设 $a,b\geqslant 0,0<p<1,\frac{1}{p}+\frac{1}{q}=1$，则

$$ab\geqslant\frac{a^p}{p}+\frac{b^q}{q}.$$

iv)(带权的逆 Young 不等式)　设 $a,b\geqslant 0,\varepsilon>0,0<p<1,\frac{1}{p}+\frac{1}{q}=1$，则

$$ab\geqslant\frac{\varepsilon a^p}{p}+\varepsilon^{-\frac{q}{p}}\frac{b^q}{q}$$

证明　i)考虑函数

$$f(t)=\frac{t^p}{p}+\frac{1}{q}-t,t\geqslant 0.$$

显然 $f'(t)=t^{p-1}-1=0$ 有唯一的驻点 $t=1$，且 $f''(1)>0$，所以函数有最小值 $f(1)=0$，故对所有的 $t\geqslant 0,f(t)\geqslant 0$ 恒成立. 令 $t=ab^{-\frac{q}{p}}$，得到

$$\frac{a^pb^{-q}}{p}+\frac{1}{q}-ab^{-\frac{q}{p}}\geqslant 0.$$

注意到 $q-\frac{q}{p}=1$ 即得到结论.

ii)在上述不等式中，用 $\varepsilon^{\frac{1}{p}}a$ 和 $\varepsilon^{-\frac{1}{p}}b$ 代替 a 和 b 即可证带权的 Young 不等式.

iii)若 a,b 中至少一个为零，则显然成立. 不失一般性，假设 $b\neq 0$，由于 $0<p<1$，所以 $\frac{1}{p}>1$，因此，利用 Young 不等式 i)可推得

$$\frac{a^p}{p}=\frac{1}{p}((ab)^p.b^{-p})\leqslant\frac{1}{p}\left(\frac{ab}{\frac{1}{p}}+\frac{b^{\frac{p}{p-1}}}{\frac{1}{1-p}}\right)=ab-\frac{b^q}{q}.$$

引理 1.2(Gronwall 引理)　设 g,h,y 为定义在(t_0,∞)上的三个局部可积函数,同时 $\mathrm{d}y/\mathrm{d}t$也是局部可积的,且满足

$$\frac{\mathrm{d}y}{\mathrm{d}t}\leqslant gy+h,t\geqslant t_0,\tag{1.1}$$

则对所有的 $t\geqslant t_0$,成立

$$y(t)\leqslant y(t_0)\mathrm{e}^{\int_{t_0}^t g(\tau)\mathrm{d}\tau}+\int_{t_0}^t h(s)\mathrm{e}^{\int_s^t g(\tau)\mathrm{d}\tau}\mathrm{d}s.\tag{1.2}$$

证明　用 $e^{-\int_{t_0}^t g(\tau)\mathrm{d}\tau}$乘以不等式(1.1)的两边,得

$$\frac{\mathrm{d}}{\mathrm{d}t}\left(y(t)\mathrm{e}^{-\int_{t_0}^t g(\tau)\mathrm{d}\tau}\right)\leqslant h(t)\mathrm{e}^{-\int_{t_0}^t g(\tau)\mathrm{d}\tau}.$$

于是,从 t_0 到 t 积分就得到了式(1.2).

引理 1.3(一致 Gronwall 引理)　设 g,h,y 为定义在(t_0,∞)上的三个正的局部可积函数,同时 $\mathrm{d}y/\mathrm{d}t$ 也是局部可积的,且存在正常数 $a_i(i=1,2,3)$,r,使得对所有的 $t\geqslant t_0$ 满足如下条件:

$$\frac{\mathrm{d}y}{\mathrm{d}t}\leqslant gy+h,\tag{1.3}$$

$$\int_t^{t+r}g(s)\mathrm{d}s\leqslant a_1,\int_t^{t+r}h(s)\mathrm{d}s\leqslant a_2,\int_t^{t+r}y(s)\mathrm{d}s\leqslant a_3,\tag{1.4}$$

则对所有的 $t\geqslant t_0$,成立

$$y(t+r)\leqslant\left(\frac{a_3}{r}+a_2\right)\mathrm{e}^{a_1}.$$

证明　设 $t_0\leqslant t\leqslant s\leqslant t+r$,把式(1.3)中的 t 换为 s. 用 $\mathrm{e}^{-\int_t^s g(\tau)\mathrm{d}\tau}$乘以式(1.3)的两边,得

$$\frac{\mathrm{d}}{\mathrm{d}s}\left(y(s)\mathrm{e}^{-\int_t^s g(\tau)\mathrm{d}\tau}\right)\leqslant h(s)\mathrm{e}^{-\int_t^s g(\tau)\mathrm{d}\tau}.$$

从 t_1 到 $t+r$ 积分,得

$$y(t+r)\leqslant y(t_1)\mathrm{e}^{\int_{t_1}^{t+r}g(\tau)\mathrm{d}\tau}+\int_{t_1}^{t+r}h(s)\mathrm{d}s\mathrm{e}^{-\int_t^{t+r}g(\tau)\mathrm{d}\tau}\leqslant(y(t_1)+a_2)\mathrm{e}^{a_1}$$

再把 t_1 从 t 到 $t+r$ 积分,就得到结果.

引理 1.4(Gronwall 类型引理)　设 y,y'和 h 为$[a,\infty)$上的三个局部可积函数. 设 y,h 非负,使得对所有的 $s\geqslant a$,

$$y'(s)+by(s)\leqslant h(s),\tag{1.5}$$

则对所有的 $t>\tau\geqslant a$,成立

$$y(t)\leqslant\mathrm{e}^{-bt}\left(\frac{1}{t-\tau}\int_\tau^t y(s)\mathrm{e}^{bs}\mathrm{d}s+\int_\tau^t h(s)\mathrm{e}^{bs}\mathrm{d}s\right).\tag{1.6}$$

证明　用 e^{bs}乘以式(1.5)的两边,得

$$\frac{\mathrm{d}}{\mathrm{d}s}(y(s)\mathrm{e}^{bs})\leqslant h(s)\mathrm{e}^{bs}.$$

于是对 s 从 l 到 t 积分($\tau<l<t$),则

$$y(t)e^{bt} \leqslant y(l)e^{bl} + \int_{\tau}^{t} h(s)e^{bs}ds.$$

然后对 l 在区间$[\tau,t]$积分得到结论式(1.6).

1.3.2 Lebesgue 积分定理

引理 1.5 设$\mathcal{O}$是 $\mathbb{R}^m$ 的开子集,则

i)(单调收敛定理) 如果$\{f_n\}$是$\mathcal{O}$上的可测函数列,且对几乎所有的 $x\in\mathcal{O}$,有

$$0 \leqslant f_1(x) \leqslant f_2(x) \leqslant \cdots \leqslant f_n(x) \leqslant \cdots,$$

则

$$\lim_{n\to\infty}\int_{\mathcal{O}} f_n(x)dx = \int_{\mathcal{O}}\lim_{n\to\infty} f_n(x)dx.$$

ii)(Fatou 引理) 如果$\{f_n\}$是$\mathcal{O}$上的非负可测函数列,则

$$\liminf_{n\to\infty}\int_{\mathcal{O}} f_n(x)dx \geqslant \int_{\mathcal{O}}\liminf_{n\to\infty} f_n(x)dx.$$

iii)(控制收敛定理) 设$\{f_n\}$是$\mathcal{O}$上的可测函数列,$f_n\in L^1(\mathcal{O})$,且在$\mathcal{O}$上几乎处处收敛于可测函数 f. 如果存在可测函数 $g\in L^1(\mathcal{O})$,使得对一切的 n 及几乎处处的 $x\in\mathcal{O}$有

$$|f_n(x)| \leqslant g(x),$$

则 $f\in L^1(\mathcal{O})$及在 $L^1(\mathcal{O})$范数下,$f_n\to f$,即

$$\lim_{n\to\infty}\int_{\mathcal{O}} f_n(x)dx = \int_{\mathcal{O}}\lim_{n\to\infty} f_n(x)dx = \int_{\mathcal{O}} f(x)dx.$$

iv)(L^p 控制收敛定理) 设$\mathcal{O}$为可测集,f,f_n 为$\mathcal{O}$的可测函数,而且 $f_n\to f$,a. e. $\mathcal{O}$. 如果存在 $g\in L^p(\mathcal{O})$,使得

$$|f_n(x)| \leqslant g(x), \text{a. e.} \mathcal{O},$$

则 $f_n \xrightarrow{L^p} f$.

证明 iv)记 $h_n=|f_n-f|^p$,$n=1,2,\cdots$,则$\{h_n\}$是$\mathcal{O}$上的可测函数列,且 $h_n\to 0$,a. e. $\mathcal{O}$. 利用 Hölder 不等式,有

$$|h_n(x)| \leqslant 2^{p-1}(|f_n|^p + |f|^p) \leqslant 2^p g(x)^p \quad \text{a. e.} \mathcal{O}.$$

于是利用 iii),结果得证.

引理 1.6(Fubini 积分交换定理) 设 f 为定义在 $\mathbb{R}^{m+k}$空间上的可测函数,假定重积分

$$\int_{\mathbb{R}^{m+k}} |f(x,y)|dxdy,$$

和累次积分

$$\int_{\mathbb{R}^k} dy\int_{\mathbb{R}^m} |f(x,y)|dx, \quad \int_{\mathbb{R}^m} dx\int_{\mathbb{R}^k} |f(x,y)|dy$$

中至少有一个存在且有限,则

i)对几乎一切的 $y\in\mathbb{R}^k$,$f(.,y)\in L^1(\mathbb{R}^m)$;

ii)对几乎一切的 $x\in\mathbb{R}^m$,$f(x,.)\in L^1(\mathbb{R}^k)$;

iii)$\int_{\mathbb{R}^m} f(x,.)dx \in L^1(\mathbb{R}^k)$;

iv)$\int_{\mathbb{R}^k} f(.,y)dy \in L^1(\mathbb{R}^m)$;

v) $\int_{\mathbb{R}^{m+k}}|f(x,y)|\mathrm{d}x\mathrm{d}y=\int_{\mathbb{R}^k}\mathrm{d}y\int_{\mathbb{R}^m}|f(x,y)|\mathrm{d}x=\int_{\mathbb{R}^m}\mathrm{d}x\int_{\mathbb{R}^k}|f(x,y)|\mathrm{d}y.$

引理 1.7(Green 公式) 设$\mathcal{O}\subset\mathbb{R}^m$为开的、有界的、光滑子集. 又设 $f\in C^2(\overline{\mathcal{O}})$,$g\in C_1(\overline{\mathcal{O}})$,则

$$-\int_{\mathcal{O}}\Delta f.g\mathrm{d}x=\int_{\mathcal{O}}\nabla f.\nabla g\mathrm{d}x-\int_{\partial\mathcal{O}}(\nabla f.v)g\mathrm{d}\sigma=\int_{\mathcal{O}}\nabla f.\nabla g\mathrm{d}x-\int_{\partial\mathcal{O}}\frac{\partial f}{\partial v}g\mathrm{d}\sigma,$$

其中 $v=v(x)$为曲面$\partial\mathcal{O}$的外法线向量,$\frac{\partial f}{\partial v}$表示 f 沿 $v(x)$方向的方向导数,σ 是沿$\partial\mathcal{O}$的表面测度.

1.4 Hilbert 空间

1.4.1 内积空间和 Hilbert 空间的概念

我们把欧式空间$\mathbb{R}^m$上的内积概念推广到一般的线性空间.

定义 1.8 设 X 是实线性空间,其上有一映射$(.,.)$:$X\times X\to\mathbb{R}$,使得对任意的 $x,y,z\in X$ 和 $\lambda,\mu\in\mathbb{R}$,有

i) $(\lambda x+\mu y,z)=\lambda(x,z)+\mu(x,z)$;

ii) $(x,y)=(y,x)$;

iii) $(x,x)\geqslant 0$,$(x,x)=0$ 当且仅当 $x=0$,则称$(.,.)$为 X 上的内积,X 称为内积空间. 此时,

$$\|x\|=\sqrt{(x,x)} \tag{1.7}$$

为 X 上的范数. 成立如下 Caushy-Schwarz 不等式

$$|(x,y)|\leqslant\|x\|\|y\|.$$

如果 X 按式(1.7)中的范数完备,则称 X 为希尔伯特(Hilbert)空间,Hilbert 空间也是 Banach 空间. 通常用 H 表示 Hilbert 空间. Hilbert 空间的范数满足平行四边形公式:

$$\|x+y\|^2+\|x-y\|^2=2(\|x\|^2+\|y\|^2). \tag{1.8}$$

反之容易证明,若 X 是赋范线性空间,其中的范数满足式(1.8),则一定可以定义一个内积使得该空间为 Hilbert 空间,并且该空间的范数由定义的内积所诱导. 可以断定,如果一个范数不满足式(1.8),则该空间一定不是内积空间,也就是说,该范数不可能由一个内积按式(1.7)来得出.

【例 1.1】 无穷序列空间 l^2,按内积

$$(x,y)=\sum_{i=1}^{\infty}x_iy_i,$$

其中 $x=(x_1,x_2,\cdots)$,$y=(y_1,y_2,\cdots)$,构成 Hilbert 空间. 其范数为

$$\|x\|_{l^2}=\sqrt{(x,x)}=\left(\sum_{i=1}^{\infty}|x_i|^2\right)^{\frac{1}{2}}.$$

【例 1.2】 勒贝格空间 $L^2(\mathcal{O})$,其中$\mathcal{O}\subset\mathbb{R}^m$,按内积

$$(f,g)=\int_{\mathcal{O}} f(x)g(x)\mathrm{d}x$$

构成 Hilbert 空间. 其范数为

$$\|f\|_{L^2}=\sqrt{(f,f)}=\left(\int_{\mathcal{O}}|f(x)|^2\mathrm{d}x\right)^{\frac{1}{2}}.$$

注意 l^p 和 $L^p(\mathcal{O})$，$p\neq 2$，不是内积空间，因此更不是 Hilbert 空间. 我们对 l^p 作说明. 为此，我们证明这个范数不满足平行四边形公式(1.8). 事实上，取 $x=(1,1,0,\cdots)\in l^p$ 与 $y=(1,-1,0,\cdots)\in l^p$，经计算得

$$\|x\|=\|y\|=2^{\frac{1}{p}},\|x+y\|=\|x-y\|=2.$$

显然，当 $p\neq 2$ 时，平行四边形公式(1.8)不满足.

1.4.2　Hilbert 空间的投影定理

定义 1.9　设 X 是内积空间，若对 $x,y\in X$ 使得 $(x,y)=0$，则称元素(向量) x 与 y 正交，记作 $x\perp y$. 如果 X 中的子集 A 中的每一元素都与 B 中的每一个元素正交，则称集合 A 与 B 正交，记作 $A\perp B$.

显然，互相正交的元素满足勾股公式：

$$\|x+y\|^2=\|x\|^2+\|y\|^2.$$

定义 1.10　设 M 是 Hilbert 空间 H 的子集，则称集合

$$\{u\in H;(u,v)=0,v\in M\}$$

为 M 的正交补，记作 $M^{\perp}$.

当 M 为一个闭子空间时，有如下分解定理：

引理 1.8　如果 M 为 H 的闭子空间，则对每一个 $x\in H$，有以下唯一分解：

$$x=u+v,u\in M,v\in M^{\perp},$$

即 $H=M+M^{\perp}$.

于是我们可以定义一个投影算子 $P_M:H\to M,P_Mx=u$. 显然，$P_M^2=P_M$，且

$$\|P_Mx\|\leqslant\|x\|.$$

1.4.3　Hilbert 空间的标准正交集

定义 1.11　内积空间 X 中的一个子集 M 称为正交集，如果 M 中的元素彼此正交；$M\subset X$ 称为标准正交集，如果对一切的 $x,y\in M$，即

$$(x,y)=\begin{cases}1, & x=y,\\ 0, & x\neq y.\end{cases}$$

容易证明，正交集为 X 中的线性无关子集.

【例 1.3】　向量组 $\boldsymbol{e}_1=(1,0,0,\cdots,0),\boldsymbol{e}_2=(0,1,0,\cdots,0),\cdots,\boldsymbol{e}_m=(0,0,0,\cdots,1)$ 为欧式空间 $\mathbb{R}^m$ 上的一个标准正交集.

【例 1.4】　设 X 是 $[0,2\pi]$ 上一切实值连续函数构成的空间，其内积为

$$(u,v)=\int_0^{2\pi}u(x)v(x)\mathrm{d}x,u,v\in X.$$

设 $u_n(x)=\cos nx,x\in[0,2\pi],n=0,1,2,\cdots$，由于

$$(u_m,u_n)=\int_0^{2\pi}u_m(x)u_n(x)\mathrm{d}x=\begin{cases}0, & m\neq n,\\ \pi, & m=n=1,2,\cdots,\\ 2\pi & m=n=0.\end{cases}$$

因此,定义

$$e_0(x)=\frac{1}{\sqrt{2\pi}},e_n(x)=\frac{u_n(x)}{\|u_n\|}=\frac{\cos nx}{\sqrt{\pi}},n=1,2,\cdots,$$

则$(e_n)_{n=0}^{\infty}$为 X 的一个标准正交集.

标准正交序列的优点是显而易见的,那么任意给定的线性无关序列,如何得出一个标准正交序列?这可以用 Gram-Schmid 正交化方法获得.设$(x_1,x_2,\cdots,x_n,\cdots)$为线性无关的向量组,$(e_1,e_2,\cdots,e_n,\cdots)$为其标准正交化序列,则

$$e_1=\frac{x_1}{\|x_1\|},$$

$$e_2=\frac{x_2-(x_2,e_1)e_1}{\|x_2-(x_2,e_1)e_1\|},$$

$$e_3=\frac{x_3-(x_3,e_1)e_1-(x_3,e_2)e_2}{\|x_3-(x_3,e_1)e_1-(x_3,e_2)e_2\|},\cdots$$

标准正交序列比起任意线性无关序列的好处在于,如果 x 可以表示成标准正交序列的一些元素的线性组合,那么利用标准正交性可以确定其表示系数.

我们给出一般赋范空间中级数收敛的概念.

定义 1.12　设 X 是赋范空间,$x_i,i=1,2,\cdots$ 为 X 中的一列向量,$\alpha_1,\alpha_2,\cdots$ 为一列数,称 $S_n=\sum\limits_{j=1}^{n}\alpha_jx_j$ 为级数$\sum\limits_{j=1}^{\infty}\alpha_jx_j$ 的前 n 项和,简称部分和.若存在 $x\in X$,使得在 X 空间的范数下 $S_n\rightarrow x$,则称级数$\sum\limits_{j=1}^{\infty}\alpha_jx_j$ 收敛,并称 x 为这个级数的和,记为 $x=\sum\limits_{j=1}^{\infty}\alpha_jx_j$.

设$(e_1,e_2,\cdots)$为内积空间 X 的一个标准正交序列,如果 $x=\sum\limits_{k=1}^{\infty}a_ke_k$,则 $a_k=(x,e_k)$,$k=1,2,\cdots$我们称(x,e_k)为 x 关于标准正交序列$(e_1,e_2,\cdots)$的傅里叶(Fourier)系数.更进一步,我们还有

引理 1.9(Bessel 不等式)　设$(e_1,e_2,\cdots)$是内积空间 X 的标准正交序列,则对每一个 $x\in X$,成立

$$\sum_{j=1}^{\infty}|(x,e_j)|^2\leqslant\|x\|^2,$$

这里内积(x,e_j)为 x 的傅里叶系数.

当 X 是有限维空间时,其标准正交集含有限个元素,从而上述和为有限和.另一方面,对于可数正交序列$(e_1,e_2,\cdots)$,对任何 $x\in X$,从引理 1.9 可以看出傅里叶系数满足

$$\lim_{n\to\infty}(x,e_n)=0.$$

在内积空间 X 中,如果标准正交集 M 是不可数的,此时,我们仍然可以构造 $x\in X$ 的傅里叶系数(x,e),$e\in M$,同时有以下断定:

引理 1.10　设 X 是内积空间,则对 X 中的任意标准正交集,其非零傅里叶系数至多只有可数个.

证明　由 Bessel 不等式，对任意的正整数 m，使得

$$|(x,\boldsymbol{e}_k)|>\frac{1}{m}$$

的指标 k 至多只有有限个，所以集合

$$\{\boldsymbol{e}_k;(x,\boldsymbol{e}_k)\neq 0\}=\bigcup_{m=1}^{\infty}\left\{\boldsymbol{e}_k;|(x,\boldsymbol{e}_k)|>\frac{1}{m}\right\}$$

至多可数. 证毕.

因此，对任意的 $x\in X$，总可以把 $(x,\boldsymbol{e})\neq 0$ 的 $\boldsymbol{e}\in M$ 排成一个序列 $(\boldsymbol{e}_1,\boldsymbol{e}_2,\cdots)$，使得

$$\sum_{\boldsymbol{e}\in M}(x,\boldsymbol{e})\boldsymbol{e}=\sum_{j=1}^{\infty}(x,\boldsymbol{e}_j)\boldsymbol{e}_j,$$

其中左边表示不可数项的和. 接下来，我们关心级数 $\sum\limits_{j=1}^{\infty}(x,\boldsymbol{e}_j)\boldsymbol{e}_j$ 在 X 范数下收敛吗？收敛的和是否还是 x，这与标准正交集的完全性有关.

定义 1.13　设 M 是内积空间 X 标准正交集，如果

$$\overline{\text{span}\, M}=X,$$

则称 M 为 X 中的完全标准正交集.

定义 1.14　一个标准正交集 M 为 Hilbert 空间 H 的一个完全标准正交集，如果对每一个 $x\in H$，

$$x=\sum_{\boldsymbol{e}\in M}(x,\boldsymbol{e})\boldsymbol{e}.$$

注意，标准正交集 M 不一定是可数的.

由于可分 Hilbert 空间含有可数稠密子集，于是有以下结果：

引理 1.11　设 H 是 Hilbert 空间，则

i)如果 H 可分的，则 H 中的标准正交集是可数的；

ii)如果 H 含有完全标准正交集，则 H 可分的.

引理 1.12　设 H 是可分 Hilbert 空间，则 $M=(\boldsymbol{e}_j)_{j=1}^{\infty}$ 为 H 的完全标准正交集的充要条件，是对每一个 $x\in H$，

$$\|x\|^2=\sum_{j=1}^{\infty}(x,\boldsymbol{e}_j)^2, \tag{1.9}$$

即 Bessel 不等式中的等号成立. 此时称式(1.9)为 Parsevel 等式.

1.4.4　Hilbert 空间上的泛函

与其他空间相比，Hilbert 空间上的有界线性泛函是很简单的.

引理 1.13(Riesz 定理)　设 X 是 Hilbert 空间，则其上的每一个有界线性泛函 f 都可表示成内积形式，即存在唯一的 $u_f\in X$，使得对每一个 $x\in X$，

$$f(x)=(u_f,x),$$

且 $\|f\|=\|u_f\|$.

1.5 Sobolev 空间

1.5.1 $L^p(\mathcal{O})$空间$(1\leqslant p<\infty)$

对随机偏微分方程的研究，p-次可积函数空间具有重要的地位. 设$\mathcal{O}$是$\mathbb{R}^m$的一个有界或者无界开集(或可测集)，定义

$$L^p(\mathcal{O})=\{f;f\text{ 在}\mathcal{O}\text{上可测且}\int_{\mathcal{O}}|f(x)|^p\mathrm{d}s<\infty\},$$

按范数

$$\|f\|_{L^p}=\|f\|_p=\left(\int_{\mathcal{O}}|f(x)|^p\mathrm{d}s\right)^{\frac{1}{p}}$$

称为 Banach 空间，且是可分的. 即 $L^p(\mathcal{O})$空间存在可数稠密子集.

关于 L^p 空间，可罗列出以下结论，参见文献[129].

引理 1.14 设$\mathcal{O}$是$\mathbb{R}^m$的可测集，$1<p<\infty$，q 为其对偶指数 $q=\dfrac{p}{p-1}$.

i)(Hölder 不等式)如果 $f\in L^p(\mathcal{O})$，$g\in L^q(\mathcal{O})$，则 $fg\in L^1(\mathcal{O})$且

$$\|fg\|_1\leqslant\|f\|_p\|g\|_q.$$

ii)如果$\mathcal{O}$的体积$|\mathcal{O}|=\int_{\mathcal{O}}1\mathrm{d}x<\infty$，则对 $r>s$，有嵌入关系：$L^s(\mathcal{O})\supset L^r(\mathcal{O})$，且

$$\|f\|_s\leqslant|\mathcal{O}|^{(r-s)/rs}\|f\|_r.$$

iii)(插值不等式)如果 $0\leqslant p\leqslant q\leqslant r\leqslant+\infty$，$\mathcal{O}$为$\mathbb{R}^m$的有界或者无界的开子集，那么 $L^p(\mathcal{O})\cap L^r(\mathcal{O})\subseteq L^q(\mathcal{O})$，且

$$\|\varphi\|_q\leqslant\|\varphi\|_p^{\lambda}\|\varphi\|_r^{1-\lambda},$$

其中$\dfrac{1}{q}=\dfrac{\lambda}{p}+\dfrac{1-\lambda}{r}$和$\lambda\in[0,1]$.

证明 若 $r=\infty$，则对任意的 $f\in L^p\cap L^\infty$，有

$$\int_{\mathcal{O}}|f|^q\mathrm{d}x\leqslant\|f\|_\infty^{q-p}\int_{\mathcal{O}}|f|^p\mathrm{d}x.$$

即

$$\|f\|_q\leqslant\|f\|_p^{\frac{p}{q}}\|f\|_\infty^{1-\frac{p}{q}},\lambda=\frac{p}{q}.$$

若 $r<\infty$，由 Hölder 不等式有

$$\int_{\mathcal{O}}|f|^q\mathrm{d}x=\int_{\mathcal{O}}|f|^{\lambda q}\|^{(1-\lambda)q}\mathrm{d}x\leqslant\left(\int_{\mathcal{O}}|f|^p\mathrm{d}x\right)^{\frac{\lambda q}{p}}\left(\int_{\mathcal{O}}|f|^r\mathrm{d}x\right)^{\frac{(1-\lambda)q}{r}}.$$

两边 q 次方得$\|f\|_q\leqslant\|\varphi\|_p^{\lambda}\|\varphi\|_r^{1-\lambda}$.

iv)(Minkowski 不等式)如果 $f,g\in L^p(\mathcal{O})$，则 $f+g\in L^p(\mathcal{O})$，且

$$\|f+g\|_p\leqslant\|f\|_p+\|g\|_p.$$

v)每一个 $f\in L^p(\mathbb{R}^m)$可用简单可测函数列逼近.

证明 设 $f\in L^p(\mathbb{R}^m)$，则存在简单可测函数列 φ_n，使得点态下 $\varphi_n\to f$，且满足$|\varphi_n|\leqslant|f|$. 于是由 L^p 控制收敛定理得

$$\psi_n \xrightarrow{L^p} f.$$

vi)(平均连续性)若 $f\in L^p(\mathbb{R}^m)(1\leqslant p<\infty)$,则

$$\lim_{t\to 0}\int_{\mathbb{R}^m}|f(x+t)-f(x)|^p\mathrm{d}x=0.$$

vii)连续函数空间 $C_0^0(\mathcal{O})$ 和光滑函数空间 $C_0^\infty(\mathcal{O})$ 在 $L^p(\mathcal{O})$ 中稠密.

viii)如果函数列 $\{f_n\}$ 在 $L^p(\mathcal{O})$ 中收敛于 f,则存在收敛子列 $\{f_{n_j}\}$,使得对几乎处处的 $x\in\mathcal{O}$,$\{f_{n_j}(x)\}$ 点态收敛到 $f(x)$.

1.5.2 $L^\infty(\mathcal{O})$ 空间

由 $\mathcal{O}$ 上的本质有界函数构成的集合,记作 $L^\infty(\mathcal{O})$,即

$$L^\infty(\mathcal{O})=\{f;\operatorname{ess}\sup_{\mathcal{O}}|f(x)|<\infty\}$$

其中

$$\operatorname{ess}\sup_{\mathcal{O}}|f(x)|=\inf\{\sup_{x\in E}|f(x)|;E\subset\overline{\mathcal{O}}\text{使得}\mathcal{O}\setminus E\text{ 的测度为零}\}.$$

记

$$\|f\|_\infty=\operatorname{ess}\sup_{\mathcal{O}}|f(x)|<\infty.$$

如果 f 是 $\mathcal{O}$ 上的有界函数,则 f 的上确界和本质上确界等价.

值得指出的是,虽然 Hölder 不等式可以延伸到 $p=1,q=\infty$,但是 $L^p(\mathcal{O})$ 空间的很多特征,$L^\infty(\mathcal{O})$ 都不成立. 例如,$L^\infty(\mathcal{O})$ 按本质上确界范数构成 Banach 空间,但是不可分. 然而它们有以下关系:

引理 1.15 设 $|\mathcal{O}|<\infty$. 如果对每一个 $1\leqslant p<\infty$,$f\in L^p(\mathcal{O})$,那么 $f\in L^\infty(\mathcal{O})$,且

$$\|f|_\infty=\lim_{p\to\infty}\|f\|_p.$$

下面给出一个非常有用的定理,其证明见文献[21],p94.

引理 1.16 设 $\mathcal{O}$ 是 $\mathbb{R}^m$ 中的开集,$\{f_n,n=1,2,\cdots\}\subset L^p(\mathcal{O})$,$p\in[0,+\infty]$ 使得

$$\lim_{n\to\infty}\|f_n-f\|_p=0,$$

则一定存在子列 $\{f_{n_j},j=1,2,\cdots\}$ 及函数 $g\in L^p(\mathcal{O})$ 使得

i)对几乎处处的 $x\in\mathcal{O}$,当 $j\to\infty$ 时,$f_{n_j}(x)\to f(x)$;

ii)对几乎处处的 $x\in\mathcal{O}$ 及所有的 j,$|f_{n_j}(x)|\leqslant g(x)$.

1.5.3 $W^{k,p}(\mathcal{O})$ 空间

定义 1.15 设 $1\leqslant p\leqslant\infty$,记

$$W^{k,p}(\mathcal{O})=\{u\in L^p(\mathcal{O});D^\alpha u\in L^p(\mathcal{O}),|\alpha|\leqslant k\},$$

其中,$D^\alpha u$ 表示 u 的 α 阶弱导数,满足

$$\int_{\mathcal{O}}D^\alpha u\phi\,\mathrm{d}x=(-1)^{|\alpha|}\int_{\mathcal{O}}uD^\alpha\phi\,\mathrm{d}x,\phi\in C_0^\infty(\mathcal{O}).$$

在 $W^{k,p}(\mathcal{O})$ 中定义范数为

$$\|u\|_{W^{k,p}(\mathcal{O})}=\|u\|_{k,p}=\Big(\sum_{|\alpha|\leqslant k}\|D^\alpha u\|_{0,p}^p\Big)^{\frac{1}{p}},$$

$$\|u\|_{0,p}=\|u\|_p=\Big(\int_{\mathcal{O}}|u|^p\Big)^{\frac{1}{p}},1\leqslant p<\infty;$$

$$\|u\|_{0,\infty}=\|u\|_{\infty}=\operatorname{ess}\sup_{x\in\mathcal{O}}|u(x)|,$$

则称 $W^{k,p}(\mathcal{O})$ 为整数次的 Sobolev 空间.

当 $p=2$ 时,记 $W^{k,2}(\mathcal{O})$ 为 $H^k(\mathcal{O})$;当 $m=0$ 时,$W^{0,p}(\mathcal{O})=L^p(\mathcal{O})$. $H^k(\mathcal{O})$ 是内积空间,其内积为

$$(u,v)_{H^k}=\sum_{|\alpha|\leqslant k}(D^\alpha u,D^\alpha v)=\sum_{|\alpha|\leqslant k}\int_{\mathcal{O}}D^\alpha u D^\alpha v\mathrm{d}x,$$

其范数定义为

$$\|u\|_{H^k}=\Big(\sum_{|\alpha|\leqslant k}\int_{\mathcal{O}}|D^\alpha u|^2\mathrm{d}x\Big)^{\frac{1}{2}}.$$

特别地,当 $k=1$,对 $v\in H^1(\mathcal{O})=W^{1,2}(\mathcal{O})$ 有:

$$(u,v)_{H^1}=\int_{\mathcal{O}}uv\mathrm{d}x+\sum_{i=1}^{m}\int_{\mathcal{O}}\frac{\partial u}{\partial x_i}\frac{\partial u}{\partial x_i}\mathrm{d}x,$$

$$\|v\|_{H^1}=\Big(\int_{\mathcal{O}}|v|^2\mathrm{d}x+\sum_{i=1}^{m}\int_{\mathcal{O}}\Big|\frac{\partial v}{\partial x_i}\Big|^2\mathrm{d}x\Big)^{\frac{1}{2}}.$$

引理 1.17 i)当 $1\leqslant p\leqslant+\infty$ 时,$W^{k,p}(\mathcal{O})$ 为 Banach 空间,特别地,当 $p=2$ 时,$H^k(\mathcal{O})$,$k\geqslant1$ 为 Hilbert 空间;

ii)当 $1\leqslant p<+\infty$ 时,$W^{k,p}(\mathcal{O})$ 是可分空间;当 $1<p<+\infty$ 时,$W^{k,p}(\mathcal{O})$ 还是自反的.

下面我们给出用光滑函数逼近 $W^{k,p}(\mathcal{O})$ 中函数的定理,注意这里不需要假定区域边界 $\partial\mathcal{O}$ 的光滑性,见文献[34].

引理 1.18(内部光滑函数逼近) 设 $\mathcal{O}$ 是 $\mathbb{R}^m$ 的有界开子集,则对每一个 $u\in W^{k,p}(\mathcal{O})$,$1\leqslant p<\infty$,存在光滑函数序列 $u_n\in C^\infty(\mathcal{O})\cap W^{k,p}(\mathcal{O})$,使得

$$\lim_{n\to\infty}\|u_n-u\|_{k,p}=0.$$

如果对边界 $\partial\mathcal{O}$ 的条件给予限制,则光滑函数列 u_n 不仅仅属于 C^∞,而且是 $C^\infty(\overline{\mathcal{O}})$. 如此逼近要求边界具有好的几何条件,例如,满足 C^1 条件:即对 $x_0\in\partial\mathcal{O}$,存在半径 $r>0$ 和一个 C^1 函数 $\gamma:\mathbb{R}^{m-1}\to\mathbb{R}$,使得

$$\mathcal{O}\cap B(x_0,r)=\{x\in B(x_0,r);x_n>\gamma(x_1,x_2,\cdots,x_{m-1})\}.$$

引理 1.19(边界光滑函数逼近) 设 $\mathcal{O}$ 是 $\mathbb{R}^m$ 的有界开子集,其边界 $\partial\mathcal{O}$ 是 C^1 的,则对每一个 $u\in W^{k,p}(\mathcal{O})$,$1\leqslant p<\infty$,存在光滑函数序列 $u_n\in C^\infty(\overline{\mathcal{O}})$,使得

$$\lim_{n\to\infty}\|u_n-u\|_{k,p}=0.$$

延拓 $W^{1,p}(\mathcal{O})$ 中的函数成为空间 $W^{1,p}(\mathbb{R}^m)$ 的函数是重要的. 注意到仅取零延拓是没有意义的,因为这样会导致延拓的函数沿边界 $\partial\mathcal{O}$ 具有非常糟糕的非连续性,从而延拓的函数不再具有一阶弱偏导数. 所以有如下的连续延拓定理.

引理 1.20(连续延拓定理) 设 $1\leqslant p\leqslant+\infty$,$\mathcal{O}$ 是 $\mathbb{R}^m$ 的有界子集,其边界 $\partial\mathcal{O}$ 是 C^1 的. 取有界开集 V,使得 $\mathcal{O}\subset\subset V$. 则存在有界线性算子 T,使得

$$T:W^{1,p}(\mathcal{O})\to W^{1,p}(\mathbb{R}^m)$$

并对所有的 $u\in W^{1,p}(\mathcal{O})$,有

i)在 $\mathcal{O}$ 上 $Tu=u$ 几乎处处成立;

ii)Tu 的支集 $\operatorname{supp}Tu\subset V$;

iii)$\|Tu\|_{W^{1,p}(\mathbb{R}^m)}\leqslant c\|u\|_{W^{1,p}(\mathcal{O})}$,常数 c 仅仅依赖于 $p,\mathcal{O},V$.

这里称 Tu 为 u 到 R^m 上的一个延拓. $\mathcal{O}\subset\subset V$ 表示 $\mathcal{O}\subset\overline{\mathcal{O}}\subset V$，且 $\overline{\mathcal{O}}$ 是紧的. 按如上定理的延拓，保持了弱偏导数可以连续地穿过边界 $\partial\mathcal{O}$.

上面的引理 1.18—引理 1.20 出自文献[34].

1.5.4　$W_0^{k,p}(\mathcal{O})$ 空间及其对偶

定义 1.16　$C_0^\infty(\mathcal{O})$ 在空间 $W^{k,p}(\mathcal{O})$ 中按范数 $\|\ \|_{k,p}$ 意义下的完备空间，记作 $W_0^{k,p}(\mathcal{O})$，即

$$W_0^{k,p}(\mathcal{O})=\{u\in W^{k,p}(\mathcal{O});\text{存在序列 } u_n\in C_0^\infty(\mathcal{O}),\text{使得}\|u_n-u\|_{k,p}\to 0, n\to\infty\}$$
$$=\{u\in W^{k,p}(\mathcal{O});D^\alpha u=0 \text{ 在 }\partial\mathcal{O}\text{上对所有的}|\alpha|\leqslant k-1\text{ 成立}\}.$$

需要指出的是，当 $\mathcal{O}=\mathbb{R}^m$ 时，$W_0^{k,p}(\mathbb{R}^m)=W^{k,p}(\mathbb{R}^m)$；当 $\mathcal{O}$ 是有界开集，$W_0^{k,p}(\mathcal{O})\subset(\neq)W^{k,p}(\mathcal{O})$.

定义 1.17　设 k 是自然数，$1<p<+\infty$，$\frac{1}{p}+\frac{1}{p'}=1$. 记

$$W^{-k,p'}(\mathcal{O})=(W_0^{k,p}(\mathcal{O}))',$$

这里 $(W_0^{k,p}(\mathcal{O}))'$ 表示 $W_0^{k,p}(\mathcal{O})$ 上的所有连续线性泛函构成的空间，其范数定义为

$$\|f\|_{-k,p'}=\sup_{u\in W_0^{k,p}(\mathcal{O})}\frac{<f,u>}{\|u\|_{W_0^{k,p}(\mathcal{O})}},$$

则称 $W^{-k,p'}(\mathcal{O})$ 为负整数次的 Sobolev 空间.

同时，对任意 $u\in W^{-k,p'}(\mathcal{O})$，$v\in W_0^{k,p}(\mathcal{O})$，成立如下广义 Hölder 不等式

$$|<u,v>|\leqslant\|u\|_{-k,p'}\|v\|_{k,p}.$$

引理 1.21　i) 当 $1<p<\infty$ 时，$W^{-k,p'}(\mathcal{O})$ 是 $L^{p'}(\mathcal{O})$ 按范数 $\|.\|_{-k,p'}$ 的完备化空间，即 $L^{p'}(\mathcal{O})$ 在空间 $W^{-k,p'}(\mathcal{O})$ 中稠密.

ii) 当 $1<p<\infty$ 时，$W^{-k,p'}(\mathcal{O})$ 是可分的、自反的 Banach 空间；

iii) 对任意的 $f\in W^{-k,p'}(\mathcal{O})$，元素 f 可以表示为

$$<f,u>=f(u)=\sum_{|\alpha|\leqslant k}(-1)^{|\alpha|}\int_{\mathcal{O}}\tilde{f}_\alpha D^\alpha u\,\mathrm{d}x, u\in W_0^{k,p}(\mathcal{O}),$$

其中 $\tilde{f}_\alpha\in L^{p'}(\mathcal{O})$，$\frac{1}{p}+\frac{1}{p'}=1$，$1<p<\infty$.

1.5.5　Sobolev 不等式与嵌入定理

本小节介绍各种 Sobolev 空间的嵌入关系，这对研究偏微分方程是至关重要的. 首先，我们考虑 Sobolev 空间 $W^{1,p}(\mathcal{O})$ 空间，$\mathcal{O}\subset\mathbb{R}^m$，是否能嵌入其他空间，与区域 $\mathcal{O}$ 的形状，及 p 和 m 的取值有关：

(1) $1\leqslant p<m$；　(2) $p=m$；　(3) $m<p\leqslant\infty$.

对于第一种情形 (1) $1\leqslant p<m$，我们有

引理 1.22（Gagliardo-Nirenberg-Sobolev 不等式）　设 $1\leqslant p<m$，则存在仅仅依赖 p 和 m 的常数 c，使得对所有的 $u\in C_0^1(\mathbb{R}^m)$，

$$\|u\|_{L^{p^*}(\mathbb{R}^m)}\leqslant c\|Du\|_{L^p(\mathbb{R}^m)},$$

其中 $p^*=\frac{mp}{m-p}$. 并且该不等式只对 p^* 有效.

利用 Fatou 引理和 $C_0^1(\mathbb{R}^m)$ 在 $W^{1,p}(\mathbb{R}^m)$ 中的稠密性可以证明，上述 Gagliardo-Nirenberg-Sobolev 不等式对所有的 $u\in W^{1,p}$ 成立. 如果 $\mathcal{O}$ 有界，则有如下结果：(取自文献[34])

引理 1.23　i)设 $1\leqslant p<m$，$\mathcal{O}$为有界的开子集，$\partial\mathcal{O}\in C^1$. 则对每一个 $u\in W^{1,p}(\mathcal{O})$，有 $u\in L^{p^*}(\mathcal{O})$，且

$$\|u\|_{L^{p^*}(\mathcal{O})}\leqslant c\|u\|_{W^{1,p}(\mathcal{O})},$$

其中 $p^*=\dfrac{mp}{m-p}$，常数 c 仅仅依赖 p，m 和$\mathcal{O}$. 且该不等式仅仅对 p^* 有效.

ii)(Poincaré 不等式)　设 $1\leqslant p<m$，$\mathcal{O}$为有界的开子集，则存在常数 c，使得对所有的 $u\in W_0^{1,p}(\mathcal{O})$，有

$$\|u\|_{L^q(\mathcal{O})}\leqslant c\|Du\|_{L^p(\mathcal{O})},$$

其中 $q\in[1,p^*]$，$p^*=\dfrac{mp}{m-p}$，常数 c 仅仅依赖 $p,q,m,\mathcal{O}$.

iii)(Poincaré 不等式)　设$\mathcal{O}$为有界的、连通的开子集，$\partial\mathcal{O}\in C^1$. 设 $1\leqslant p\leqslant\infty$. 则存在仅仅依赖 $p,m,\mathcal{O}$的常数 c，使得

$$\|u-u_{\mathcal{O}}\|_{L^p(\mathcal{O})}\leqslant c\|Du\|_{L^p(\mathcal{O})},u\in W^{1,p}(\mathcal{O}),$$

其中 $u_{\mathcal{O}}$为 u 在$\mathcal{O}$上的平均值.

iv)(广义的 Sobolev 不等式)　设$\mathcal{O}$为有界的开子集，$\partial\mathcal{O}\in C^1$，假定 $u\in W^{k,p}(\mathcal{O})$. 如果 $kp<m$，则 $u\in L^q(\mathcal{O})$，$q=\dfrac{mp}{m-kp}$及存在仅仅依赖 k,p,m 和$\mathcal{O}$的常数 c，使得

$$\|u\|_{L^q}\leqslant c\|u\|_{W^{k,p}}.$$

因此由引理 1.23 i)知，如果$\mathcal{O}$有界，则 $\|Du\|_{L^p(\mathcal{O})}$ 是 $W_0^{1,p}(\mathcal{O})$ 上的范数，等价于范数 $\|u\|_{W^{1,p}(\mathcal{O})}$.

特别地，当 $p=2$ 时，得到如下常用的无界域上的 Poincaré 不等式：(见文献[79])

引理 1.24(Poincaré 不等式)　设$\mathcal{O}$在一个方向有界，例如 $|x_1|\leqslant d<\infty$，则存在常数 c，使得

$$\|u\|_{L^2(\mathcal{O})}\leqslant c\|\nabla u\|_{L^2(\mathcal{O})},u\in H_0^1(\mathcal{O}),$$

其中 $Du=\nabla u$.

当 Poincaré 不等式成立时，可以用

$$\|u\|_{H_0^1}^2=\sum_{|\alpha|=1}\|D^\alpha u\|_{L^2}^2=\|Du\|_{L^2}^2$$

作为 $H_0^1(\mathcal{O})$空间的替代范数，它等价于 H^1 空间的标准范数(包括 L^2 范数)，因为

$$\|u\|_{H_0^1}^2\leqslant\|u\|_{H^1}^2=\|u\|_{L^2}^2+\|u\|_{H_0^1}^2\leqslant(1+c)\|u\|_{H_0^1}^2.$$

相应于 $H_0^1(\mathcal{O})$范数的内积定义为

$$((u,v))_{H_0^1}=\sum_{|\alpha|=1}(D^\alpha u,D^\alpha v).$$

类似地，可以定义 H_0^k 空间的内积和范数

$$((u,v))_{H_0^k}=\sum_{|\alpha|=k}(D^\alpha u,D^\alpha v),\|u\|_{H_0^k}^2=\sum_{|\alpha|=k}\|D^\alpha u\|_{L^2}^2.$$

把上述 Poincaré 不等式推广到一般的 $W^{m,p}$空间有：(见文献[2])

引理 1.25(Poincaré 不等式)　i)设$\mathcal{O}\subset\mathbb{R}^m$具有有限的宽度，则存在常数 $c=c(p)$，使得

$$\|u\|_{L^p(\mathcal{O})}\leqslant c\|Du\|_{L^p(\mathcal{O})},u\in C_0^\infty(\mathcal{O}).$$

ii)设$\mathcal{O}\subset\mathbb{R}^m$具有有限的宽度，则 $\|D^k.\|_{L^p}$ 是与空间 $W_0^{k,p}(\mathcal{O})$ 的标准范数 $\|\|_{W^{k,p}}$ 等价的范数.

iii)对于此种情形，$m<p\leqslant\infty$，如果 $u\in W^{1,p}(\mathbb{R}^m)$，那么 u 实际上是 Hölder 连续的，即有

引理 1.26(Morrey不等式) 设 $m<p\leqslant\infty$，则存在常数 c，仅依赖于 p 和 m，使得对所有的 $u\in C^1(\mathbb{R}^m)$，

$$\|u\|_{C^{0,\gamma}(\mathbb{R}^m)}\leqslant c\|u\|_{W^{1,p}(\mathbb{R}^m)},$$

其中 $\gamma=1-m/p$.

1.5.6 Sobolev空间的紧嵌入

定义 1.18 设 X 和 Y 是两个Banach空间，$X\subset Y$，称 X 紧嵌入 Y，记 $X\subset\subset Y$，如果

i)对 $x\in X$，有正常数 c，使得 $\|x\|_Y\leqslant c\|x\|_X$.

ii)X 中的每一个有界数列在 Y 是预紧的.

下面关于Sobolev空间的紧嵌入定理取自文献[2].

引理 1.27(Rellich-Kondrachov紧嵌入定理) 设 $\mathcal{O}\subset\mathbb{R}^m$ 为有界域，$\partial\mathcal{O}\in C^1$. 设 $1\leqslant p<m$，则

$$W^{1,p}(\mathcal{O})\subset\subset L^q(\mathcal{O}),$$

其中 $1\leqslant q<p^*=\dfrac{mp}{m-p}$.

如果 $W^{1,p}(\mathcal{O})$ 由 $W_0^{1,p}(\mathcal{O})$ 替换，则条件"$\partial\mathcal{O}\in C^1$"可以去掉.

当 $\mathcal{O}$ 是无界域时，设 $\mathcal{O}_0$ 是 $\mathcal{O}$ 的有界子集，则对任何的 $1\leqslant q<p^*=\dfrac{mp}{m-p}$，$W^{1,p}(\mathcal{O})\subset\subset L^q(\mathcal{O}_0)$.

特别地，如果 $\mathcal{O}$ 为有界子集，且 $\partial\mathcal{O}\in C^1$，则 $H^1(\mathcal{O})\subset\subset L^2(\mathcal{O})$. 进一步说明，如果 $\partial\mathcal{O}\in C^{k+1}$，则 $H^{k+1}(\mathcal{O})\subset\subset H^k(\mathcal{O})$. 我们也有 $L^2(\mathcal{O})\subset\subset H^{-1}(\mathcal{O})$.

注意，临界嵌入都不是紧的. 如当 $p>m$，嵌入

$$W^{1,p}(\mathcal{O})\subset C^{0,\gamma}(\mathcal{O}),\gamma=1-\frac{m}{p}$$

不是紧的. 下面给出一般空间上的紧嵌入定理，参见文献[2]，p168.

引理 1.28(一般的Rellich-Kondrachov紧嵌入定理) 设 $\mathcal{O}$ 为 $\mathbb{R}^m$ 中的一个区域，具有锥性质或者 $\partial\mathcal{O}\in C^k$. 设 $\mathcal{O}_0\subset\mathcal{O}$ 为有界域. 设 $j\geqslant0$，$k\geqslant1$ 是整数，$1\leqslant p<\infty$，则

i)当 $kp<m$ 时，$W^{j+k,p}(\mathcal{O})\subset\subset W^{j,q}(\mathcal{O}_0)$，$1\leqslant q<q^*=\dfrac{mp}{m-kp}$；

ii)当 $kp=m$ 时，$W^{j+k,p}(\mathcal{O})\subset\subset W^{j,q}(\mathcal{O}_0)$，$1\leqslant q<\infty$；

iii)当 $kp>m$ 时，$W^{j+k,p}(\mathcal{O})\subset\subset W^{j,q}(\mathcal{O}_0)$，$1\leqslant q\leqslant\infty$；

iv)当 $kp>m$ 时，$W^{j+k,p}(\mathcal{O})\subset\subset C_B^j(\overline{\mathcal{O}}_0)$.

说明：①如果上述 W-空间用 W_0-空间替换，则条件"$\mathcal{O}$ 具有锥性质和 $\partial\mathcal{O}\in C^k$"可以去掉的情况下，上述嵌入都是紧的.

②如果 $\mathcal{O}$ 为有界区域，则可以取 $\mathcal{O}_0=\mathcal{O}$.

1.5.7 边界迹的嵌入

引理 1.29 设 $\mathcal{O}\subset\mathbb{R}^m$ 为一区域，具有 C^k-正则条件，假设在 $\mathcal{O}$ 上存在 (m,p)-延拓算子. 则当 $kp<m$ 时，

$$W^{k,p}(\mathcal{O})\to L^q(\partial\mathcal{O}),$$

其中 $p\leqslant q\leqslant p^*=\dfrac{(m-1)p}{m-kp}$；当 $kp=m$ 时，上述嵌入的 q 满足 $p\leqslant q<\infty$.

1.6 收敛性与紧性

1.6.1 各种收敛性

在有限维的欧式空间中，点列的有界性保证了收敛子列的存在性. 但是在无限维 Banach 空间中不一定成立. 因此，引入了弱收敛和弱*收敛概念. 在这种新的收敛意义下，有限维空间的性质可以推广到无限维情形.

定义 1.19 设 X 是线性赋范空间，X^* 为其对偶空间，$x,x_n\in X,n=1,2,\cdots$若

$$\lim_{n\to\infty}f(x_n)=f(x),\forall f\in X^*,$$

则称当 $n\to\infty$时，x_n 弱收敛到 x，记作 $x_n\rightharpoonup x$，$x_n\xrightarrow{w}x$ 或者 $w-\lim\limits_{n\to\infty}x_n=x$. x 称为点列$\{x_n\}$的弱极限.

定义 1.20 设 X 是线性赋范空间，X^* 为其对偶空间，$f,f_n\in X^*,n=1,2,\cdots$若

$$\lim_{n\to\infty}f_n(x)=f(x),\forall x\in X,$$

则称当 $n\to\infty$时，f_n 弱*收敛到 f，记作 $f_n\xrightarrow{w^*}f$ 或者 $w^*-\lim\limits_{n\to\infty}f_n=f$. f 称为点列$\{f_n\}$的弱*极限.

为了区别，称 $x_n\to x$(即按范数收敛)为$\{x_n\}$强收敛到 x，x 称为点列$\{x_n\}$的强极限.

需要指出的是，X 上的强收敛蕴含弱收敛，X^* 上的弱收敛蕴含弱*收敛，当 X 为自反Banach空间时，弱收敛与弱*收敛等价. X 为有限维空间时，弱收敛与强收敛(即按范数收敛)等价.

下面列出弱极限和弱*极限的相关定理.

引理 1.30 设 X 是 Banach 空间，X^* 为其对偶空间，设 $x,x_n\in X,n=1,2,\cdots$，则 x_n 弱收敛到 x 当且仅当

i)$\{x_n\}$有界，即存在常数 $M>0$，使得对所有的 n，$\|x_n\|\leqslant M$；

ii)在 X^* 中的一个稠密子集 M^* 上满足

$$\lim_{n\to\infty}f(x_n)=f(x),\forall f\in M^*.$$

引理 1.31 设 X 是 Banach 空间，$x,x_n\in X,n=1,2,\cdots$，如果 x_n 弱收敛到 x，那么

i)$\{x_n\}$有界；

ii)$x\in\overline{\mathrm{linspan}\{x_n\}}$，这里$\overline{\mathrm{linspan}\{x_n\}}$为$\{x_n\}$生成的线性空间的闭包；

iii)$\|x\|\leqslant\liminf\limits_{n\to\infty}\|x_n\|$.

引理 1.32 设 X 是 Banach 空间，X^* 为其对偶空间，设 $f,f_n\in X^*,n=1,2,\cdots$，则 f_n 弱*收敛到 f 当且仅当

i)$\{f_n\}$有界，即存在常数 $M>0$，使得对所有的 n，$\|f_n\|_{X^*}\leqslant M$；

ii)在 X 中的一个稠密子集 M 上满足

$$\lim_{n\to\infty}f(x_n)=f(x),\forall f\in M.$$

引理 1.33　设 H 是 Hilbert 空间，$x, x_n \in H$，$n=1,2,\cdots$，则点列 x_n 强收敛到 x 的充要条件是

i) 点列 x_n 的范数收敛，即 $\|x_n\| \to \|x\|$；

ii) 点列 x_n 弱收敛，即 $x_n \xrightarrow{w} x$.

引理 1.34　设 X 是 Banach 空间，则 X 中的单位球是弱闭的.

证明　令 $B=\{x; \|x\| \leqslant 1\}$，设 $x_n \in B$ 且 $x_n \rightharpoonup x_0$. 根据 Hahn-Banach 定理，存在 $f \in X^*$，使得 $f(x_0)=\|x_0\|$，且 $\|f\|=1$. 于是

$$\|x_0\| = f(x_0) = \lim_{n\to\infty} f(x_n) \leqslant \|f\| \limsup_{n\to\infty} \|x_n\| \leqslant 1.$$

因此，$x_0 \in B$，即 x_0 也在单位闭球内. 证毕.

引理 1.35　设 X 是 Banach 空间，X^* 是其对偶空间，则 X^* 中的单位球是弱 * 闭的.

证明　设 $f, f_n \in X^*$，$f_n \xrightarrow{w^*} f$，且 $\|f_n\|_{X^*} \leqslant 1$. 则对任意的 $x \in X$，有

$$|f(x)| \leqslant \lim_{n\to\infty} |f_n(x)| \leqslant \|x\| \limsup_{n\to\infty} \|f_n\|_{X^*} \leqslant \|x\|.$$

故 $\|f\|_{X^*} \leqslant 1$. 证毕.

1.6.2　各种紧性

在应用中集合的紧性很重要. 我们知道紧集一定是有界闭集，但无穷维空间上的有界闭集不一定是紧集. 有限维空间中，一个集合是紧的当且仅当它是有界闭集. 下面讨论集合的紧性问题.

定义 1.21　设 X 为度量空间，$M \subset X$ 为 X 的子集，$\mathfrak{U}$ 是 X 中的任一簇开集 $\{U_\alpha\}_{\alpha\in\Lambda}$，它覆盖了 M（即 $M \subset \bigcup_{\alpha\in\Lambda} U_\alpha$）. 如果可以从 $\mathfrak{U}$ 中选出有限个开集仍然覆盖 M，则称 M 为 X 中的紧集. 若 M 的闭包 $\overline{M}$ 是 X 中的紧集，则称 M 为 X 中的相对紧集或预紧集.

定义 1.22　设 X 为度量空间，$M \subset X$ 为 X 的子集，$N \subset X$，$\eta > 0$. 若对任意的 $x \in M$，总存在 $y \in N$，使得 $x \in U(y, \eta)$，那么称 N 是 M 的一个 η-网. 如果 N 还是一个有限集合，则称 N 是 M 的一个有限 η-网.

为了便于判断集合的紧性，在度量空间中有如下的等价命题，见文献[130,131].

引理 1.36　设 X 为度量空间，$M \subset X$ 为 X 的子集，则 M 是 X 中的紧集的充要条件是对 M 中的任何序列 $\{\xi_n\}_{n=1}^{\infty}$ 都存在子列 $\{\xi_{n_k}\}_{k=1}^{\infty}$ 收敛于 M 中的一元素 ξ_0，即当 $k \to \infty$ 时，$\xi_{n_k} \to \xi_0 \in M$.

一般地，设 $M \subset X$，如果对 M 中的任何序列 $\{\xi_n\}_{n=1}^{\infty}$ 都存在子列 $\{\xi_{n_k}\}_{k=1}^{\infty}$ 收敛于 $\xi_0 \in X$，但 $\xi_0 \notin M$，那么称 M 为 X 中的列紧集. 因此，把紧集也称为自列紧集.

引理 1.37　设 X 为完备度量空间，$M \subset X$ 为 X 的子集，则 M 是 X 中的相对紧集的充要条件是对任意的 $\eta > 0$，M 在 X 中存在有限 η-网.

定义 1.23　设 A 是线性赋范空间 X 的子集，若 A 中的任意点列有一个弱收敛子列，则称 A 是弱列紧的. 设 B 是 X^* 的子集，若 B 中任意点列有一个弱 * 收敛子列，则称 B 是弱 * 列紧的.

引理 1.38　设 X 是可分的线性赋范空间，X^* 为其对偶空间，则 X^* 中的任意有界集是弱 * 列紧的.

证明　设 $\{f_n\}$ 是 X^* 中的有界序列，即存在常数 $M>0$，使得 $\|f_n\|_{X^*} \leqslant M$. 需证明它有弱 * 收敛子列. 由于 X 可分，故 X 存在可数稠密子集 $\{x_m\}$. 因为 $\{f_n\}$ 有界，所以对每一个固定的

m，数集

$$\{f_n(x_m);n,m\in\mathbb{N}\}$$

有界. 因此可抽取子列$\{f_{n_k}\}$，使得对每一个 m，

$$\{f_{n_k}(x_m)\}$$

为收敛数列. 根据$\{x_m\}$在 X 中的稠密性及$\{f_n\}$有界，可得对于任意的 $x\in X$，数列$\{f_{n_k}(x)\}$是收敛数列. 记

$$f(x)=\lim_{k\to\infty}f_{n_k}(x),x\in X,$$

则 f 是线性的，且

$$|f(x)|\leqslant\|x\|\limsup_{k\to\infty}\|f_{n_k}\|_{X^*}\leqslant M\|x\|.$$

因此 $f\in X^*$. 同时还有 $w^*-\lim\limits_{k\to\infty}f_{n_k}=f$.

类似的可证明：

引理 1.39　设 X 是自反 Banach 空间，则 X 中的任意有界集是弱列紧的，即必然存在弱收敛的子列. 任意闭单位球是弱自列紧的.

下面给出一些具体空间内集合具有列紧性的条件.

设 X 为一个距离空间，距离为 d. 用 $C(X)$表示 X 上的一切连续函数的全体，定义

$$d(f,g)=\max_{x\in X}|f(x)-g(x)|\quad\forall f,g\in C(X).$$

则易证 $C(X)$是一个完备的距离空间. 给出 $C(X)$上的一个紧性定理.

引理 1.40(Arzela-Ascoli 定理)　设 X 为紧的距离空间，集合 $F\subset C(X)$是一个列紧集的充要条件是

i)F 一致有界. 即存在常数 $c>0$，使得对任意的 $f\in F$，都有$|f(x)|\leqslant c,x\in X$；

ii)F 等度连续. 即任意的 $\eta>0$，存在 $\delta=\delta(\eta)>0$，使得对任意的 $f\in F$ 以及 $x_1,x_2\in X$，只要 $d(x_1,x_2)<\delta$，都有

$$|f(x_1)-f(x_2)|<\eta.$$

1.6.3　无穷序列空间上的紧性

无穷序列空间

$$l^p=\{\xi=(\xi_1,\xi_2,\cdots);\xi_i\in R,i=1,2,\cdots,\sum_{i=1}^{\infty}|\xi_i|^p<\infty\},$$

具有范数

$$\|\xi\|_{l^p}=\Big(\sum_{i=1}^{\infty}|\xi_i|^p\Big)^{\frac{1}{p}},$$

其中 $p>0$ 是一类重要的 Banach 空间. 我们给出列紧集(预紧集)的充要条件.

引理 1.41　设 $2\leqslant p<\infty$，M 为 l^p 的子集，则 M 为预紧集的充要条件是

i)M 在 l^p 中一致有界. 即存在常数 $c>0$，使得对所有的 $\xi\in M$，有

$$\Big(\sum_{i=1}^{\infty}|\xi_i|^p\Big)^{\frac{1}{p}}\leqslant c;$$

ii)级数集合$\{\sum\limits_{i=1}^{\infty}|\xi_i|^p;\xi=(\xi_1,\xi_2,\cdots)\in M\}$等度收敛. 即对任意的 $\eta>0$，存在 $i_0=i_0(\eta)>0$，使得对每一个 $\xi=(\xi_1,\xi_2,\cdots)\in M$，当 $i\geqslant i_0$ 时，

$$\sum_{k=i}^{\infty}|\xi_k|^p \leqslant \eta.$$

证明　必要性. 因为$\overline{M}$是 l^p 中的紧集,由引理 1.37 知,对任意的 $\eta>0$,存在有限 η-网. 即存在有限个点 $\xi^1,\xi^2,\cdots,\xi^s\in l^p$,使得

$$M\subset\overline{M}\subset\bigcup_{j=1}^{s}U(\xi^j,\eta),$$

其中 $U(\xi^j,\eta)$为 ξ^j 的 η 邻域,$j=1,2,\cdots,s$. 令

$$c_0=\max\{\|\xi^1\|_{l^p},\|\xi^2\|_{l^p},\cdots,\|\xi^s\|_{l^p}\}.$$

因此,对任何的 $\xi=(\xi_1,\xi_2,\cdots)\in M$,存在某个 ξ^j,$1\leqslant j\leqslant s$,使得 $\xi\in U(\xi^j,\eta)$,于是

$$\|\xi-\xi^j\|_{l^p}<\frac{\eta}{2}.$$

故利用三角不等式得

$$\|\xi\|_{l^p}\leqslant\|\xi-\xi^j\|_{l^p}+\|\xi^j\|_{l^p}\leqslant\frac{\eta}{2}+c_0.$$

于是,令 $\eta=1$ 就证明了条件 i). 另一方面,对上述的有限的 η-网$\{\xi^1,\xi^2,\cdots,\xi^s\}$,由于显然可以找到共同的 $i_0=i(\eta)>0$,使得当 $i\geqslant i_0$ 时,

$$\left(\sum_{k=i}^{\infty}|\xi_k^j|^p\right)^{\frac{1}{p}}<\frac{\eta}{2},j=1,2,\cdots,s,$$

这里 $\xi^j=(\xi_1^j,\xi_2^j,\cdots)$. 因此,对上述获得的 $i_0=i(\eta)>0$,当 $i\geqslant i_0$ 时,对任意的 $\xi=(\xi_1,\xi_2,\cdots)\in M$,有

$$\left(\sum_{k=i}^{\infty}|\xi_k|^p\right)^{\frac{1}{p}}\leqslant\left(\sum_{k=i}^{\infty}|\xi_k-\xi_k^j|^p\right)^{\frac{1}{p}}+\left(\sum_{k=i}^{\infty}|\xi_k^j|^p\right)^{\frac{1}{p}}\leqslant\frac{\eta}{2}+\frac{\eta}{2}=\eta,$$

这表明对充分小的 η,有

$$\sum_{k=i}^{\infty}|\xi_k|^p\leqslant\eta^p<\eta.$$

于是,条件 ii)得证.

充分性. 对任意的 $\eta>0$,根据条件 ii),存在 $i_0=i(\eta)>0$,当 $i\geqslant i_0$ 时,对任意的 $\xi=(\xi_1,\xi_2,\cdots)\in M$,有

$$\left(\sum_{k=i}^{\infty}|\xi_k|^p\right)^{\frac{1}{p}}<\frac{\eta}{2}.$$

设集合

$$\widetilde{M}=\{\widetilde{\xi}=(\xi_1,\xi_2,\cdots,\xi_{i_0});\xi=(\xi_1,\xi_2,\cdots,\xi_{i_0},\xi_{i_0+1},\cdots)\in M\},$$

则$\widetilde{M}$为 i_0 维欧式空间$\mathbb{R}^{i_0}$的子集合. 由条件 i)知,集$\widetilde{M}$是$\mathbb{R}^{i_0}$中的有界集. 于是,$\widetilde{M}$是$\mathbb{R}^{i_0}$中的预紧集. 因此,由引理 1.37 知,存在有限个点 $\widetilde{\xi}^1,\widetilde{\xi}^2,\cdots,\widetilde{\xi}^s\in\widetilde{M}$,使得对任意的 $\widetilde{\xi}=(\xi_1,\xi_2,\cdots,\xi_{i_0})\in\widetilde{M}$,存在某个 $\widetilde{\xi}^j$,$j=1,2,\cdots,s$,使得

$$\left(\sum_{k=1}^{i_0}|\xi_k-\xi_k^j|^2\right)^{\frac{1}{2}}<\frac{\eta}{2}.$$

由于 $p\geqslant 2$，将上式两端 p 次方，利用不等式 $(|a|+|b|)^p\geqslant|a|^p+|b|^p$（这里只需要 $p\geqslant 1$），可得

$$\Big(\sum_{k=1}^{i_0}|\xi_k-\xi_k^j|^p\Big)^{\frac{1}{p}}\leqslant\Big(\sum_{k=1}^{i_0}|\xi_k-\xi_k^j|^2\Big)^{\frac{1}{2}}<\frac{\eta}{2}.$$

现在零延拓 $\widetilde{\xi}^1,\widetilde{\xi}^2,\cdots,\widetilde{\xi}^s$. 即令

$$\xi^j=\{\xi_1^j,\xi_2^j,\cdots,\xi_{i_0}^j,0,0,\cdots\},j=1,2,\cdots,s,$$

则这样得到的有限个无穷序列 $\xi^1,\xi^2,\cdots,\xi^s$ 属于 l^p. 因此，对任意的 $\xi=(\xi_1,\xi_2,\cdots)\in M$，有

$$\Big(\sum_{k=1}^{\infty}|\xi_k-\xi_k^j|^p\Big)^{\frac{1}{p}}=\Big(\sum_{k=1}^{i_0}|\xi_k-\xi_k^j|^p\Big)^{\frac{1}{p}}+\Big(\sum_{k=i_0+1}^{\infty}|\xi_k|^p\Big)^{\frac{1}{p}}\leqslant\frac{\eta}{2}+\frac{\eta}{2}=\eta.$$

即集合 $\{\xi^1,\xi^2,\cdots,\xi^s\}$ 为 M 在 l^p 中有限 η-网. 再一次运用引理 1.37，充分性得证.

作为上述定理的应用，这里给出一个例子.

【例 1.5】 取 M 为可数个无穷序列构成的集合. 即 $M=\{T_n:n=1,2,\cdots\}$，其中

$$T_n=\Big(\ln^n\Big(1+\frac{1}{1}\Big),\ln^n\Big(1+\frac{1}{2}\Big),\cdots,\ln^n\Big(1+\frac{1}{i}\Big),\cdots\Big),n=1,2,\cdots$$

下面证明 M 满足引理 1.41 的条件 i) 和条件 ii). 事实上，利用不等式当 $x>0$ 时，$\ln(1+x)\leqslant x$，对于 $p\geqslant 2$，可得

$$\Big(\sum_{i=1}^{\infty}\Big|\ln^n\Big(1+\frac{1}{i}\Big)\Big|^p\Big)^{\frac{1}{p}}\leqslant\Big(\sum_{i=1}^{\infty}\frac{1}{i^{np}}\Big)^{\frac{1}{p}}\leqslant\Big(\sum_{i=1}^{\infty}\frac{1}{i^2}\Big)^{\frac{1}{p}}=\Big(\frac{\pi^2}{6}\Big)^{\frac{1}{p}},$$

对所有的 $n=1,2,\cdots$ 都成立. 故对每一个固定的 n，$T_n\in l^p$ 且 $\{T_n\}_{n=1}^{\infty}$ 一致有界. 即 M 满足引理 1.41 的条件 i). 另一方面，由级数收敛的柯西原理知，对任意的 $\eta>0$，存在 $i_0=i_0(\eta)$，使得当 $i\geqslant i_0$ 时，

$$\sum_{k=i}^{\infty}\frac{1}{k^2}<\eta.$$

于是，当 $i\geqslant i_0$ 时，对所有的 n，成立

$$\sum_{k=i}^{\infty}\Big|\ln^n\Big(1+\frac{1}{k}\Big)\Big|^p\leqslant\sum_{k=i}^{\infty}\frac{1}{k^{np}}\leqslant\sum_{k=i}^{\infty}\frac{1}{k^2}<\eta.$$

从而无穷序列 $\{T_n\}_{n=1}^{\infty}$ 等度收敛，即 M 满足定理 1.41 的条件 ii). 因此，前述定义的无穷序列 $\{T_n\}_{n=1}^{\infty}$ 在 $l^p(p>2)$ 空间中存在收敛子列.

更进一步，由于对每一个固定的 i，有

$$\lim_{n\to\infty}\ln^n\Big(1+\frac{1}{i}\Big)=0,$$

利用 $\{T_n\}_{n=1}^{\infty}$ 一致有界，前述定义的序列 $\{T_n\}_{n=1}^{\infty}$ 在 l^p 空间中弱收敛于 $(0,0,\cdots,0,\cdots)$.

1.6.4 加权无穷序列空间上的紧性

设 ϕ 是定义在 $\mathbb{R}$ 上的非负光滑函数，$p>0$，加权无穷序列空间

$$l^p(\phi)=\{\xi=(\xi_1,\xi_2,\cdots);\xi_i\in\mathbb{R},i=1,2,\cdots,\sum_{i=1}^{\infty}\phi(i)|\xi_i|^p<\infty\},$$

是一类重要的 Banach 空间，其中 ϕ 称为权数. $l^p(\phi)$ 中的范数由

$$\|\xi\|_{l^p(\phi)} = \left(\sum_{i=1}^{\infty}\phi(i)\,|\xi_i|^p\right)^{\frac{1}{p}}$$

确定. 在 $l^p(\phi)$上定义距离：$\forall\,\xi^1,\xi^2\in l^p(\phi)$,

$$d(\xi^1,\xi^2) = \|\xi^1-\xi^2\|_{l^p(\phi)} = \left(\sum_{i=1}^{\infty}\phi(i)\,|\xi_i^1-\xi_i^2|^p\right)^{\frac{1}{p}}.$$

$l^p(\phi)$是 l^p 的推广，当 $\phi=1$ 时，$l^p(\phi)$为通常的序列空间 l^p.

定义 1.24 设 M 为 $l^p(\phi)$的子集. 若存在常数 $c>0$，使得对所有的 $\xi\in M$，有

$$\left(\sum_{i=1}^{\infty}\phi(i)\,|\xi_i|^p\right)^{\frac{1}{p}} \leqslant c,$$

则称 M 在 $l^p(\phi)$中一致有界.

定义 1.25 设 M 为 $l^p(\phi)$的子集. 若对任意的 $\eta>0$，存在自然数 $i_0=i_0(\eta)>0$，使得对每一个 $\xi=(\xi_1,\xi_2,\cdots)\in M$，当 $i\geqslant i_0$ 时，$\sum\limits_{k=i}^{\infty}\phi(k)\,|\xi_k|^p<\eta$，则称级数集合$\{\sum\limits_{i=1}^{\infty}\phi(i)\,|\xi_i|^p;\xi=(\xi_1,\xi_2,\cdots)\in M\}$等度收敛.

引理 1.42 设 $2\leqslant p<\infty$，M 为 $l^p(\phi)$的子集，则 M 为列紧集的充要条件是

i) M 在 $l^p(\phi)$中一致有界；

ii) 级数集合 $\{\sum\limits_{i=1}^{\infty}\phi(i)\,|\xi_i|^p;\xi=(\xi_1,\xi_2,\cdots)\in M\}$ 等度收敛.

证明 类似于引理 1.41.

1.6.5 L^p 空间上的紧性

下面给出连续函数空间 Arzela 等度连续定理的推广.

引理 1.43 设 $1\leqslant p<\infty$，一有界集合 $M\subset L^p(\mathcal{O})$为列紧的充要条件是对任意的 $\eta>0$，都存在 $\delta>0$ 和一个有界子集 $G\subset\mathcal{O}$，使得对任意的 $f\in M$，只要$|z|<\delta$，都有

$$\int_{\mathcal{O}}|f(x+z)-f(x)|^p\mathrm{d}x<\eta^p,$$

及

$$\int_{\mathcal{O}-\overline{G}}|f(x)|^p\mathrm{d}x<\eta^p.$$

注意，上述第一个条件称为 L^p 等度连续性，第二个条件通常可用以下尾部估计来描述

$$\lim_{R\to\infty}\int_{\{x\in\mathcal{O};\,|x|\geqslant R\}}|f(x)|^p\mathrm{d}x=0.$$

如果$\mathcal{O}$为有界集，则上述第二个无穷小自然满足.

引理 1.44 当 $1<p<\infty$时，$L^p(\mathcal{O})$中的集合为弱列紧的当且仅当范数有界. 当 $p=\infty$时，范数有界蕴含弱* 收敛.

第 2 章 随机动力系统及其相关概念

本章介绍概率论和随机动力系统及其吸引子的相关概念和理论，研究了双参数动力系统在非初始空间上存在吸引子的条件. 引入了渐近紧、Omega-极限紧、Flattening 条件等内容，并用于刻画吸引子的存在性. 证明了一个重要结果：随机动力系统在非初始空间的吸引子的存在性仅取决于系统在初始空间上的连续性、吸收集的存在性，以及系统在非初始空间的渐近紧性，与系统在非初始空间上吸引集的存在性和连续性无关.

2.1 概率空间

概率空间是概率论的基础. 简单地说，概率空间(Ω,F,P)是总测度为 1 的测度空间[即$P(\Omega)=1$]，其中Ω称为样本空间，其中的每一个元素称为样本点. F是样本空间Ω的幂集的一个非空子集. F集合的元素称为事件，通常用A,B,C表示. 事件是样本空间Ω的子集. F又称为事件域. 因此先定义测度空间(Ω,F).

定义 2.1 设Ω是一个样本空间，F是Ω的幂集的一个非空子集，如果它满足；

i)$\Omega\in F$；

ii)若$A\in F$，则$\overline{A}\in F$，(对可逆运算封闭)；

iii)若$A_n\in F$，则$\bigcup\limits_{n=1}^{\infty}A_n\in F$，(对可数并运算封闭).

那么称$F=\{A|A\subset\Omega\}$为Ω的一个σ-代数. 此时(Ω,F)称为可测空间.

定义 2.2 设(Ω,F)为可测空间，$P(\cdot)$为定义在事件域F上的实值集合函数，即$P:F\to\mathbb{R}$，使得

i)$\forall A\in F$，都有$P(A)\geqslant 0$(非负性)；

ii)$P(\Omega)=1$(规范性)；

iii)若$A_n\in F(n=1,2,3,\cdots)$，且当$n\neq m$时，$A_nA_m=\phi$，则

$$P(\bigcup_{n=1}^{\infty}A_n)=\sum_{n=1}^{\infty}P(A_n),\text{(可列可加性)}$$

则称$P(\cdot)$为概率测度，简称概率. 这是苏联数学家 Kolmogrov 提出的概率的公理化定义，是

现代概率论的基石.

定义 2.3　设(Ω,F)是可测空间,如果Ω上的可测函数$X(\omega)$满足:$\forall x\in\mathbb{R}$,

$$\{\omega \mid X(\omega)\leqslant x\}\in F,$$

就称$X(\omega)$是可测空间(Ω,F)上的随机变量,简称为随机变量.通常将随机变量$X(\omega)$简记为X,用X,Y,Z,X_1,X_2,ξ,η等表示.

2.2　随机过程

下面介绍随机过程的一些概念.所谓随机过程就是一簇定义在同一概率空间(Ω,F,P)上的随机变量$X=\{X(t,\omega)\}_{t\in T}$,$T$称为参数集,通常表示时间.

定义 2.4　设(Ω,F,P)是概率空间,T是给定的参数集.若$\forall t\in T$,有一个随机变量$X(t,\omega)$与之对应,则称随机变量族$\{X(t,\omega)\}_{t\in T}$是(Ω,F,P)上的随机过程,简记为$X(t,\omega)$,$X_t(\omega)$,X_t或$X(t)$.$X(t)$的所有可能状态构成的集合称为状态空间或相空间.

按照概率特点,随机过程大致可分为独立增量过程、Markov过程(马氏过程)、Gauss过程和平稳过程.介绍如下.

1)**独立增量过程**

令$t_1<t_2<\cdots<t_n$,$t_i\in T$,$1\leqslant i\leqslant n$,如果增量

$$X_{t_1},X_{t_2}-X_{t_1},\cdots,X_{t_n}-X_{t_{n-1}}$$

相互独立,则称X为独立增量过程.如果对$\forall s,t,0\leqslant s<t$,增量$X_t-X_s$的分布仅仅依赖于$t-s$,则称$X$具有平稳增量.平稳增量的独立过程称为独立平稳增量过程.

独立增量过程的意义在于:它在每一时间间隔上过程状态的改变,不影响任何一个与它不重叠的时间间隔上状态的改变.

2)Markov **过程**

如果对任意$t_1<t_2<\cdots<t_n<t$,x_i,$1\leqslant i\leqslant n$,都有

$$P\{X_t\in A\,|\,X_{t_1}=x_1,X_{t_2}=x_2,\cdots,X_{t_n}=x_n\}=P\{X_t\in A\,|\,X_{t_n}=x_n\},$$

则称$X=\{X(t)\}_{t\in T}$为Markov过程.此式表明过程的状态仅仅依赖于当前时刻,而与过去状态无关,这样的性质称为马氏过程的无后效性.同时,称$P\{s,x;t,A\}=P\{X_t\in A\,|\,X_s=x\}$为转移概率函数,即在$s$时刻在状态$x$,而在$t$时刻转移到状态$X_t\in A$的概率.

3)Gauss **过程**

如果对任意$n\in N$和$t_1,t_2,\cdots,t_n\in T$,$(X_{t_1},X_{t_2},\cdots,X_{t_n})$是$n$维正态随机变量,则称随机过程$X=\{X(t)\}_{t\in T}$为正态过程或Gauss过程.它是一类非常重要的过程,其地位相当于正态随机变量在概率论中的地位.维纳(Wiener)过程是正态过程的一种特殊情况.

4)**平稳过程**

如果对任意常数τ和正整数$n,t_1,t_2,\cdots,t_n\in T$;$t_1+\tau,t_2+\tau,\cdots,t_n+\tau\in T$;$(X_{t_1},X_{t_2},\cdots,X_{t_n})$和$(X_{t_1+\tau},X_{t_2+\tau},\cdots,X_{t_n+\tau})$有相同的联合分布,则称随机过程$X=\{X(t)\}_{t\in T}$为平稳过程.如果$EX_t=$常数且对任意$t,t+h\in T$,其协方差

$$E(X_t - EX_t)(X_{t+h} - EX_{t+h})$$

存在且与 t 无关，则称随机过程 $X=\{X(t)\}_{t\in T}$为宽平稳过程.

2.3 Wiener 过程和布朗运动

1827 年，英国植物学家布朗(Robert Brown)观察到悬浮在液体中的花粉微粒作无规则运动. 不仅花粉颗粒，其他悬浮在流体中的微粒也表现出同样的无规则运动，如悬浮在空气中的尘埃. 后人就把这种微粒的运动称为布朗运动. 爱因斯坦(Albert Einstein)于 1905 年解释了布朗运动的原因，认为花粉粒子受到周围介质分子撞击的不均匀性造成了布朗运动. 1918 年，维纳(Wiener)在他的博士论文中给出了布朗运动的简明数学公式和一些相关的结论. 为了从数学上研究这样的运动，用 $B_t(\omega)$表示微粒 ω 在时刻 t 的位置，将其纳入随机过程的研究框架是适当的.

布朗运动具有以下性质：

①布朗运动是 Gauss 过程，即任何有限维联合分布是正态分布；

②它是独立增量过程；

③布朗运动的轨道是连续的(更确切地讲，存在连续修正).

由此出发，还可得到更一般的布朗运动的定义，为此设已经给定概率空间(Ω,F,P).

定义 2.5　如果取值于$\mathbb{R}^d$的随机过程$B=\{B_t\}_{t\geqslant 0}$，满足

i)对 $0\leqslant t<\infty$，B_t 是独立平稳增量过程；

ii)$\forall\, s,t>0$，$B_{s+t}-B_s$ 是 Gauss 随机变量，服从分布 $N(0,\sigma^2 t)$，即期望为 0，方差矩阵为 $\sigma^2 t$ 的 Gauss 随机变量，则称 B 是参数为 σ^2 的 d-维 Wiener 过程或者布朗运动. 如果 $P(B_0=x)=1$，则称 B 为从 x 出发的布朗运动.

考虑一维情形. 直观地，$B_t(\omega)$表示在时刻 t 微粒 ω 所在位置的坐标. 设流体是均匀的，此时可设从时刻 s 到时刻 $s+t$ 的位移 $B_{s+t}-B_s$ 是许多独立的小位移的和，即

$$B_{s+t}-B_s=\left(B_{s+\frac{t}{n}}-B_s\right)+\cdots+\left[B_{s+\frac{(n-1)t}{n}}-B_{s+\frac{(n-2)t}{n}}\right]+\left[B_{s+\frac{nt}{n}}-B_{s+\frac{(n-1)t}{n}}\right].$$

根据中心极限定理，自然可以设 $B_{s+t}-B_s$ 服从正态分布 $N(0,\sigma^2 t)$. 由流体的均匀性，σ 应不依赖于 s,t 以及空间变量 x.

如果 $d=1,x=0$，那么 $B(t)$的概率密度为

$$f(x,t)=\frac{1}{\sqrt{2\pi t}\sigma}\exp\left(-\frac{x^2}{2\sigma^2 t}\right).$$

特别地，当 $d=1,\sigma^2=1,x=0$ 时，称 B 为标准布朗运动，此时 $B_t\sim N(0,t)$. 对任意的 $t_1<t_2<\cdots<t_n$，标准布朗运动的 n 维随机向量$(B(t_1),B(t_2),\cdots,B(t_n))$的联合概率密度为(见文献[133])

$$f(x_1,x_2,\cdots,x_n;t_1,t_2,\cdots,t_n)=\frac{\exp\left\{-\frac{1}{2}\left[\frac{x_1^2}{t_1}+\frac{(x_2-x_1)^2}{t_2-t_1}+\cdots+\frac{(x_n-x_{n-1})^2}{t_n-t_{n-1}}\right]\right\}}{(2\pi)^{\frac{n}{2}}\left[t_1(t_2-t_1)\cdots(t_n-t_{n-1})\right]^{\frac{1}{2}}}$$

定义中虽然确定了 B 的分布，但是 B 的连续性未知. 事实上 B 的样本轨道不仅是连续的，而且 Hölder 连续. 设 $0\leqslant s<t$，对所有整数 $m=1,2,\cdots$，有

$$E(|B_t-B_s|^{2m})=\frac{1}{(2\pi r)^{\frac{d}{2}}}\int_{\mathbb{R}^d}|x|^{2m}e^{-\frac{|x|^2}{2r}}\mathrm{d}x \qquad (r=t-s>0)$$
$$=\frac{1}{(2\pi)^{\frac{d}{2}}}r^m\int_{\mathbb{R}^d}|y|^{2m}e^{-\frac{|y|^2}{2}}\mathrm{d}y \qquad \left(y=\frac{x}{\sqrt{r}}\right)$$
$$=\frac{(2m)!}{2^m m!}r^m=\frac{(2m)!}{2^m m!}|t-s|^m.$$

从而利用 Kolmogorov-Chentsov 定理($a=2m,d=1,b=m-1$)可知，布朗运动 B 是 Hölder 连续的(a. s.)，其 Hölder 指标为

$$0<\alpha<\frac{b}{a}=\frac{1}{2}-\frac{1}{2m}. \qquad (\forall m)$$

引理 2.1　对几乎所有的 ω 以及任意 $T>0$，布朗运动的样本轨道 $t\mapsto B_t(\omega)$ 在 $[0,T]$ 上一致 α-Hölder 连续($\forall\alpha\in(0,1/2)$).

引理 2.2　对任意 $\frac{1}{2}<\alpha\leqslant 1$ 以及几乎所有的 ω，$t\mapsto B_t(\omega)$ 无处 α-Hölder 连续. 特别地，布朗运动的样本轨道无处可微，即对某固定 $x>0$ 及每一个时刻 $t>0$，

$$P\left(\lim_{\Delta t\to 0^+}\left|\frac{B(t+\Delta t)-B(t)}{\Delta t}\right|>x\right)=1.$$

布朗运动在任意有限区间上都是无限变差的，但是有下述二次变差意义下的收敛性. 设区间 $[s,t]$ 的分化为

$$\Pi_n: s=t_0^n<t_1^n<t_2^n<\cdots<t_{m_n}^n=t,$$
$$\|\Pi_n\|\triangleq\max_{0\leqslant k\leqslant m_n-1}|t_{k+1}^n-t_k^n|,$$

则有：

引理 2.3　对于标准布朗运动 $B=\{B_t\}_{t\in[s,t]}$，定义

$$S_n\triangleq\sum_k|B_{t_{k+1}^n}(\omega)-B_{t_k^n}(\omega)|^2,$$

则当 $\|\Pi_n\|\to 0(n\to\infty)$ 时，S_n 均方收敛到常数 $t-s$，即

$$\lim_{n\to\infty}E\left[|S_n-(t-s)|^2\right]=0.$$

下面的命题是布朗运动的等价定义.

引理 2.4　设 $B_0=0$，$B=\{B_t\}_{t\geqslant 0}$ 为布朗运动，当且仅当它是 Gauss 系，且满足期望性质 $EB_t=0$，$E(B_tB_s)=t\wedge s$，这里 $t\wedge s=\min\{t,s\}$.

引理 2.5　若 $B_0=0$，$B=\{B_t\}_{t\geqslant 0}$ 为标准布朗运动，则下列结论成立：

i) $\{B_{a+t}-B_a\}_{t\geqslant 0}$，$a$ 是常数，仍服从布朗运动；

ii) $\left\{\frac{1}{\sqrt{\lambda}}B_{\lambda t}\right\}_{t\geqslant 0}$，$\lambda>0$，仍服从标准布朗运动；

iii) $\{tB_{\frac{1}{t}}\}_{t\geqslant 0}$ 仍服从布朗运动；

iv) $\{B_T-B_{T-t}\}_{t\geqslant 0}$，$0\leqslant t\leqslant T$，仍服从标准布朗运动.

关于随机过程更多的知识，读者可参阅文献[132,133]等.

2.4 单参数随机动力系统

设$(X,\|.\|_X)$为可分的Banach空间，$B(X)$表示由X中的开集生成的波雷尔σ-代数. 2^X表示X的幂集，$\mathbb{R}^+=\{x\in\mathbb{R};x\geqslant 0\}$，$C(X)$表示$X$的所有非空闭集构成的集合. 所谓单参数随机动系统，就是由带随机噪声的自治偏微分方程或者常微分方程的解所生成的系统，对于单参数随机动力系统在初始空间X上的吸引子存在性，见文献[14,19,31,32,41,81].

定义 2.6 设(Ω,F,P)为一概率空间，在其上定义$\vartheta_t:\Omega\to\Omega,t\in\mathbb{R}$，使得对任何的$s,t\in\mathbb{R}$成立：

i)ϑ_t是单参数群，即$\vartheta_{t+s}=\vartheta_t\circ\vartheta_s,\vartheta_0=\mathrm{id}$；

ii)$(t,\omega)\mapsto\vartheta_t\omega$是$(B(\mathbb{R})\times F,F)$可测的；

iii)$\vartheta_tP=P$，即对所有的$B\in F$和$t\in\mathbb{R}$，$P(\vartheta_tB)=P(B)$，则称$\vartheta_t,t\in\mathbb{R}$为一个流，称四重形式$\vartheta=(\Omega,F,P,\{\vartheta_t\}_{t\in\mathbb{R}})$为距离动力系统.

定义 2.7 设$B\subset\Omega$，如果对所有的$t\in\mathbb{R},\vartheta_tB=B$，则集合$B$为$\vartheta$-不变的；如果对任意的$\vartheta$-不变集$B\in F$，或者$P(B)=0$或者$P(B)=1$，则$\vartheta$称为$P$-遍历的；设$\Omega'\subset\Omega$，如果$P(\Omega')=1$，则称$\Omega'$为一个$P$-全测度集.

不作特别说明，本书所有的结果都是在P-全测度集Ω'上成立，并且假设$\Omega'=\Omega$.

定义 2.8 设X为可分的Banach空间，ϑ为距离动力系统. 如果映射φ

$$\varphi:\mathbb{R}^+\times\Omega\times X\to X,(t,\omega,x)\mapsto\varphi(t,\omega,x)$$

是$B(\mathbb{R}^+)\times F\times B(X)\to B(X)$可测的，且对所有的$s,t\geqslant 0$，

$$\varphi(0,\omega,.)=\mathrm{id},\varphi(t+s,\omega,.)=\varphi(t,\vartheta_s\omega,\varphi(s,\omega,.)),$$

则称(φ,ϑ)或φ是X上的随机动力系统. 进一步对每一个$t\in\mathbb{R}^+$和$\omega\in\Omega$，$\varphi(t,\omega):X\to X$是连续的，则称(φ,ϑ)或φ是X上的连续随机动力系统.

定义 2.9 设$K:\omega\to D(\omega)$为X中的多值映射，如果对每一个$x\in X$，

$$\omega\to\inf_{y\in K(\omega)}\mathrm{dist}(x,y)$$

为一随机变量，则该映射称为一个随机集. 为方便起见，该映射记作$K=\{K(\omega);\omega\in\Omega\}$.

众所周知，一个映射为随机集当且仅当逆映射$\{\omega;K(\omega)\cap O\neq\phi\}$可测，即对$X$中每一个开集$O$，

$$\{\omega;K(\omega)\cap O\neq\phi\}\in F,$$

见文献[50]的命题2.1.4.

在研究具体问题中，通常需要定义由X空间中的一些闭的非空随机子集$\omega\to D(\omega)\subset X$构成的系统作为研究吸引子的吸引域，记作$\mathfrak{D}$. 并设$\mathfrak{D}$满足包含闭特征：设$D'$为一闭的非空随机集，$D\in\mathfrak{D}$，如果$D'(\omega)\subset D(\omega)$，则$D'\in\mathfrak{D}$.

定义 2.10(文献[25]) 设$R:\Omega\to[0,\infty)$为随机变量，如果对任意的$\omega\in\Omega$，都有

$$\lim_{t\to\pm\infty}\frac{1}{|t|}\log^+R(\vartheta_t\omega)=0, \tag{2.1}$$

则称随机变量$R(\omega)$关于距离动力系统ϑ是速降的或者缓增的.

推论 2.1 如果随机变量$R:\Omega\to[0,\infty)$关于距离动力系统ϑ是速降的，则下列叙述等价：

对每一个 $\omega\in\Omega$，

(1) $\lim\limits_{t\to\pm\infty}\frac{1}{|t|}\log^{+}R(\vartheta_t\omega)=0$；

(2)对任意的 $\beta>0$，$\lim\limits_{t\to\pm\infty}e^{-\beta|t|}R(\vartheta_t\omega)=0$；

(3)对任意的 $\beta>0$，存在 $t_0(\beta,\omega)\geqslant 0$，使得当 $|t|\geqslant t_0(\beta,\omega)$，成立

$$R(\vartheta_t\omega)\leqslant e^{\beta|t|}.$$

证明　(1)⇒(2). 假设(2)不成立，则存在 $\beta_0,b>0$ 及 $t_n>0$，n 为正整数，使得当 $t_n\to\pm\infty$，

$$e^{-\beta_0|t_n|}R(\vartheta_{t_n}\omega)>b,$$

于是，

$$\frac{1}{|t_n|}\log R(\vartheta_{t_n}\omega)>\beta_0+\frac{\log b}{|t_n|}.$$

因此，

$$\lim_{t_n\to\pm\infty}\frac{1}{|t_n|}\log^{+}R(\vartheta_{t_n}\omega)\geqslant\sup_{t_n\to\pm\infty}\frac{1}{|t_n|}\log R(\vartheta_{t_n}\omega)>\beta_0,$$

与(1)矛盾，故(1)一定能推出(2).

(2)⇒(3). 显然. (3)⇒(1). 由(3)易知，

$$\frac{\log R(\vartheta_t\omega)}{|t|}\leqslant\beta,$$

从而

$$0\leqslant\frac{\log^{+}R(\vartheta_t\omega)}{|t|}\leqslant\beta.$$

由 β 的任意性，得到(1)成立.

定义 2.11(文献[53])　i)设 $B=\{B(\omega);\omega\in\Omega\}$ 为随机集，如果存在以 0 为中心，速降随机变量 $R(\omega)$ 为半径的邻域 $O(0,R(\omega))\subset X$，使得对每一个 $\omega\in\Omega$，$B(\omega)\subset O(0,R(\omega))$，则称 $B=\{B(\omega);\omega\in\Omega\}$ 为速降的随机集.

ii)如果存在 $c>0$，使得 $z\mapsto\frac{k(z)}{e^{-c|z|}}$ 在 $\mathbb{R}^m$ 上有界，则称 $k:\mathbb{R}^m\to\mathbb{R}$ 指数增长.

定义 2.12　设 $K:\omega\in\Omega\mapsto K(\omega)\in C(X)$，如果对每一个 $\omega\in\Omega$ 及 $B\in\mathfrak{D}_X$，都存在吸收时间 $T=T(B,\omega)>0$，使得对所有的 $t\geqslant T$，

$$\varphi(t,\vartheta_{-t}\omega,B(\vartheta_{-t}\omega))\subseteq K(\omega),$$

则称集合簇 $K=\{K(\omega);\omega\in\Omega\}$ 为随机动力系统 φ 在 X 空间中的 $\mathfrak{D}_X$-吸收集，其中

$$\varphi(t,\vartheta_{-t}\omega,B(\vartheta_{-t}\omega))=\bigcup_{v_0\in B(\vartheta_{-t}\omega)}\{\varphi(t,\vartheta_{-t}\omega,v_0)\}.$$

定义 2.13　如果对每一个 $\omega\in\Omega$ 及 $B\in\mathfrak{D}_X$，$x_n\in B(\vartheta_{-t_n}\omega)$，$t_n\to\infty$，都使得点列 $\{\varphi(t_n,\vartheta_{-t_n}\omega,x_n)\}_{n=1}^{\infty}$ 在 X 空间中有收敛子列，则称随机动力系统 φ 在 X 中是 $\mathfrak{D}_X$-渐近紧的.

定义 2.14　设 $A:\omega\in\Omega\mapsto A(\omega)\in C(X)$，如果满足：

i) A 是 X 空间中的紧的随机集；

ii) A 是不变的，即对每一个 $\omega\in\Omega$ 和所有的 $t\geqslant 0$，$\varphi(t,\omega,A(\omega))=A(\vartheta_t\omega)$；

iii) A 是吸引的，即对每一个 $\omega\in\Omega$ 和 $B\in\mathfrak{D}_X$，

$$\lim_{t\to\infty}d(\varphi(t,\vartheta_{-t}\omega,B(\vartheta_{-t}\omega)),A(\omega))=0,$$

则称集合簇 $A=\{A(\omega);\omega\in\Omega\}$ 为随机动力系统 φ 在 X 空间中的 $\mathfrak{D}_X$-随机吸引子. 这里 $d(.,.)$ 表示空间 X 上的 Hausdorff 半距离.

定义 2.15 设 φ 为空间 X 上的随机动力系统. 如果对每一个 $\omega\in\Omega$ 及在 $\mathbb{R}^+\times X$ 中的任意的 $(t_n,x_n)\to(t,x)$, $n\to\infty$, 都有 $\varphi(t_n,\omega,x_n)\rightharpoonup\varphi(t,\omega,x)$, 则称 φ 为范弱连续的. 这里"$\rightharpoonup$"表示弱收敛.

定义 2.16(文献[62]) 设 φ 为空间 X 上的随机动力系统. 若对每一个 $\omega\in\Omega$ 及在 $\mathbb{R}^+\times X$ 中满足 $\{\varphi(t_n,\omega,x_n)\}$ 有界且 $(t_n,x_n)\to(t,x)$, $n\to\infty$ 的 $\mathbb{R}^+\times X$ 中的点列 $\{(t_n,x_n)\}$, 都有 $\varphi(t_n,\omega,x_n)\rightharpoonup\varphi(t,\omega,x)$, 则称 φ 为拟连续的.

显然, 范范连续 $\Rightarrow$ 范弱连续 $\Rightarrow$ 拟连续.

设 X 和 Y 是两个 Banach 空间, 其对偶分别为 X^* 和 Y^*, 假定下面两条成立.

i) 嵌入 $i:X\to Y$ 是稠密的且连续的;

ii) 伴随算子 $i^*:Y^*\to X^*$ 是稠密的, 即 $i^*(Y^*)$ 在 X^* 中稠密.

值得注意的是, 在假设 i) 下, 伴随算子 $i^*:Y^*\to X^*$ 为单射, 且连续. 事实上, 如果对 $y^*\in Y^*$, $i^*(y^*)=0$, 则显然有 $(i(x),y^*)=(x,i^*(y^*))=0$. 由于 $i(X)$ 在空间 Y 中稠密, 因此根据 Hahn-Banach 定理知 $y^*=0$, 故 i^* 是单射算子. 而 i^* 的连续性由 i 的连续性得到.

推论 2.2(文献[62]) 设空间 X 和 Y 满足上述的 i) 和 ii), 随机动力系统 φ 同时定义在 X 和 Y 上, 如果 φ 在 Y 上是连续的, 或者范弱连续的, 则 φ 在 X 上是拟连续.

容易验证当空间域 $\mathcal{O}$ 有界时, $X=H_0^1(\mathcal{O})$, $Y=L^2(\mathcal{O})$ 满足假设 i) 和 ii), 因此由推论 2.2 可知, 如果一个随机动力系统在 $L^2(\mathcal{O})$ 上连续, 它在 $H_0^1(\mathcal{O})$ 上拟连续.

关于连续的随机动力系统有如下已知的结果, 参见文献[19,92].

定理 2.1 设 φ 为空间 X 上的连续随机动力系统, ϑ 为距离动力系统, 如果 φ 存在 $\mathfrak{D}$-随机的吸收集 $K\in\mathfrak{D}$, 同时 φ 是 $\mathfrak{D}$-渐近紧的, 则 φ 在 X 空间中存在唯一随机吸引子 $A\in\mathfrak{D}$, 并且对每一个 $\omega\in\Omega$, 其核段 $A(\omega)$ 为 $K(\omega)$ 的 Omega-极限集

$$A(\omega)=\bigcap_{s\geqslant 0}\overline{\bigcup_{t\geqslant s}\varphi(t,\vartheta_{-t}\omega,K(\vartheta_{-t}\omega))}.$$

如果能够找到紧的吸收集, 则有如下方便的结果, 见文献[31,32,41].

定理 2.2 设 φ 为空间 X 上的连续随机动力系统, 如果 φ 存在随机的、紧的吸收集 $K\in\mathfrak{D}$, 则 φ 在 X 空间中存在唯一随机吸引子 $A\in\mathfrak{D}$.

如果把连续用拟连续代替, 上述结果都成立.

下面给出一些概念, 进一步说明上面条件中的渐近紧性, 可用其他紧性代替, 参见文献[59].

定义 2.17 设 $B\subset X$ 有界, 称

$$\kappa(B)=\inf\{d>0; B\text{ 具有直径不大于 }d\text{ 的有限覆盖}\}$$

为集合 B 在 X 中的非紧性 Kuratowski 测度. 特别地, 如果 B 是无界的, 定义 $\kappa(B)=\infty$.

定义 2.18 设 φ 为空间 X 上的随机动力系统, ϑ 为距离动力系统, 如果对任意的 $\eta>0$, 及每一个 $D\in\mathfrak{D}$, 存在 $T=T(\eta,D(\omega),\omega)$, 使得对所有的 $t\geqslant T$, 成立:

$$\kappa\Big(\bigcup_{t\geqslant T}\varphi(t,\vartheta_t\omega,D(\vartheta_{-t}\omega))\Big)\leqslant\eta,\omega\in\Omega,$$

则称 φ 是 $\mathfrak{D}$-Omega 极限紧的.

定义 2.19　设 φ 为空间 X 上的随机动力系统，ϑ 为距离动力系统，如果对任意的 $\eta>0$，及每一个 $D\in\mathfrak{D}$，存在 $T=T(\eta,D,\omega)$ 及有限维子空间 $X_1\subset X$，使得有界投影算子 $P:X\to X_1$ 满足：

$$P(\bigcup_{t\geqslant T}\varphi(t,\vartheta_{-t}\omega,D(\vartheta_{-t}\omega)))\text{ 在 } X \text{ 中有界},$$
$$\|(I-P)\bigcup_{t\geqslant T}\varphi(t,\vartheta_{-t}\omega,D(\vartheta_{-t}\omega))\|<\eta,$$

则称 φ 是$\mathfrak{D}$-Flattening.

定义 2.20　如果对所有的 $\eta>0$，存在 $\delta>0$，使得对给定的 $x,y\in X$，$\|x\|\leqslant 1$，$\|y\|\leqslant 1$，$\|x-y\|>\eta$，那么$(\|x\|+\|y\|)/2<1-\delta$，则 Banach 空间 X 是一致凸的.

在应用中，一致凸性容易满足. 例如，所有的 Hilbert 空间、$L^p(1<p<\infty)$空间和 Sobolev 空间 $W^{k,p}(1<p<\infty)$等都是一致凸的，参见文献[21]. 事实上，当 X 是一致凸 Banach 空间的情形下，$\mathfrak{D}$-渐近紧、$\mathfrak{D}$-Omega 极限紧和$\mathfrak{D}$-Flattening 是等价的.

定理 2.3　设 φ 为空间 X 上的随机动力系统，ϑ 为距离动力系统，如果 X 是一致凸Banach 空间，则下列紧性等价：

i)φ 是$\mathfrak{D}$-渐近紧；

ii)φ 是$\mathfrak{D}$-Omega 极限紧的；

iii)φ 是$\mathfrak{D}$-Flattening.

2.5　双参数随机动力系统

设$(X,\|.\|_X)$和$(Y,\|.\|_Y)$为两个完全可分的 Banach 空间，其波雷尔 σ-代数分别为 $B(X)$和 $B(Y)$. 为了方便起见，称 X 为初始空间(通常指偏微分方程的初始值所在的空间)，Y 为相联系的非初始空间(通常指偏微分方程的正则解所在的空间). 本节介绍拉回吸引子存在于非初始空间 Y 中的充分条件，使其可用于具有双参数的随机动力系统. 一般来说，双参数随机动力系统由同时具有非自治项和随机噪声的偏微分方程的解所确定. 对于单参数随机动力系统在非初始空间 Y 上的随机吸引子存在性结果，参见文献[127].

设 Ω_1 为一非空集合，定义映射 $\vartheta_{1,t}:\Omega_1\to\Omega_1$，使得 $\vartheta_{1,0}$是 Ω_1 上的单位映射，并且对所有的 $s,t\in\mathbb{R}$成立 $\vartheta_{1,s+t}=\vartheta_{1,t}\circ\vartheta_{1,s}$. 又设$(\Omega_2,F_2,P)$为一概率空间，$\vartheta_{2,t}$是 Ω_2 上的保测变换，使得 $\vartheta_{2,0}$ 是 Ω_2 上的单位算子，并且对所有的 $s,t\in\mathbb{R}$成立 $\vartheta_{2,s+t}=\vartheta_{2,t}\circ\vartheta_{2,s}$. 我们称$(\Omega_1,\{\vartheta_{1,t}\}_{t\in\mathbb{R}})$和$(\Omega_2,F_2,P,\{\vartheta_{2,t}\}_{t\in\mathbb{R}})$为参数动力系统.

定义 2.21　映射 $\varphi:\mathbb{R}^+\times\Omega_1\times\Omega_2\times X\to X$ 称为 X 上关于$(\Omega_1,\{\vartheta_{1,t}\}_{t\in\mathbb{R}})$和$(\Omega_2,F_2,P,\{\vartheta_{2,t}\}_{t\in\mathbb{R}})$的双参数随机动力系统(简称随机圈)，如果对每一个 $\omega_1\in\Omega_1,\omega_2\in\Omega_2$ 和 $t,s\in\mathbb{R}^+$，以下条件成立：

i)$\varphi(.,\omega_1,.,.):\mathbb{R}^+\times\Omega_2\times X\to X$ 为$(B(\mathbb{R}^+)\times F_2\times B(X),B(X))$可测的；

ii)$\varphi(0,\omega_1,\omega_2,.)$为 X 上的单位算子；

iii)$\varphi(t+s,\omega_1,\omega_2,.)=\varphi(t,\vartheta_{1,s}\omega_1,\vartheta_{2,s}\omega_2,.)\circ\varphi(s,\omega_1,\omega_2,.)$.

除此之外，如果对每一个 $t\in\mathbb{R}^+,\omega_1\in\Omega_1,\omega_2\in\Omega_2$，映射 $\varphi(t,\omega_1,\omega_2,.):X\to X$ 连续，那么称 φ 为 X 上关于$(\Omega_1,\{\vartheta_{1,t}\}_{t\in\mathbb{R}})$和$(\Omega_2,F_2,P,\{\vartheta_{2,t}\}_{t\in\mathbb{R}})$的连续随机圈.

定义 2.22 集合值映射 $K:\Omega_1\times\Omega_2\to 2^X$ 称在 X 上关于 F_2 在 Ω_2 中可测的，如果对每一个固定的 $x\in X,\omega_1\in\Omega_1$，映射

$$\omega_2\in\Omega_2\to \mathrm{dist}_X(x,K(\omega_1,\omega_2))$$

是 $(F_2,B(\mathbb{R}))$-可测的，其中 dist_X 为 X 上的 Hausdorff 半距离. 进一步，如果对每一个 $\omega_1\in\Omega_1$ 和 $\omega_2\in\Omega_2$，$K(\omega_1,\omega_2)$ 是 X 上的非空闭子集，则 $\{K(\omega_1,\omega_2);\omega_1\in\Omega_1,\omega_2\in\Omega_2\}$ 称为一个闭的可测集.

接下来，我们还假定 φ 与 X,Y 一起满足

(**H**1) 对每一个 $t>0,\omega_1\in\Omega_1$ 及 $\omega_2\in\Omega_2,\varphi(t,\omega_1,\omega_2,.):X\to Y$.

同时，一直假定 φ 是初始空间 X 上关于 $(\Omega_1,\{\vartheta_{1,t}\}_{t\in\mathbb{R}})$ 和 $(\Omega_2,F_2,P,\{\vartheta_{2,t}\}_{t\in\mathbb{R}})$ 的连续圈，$\mathfrak{D}$ 是 X 的一些非空闭子集簇构成的集合，这些子集具有参数 $\omega_1\in\Omega_1$ 和 $\omega_2\in\Omega_2$，即

$$\mathfrak{D}=\{D=\{D(\omega_1,\omega_2)\in 2^X;D(\omega_1,\omega_2)\neq\phi,\omega_1\in\Omega_1,\omega_2\in\Omega_2\};f_D\text{ 满足的条件}\}.$$

设 D_1 和 D_2 属于 $\mathfrak{D}$，称 $D_1=D_2$ 当且仅当 $D_1(\omega_1,\omega_2)=D_2(\omega_1,\omega_2)$ 对所有的 $\omega_1\in\Omega_1,\omega_2\in\Omega_2$ 成立. 注意到，φ 在非初始空间 Y 上的连续性假设是没有必要的.

定义 2.23 设 $\mathfrak{D}$ 为 X 空间的一些非空闭子集簇构成的集合，称 $\{K(\omega_1,\omega_2);\omega_1\in\Omega_1,\omega_2\in\Omega_2\}\in\mathfrak{D}$ 为随机圈 φ 在 X 中的一 $\mathfrak{D}$-拉回吸收集，如果对每一个 $\omega_1\in\Omega_1,\omega_2\in\Omega_2,D\in\mathfrak{D}$，存在吸收时间 $T=T(\omega_1,\omega_2,D)>0$，使得对所有的 $t\geqslant T$，

$$\varphi(t,\vartheta_{1,-t}\omega_1,\vartheta_{2,-t}\omega_2,D(\vartheta_{1,-t}\omega_1,\vartheta_{2,-t}\omega_2))\subseteq K(\omega_1,\omega_2).$$

定义 2.24 设 $\mathfrak{D}$ 为 X 空间的一些非空闭子集簇构成的集合，称随机圈 φ 在 X(或 Y)上 $\mathfrak{D}$-拉回渐近紧，如果对每一个 $\omega_1\in\Omega_1,\omega_2\in\Omega_2$，使得对任意的 $t_n\to\infty$ 和 $x_n\in D(\vartheta_{1,-t}\omega_1,\vartheta_{2,-t}\omega_2)$，序列

$$\{\varphi(t_n,\vartheta_{1,-t_n}\omega_1,\vartheta_{2,-t_n}\omega_2,x_n)\}$$

在 X(或 Y)中都存在收敛子列，其中 $D=\{D(\omega_1,\omega_2);\omega_1\in\Omega_1,\omega_2\in\Omega_2\}\in\mathfrak{D}$.

定义 2.25 设 $\mathfrak{D}$ 为 X 空间的一些非闭空子集簇构成的集合，称 $A=\{A(\omega_1,\omega_2);\omega_1\in\Omega_1,\omega_2\in\Omega_2\}\in\mathfrak{D}$ 为随机圈 φ 在 X(或 Y)上关于 $(\Omega_1,\{\vartheta_{1,t}\}_{t\in\mathbb{R}})$ 和 $(\Omega_2,F_2,P,\{\vartheta_{2,t}\}_{t\in\mathbb{R}})$ 的 $\mathfrak{D}$-拉回吸引子，如果

i) A 在 X 上关于 F_2 在 Ω_2 中是可测的，以及对所有的 $\omega_1\in\Omega_1,\omega_2\in\Omega_2,A(\omega_1,\omega_2)$ 在 X(或 Y)中是紧的；

ii) A 是不变的，也就是说，对所有的 $t\in\mathbb{R}^+,\omega_1\in\Omega_1,\omega_2\in\Omega_2$，成立

$$\varphi(t,\omega_1,\omega_2,A(\omega_1,\omega_2))=A(\vartheta_{1,t}\omega_1,\vartheta_{2,t}\omega_2);$$

iii) A 在 X(或 Y)拓扑下吸引每一个 $D=\{D(\omega_1,\omega_2);\omega_1\in\Omega_1,\omega_2\in\Omega_2\}\in\mathfrak{D}$，也就是说，对每一个 $\omega_1\in\Omega_1,\omega_2\in\Omega_2$，

$$\lim_{t\to+\infty}\mathrm{dist}_X(\varphi(t,\vartheta_{1,-t}\omega_1,\vartheta_{2,-t}\omega_2,D(\vartheta_{1,-t}\omega_1,\vartheta_{2,-t}\omega_2)),A(\omega_1,\omega_2))=0$$

$$(\text{或}\lim_{t\to+\infty}\mathrm{dist}_Y(\varphi(t,\vartheta_{1,-t}\omega_1,\vartheta_{2,-t}\omega_2,D(\vartheta_{1,-t}\omega_1,\vartheta_{2,-t}\omega_2)),A(\omega_1,\omega_2))=0).$$

下面的定理 2.4 是很有意义的，可用于处理具有随机噪声和确定非自治力双驱动的随机偏微分方程，分别在初始空间和非初始空间上的拉回吸引子存在性问题. 读者可参阅文献[124]. 首先，需要进一步假定 X 和 Y 满足序列极限唯一性特征：

(**H**2) 如果 $\{x_n\}_n\subset X\cap Y$，使得在 X 中 $x_n\to x$ 及在 Y 中 $x_n\to y$，那么 $x=y$.

定理 2.4 设 $\mathfrak{D}$ 为 X 空间的一些非空闭子集簇构成的集合，满足包含闭性质. 假定 φ 是初

始空间 X 上关于$(\Omega_1,\{\vartheta_{1,t}\}_{t\in\mathbb{R}})$和$(\Omega_2,F_2,P,\{\vartheta_{2,t}\}_{t\in\mathbb{R}})$的连续随机圈. 假定

i) φ 在初始空间 X 中存在闭的、关于 F_2 在 Ω_2 中可测的$\mathfrak{D}$-拉回吸收集 $K=\{K(\omega_1,\omega_2);\omega_1\in\Omega_1,\omega_2\in\Omega_2\}\in\mathfrak{D}$;

ii) φ 在初始空间 X 中是$\mathfrak{D}$-渐近紧的,则 φ 在初始空间 X 中存在唯一$\mathfrak{D}$-拉回吸引子 $A_X=\{A_X(\omega_1,\omega_2);\omega_1\in\Omega_1,\omega_2\in\Omega_2\}$,其中

$$A_X(\omega_1,\omega_2)=\bigcap_{s\geqslant 0}\overline{\bigcup_{t\geqslant s}\varphi(t,\vartheta_{1,-t}\omega_1,\vartheta_{2,-t}\omega_2,K(\vartheta_{1,-t}\omega_1,\vartheta_{2,-t}\omega_2))}^X,\omega_1\in\Omega_1,\omega_2\in\Omega_2,\tag{2.2}$$

这里取 X 中的闭包.

如果进一步,(H1)—(H2)成立,且 φ 在非初始空间 Y 中是$\mathfrak{D}$-拉回渐近紧的,则 φ 在非初始空间 Y 中存在$\mathfrak{D}$-拉回吸引子 $A_Y=\{A_Y(\omega_1,\omega_2);\omega_1\in\Omega_1,\omega_2\in\Omega_2\}\in\mathfrak{D}$,其中

$$A_Y(\omega_1,\omega_2)=\bigcap_{s>0}\overline{\bigcup_{t\geqslant s}\varphi(t,\vartheta_{1,-t}\omega_1,\vartheta_{2,-t}\omega_2,K(\vartheta_{1,-t}\omega_1,\vartheta_{2,-t}\omega_2))}^Y,\quad\omega_1\in\Omega_1,\omega_2\in\Omega_2,\tag{2.3}$$

这里取 Y 中的闭包. 除此之外,成立 $A_Y=A_X$,即对每一个 $\omega_1\in\Omega_1,\omega_2\in\Omega_2$,有 $A_Y(\omega_1,\omega_2)=A_X(\omega_1,\omega_2)$.

证明　第一个结论见文献[95],这里只证明第二个结论. 事实上,由假设(H1)知,公式(2.3)有意义,同时由 φ 在 Y 中的渐近紧性知 $A_Y\neq\phi$. 下面证明 A_Y 为 Y 中唯一$\mathfrak{D}$-拉回吸引子.

第一步,由于 A_X 在 X 中可测(见文献[95]中的定理 2.14),以及 $A_X\in\mathfrak{D}$是不变的,则 A_Y 的不变性可通过证明$A_Y=A_X$ 来实现. 因此,必须证明对每一个 $\omega_1\in\Omega_1,\omega_2\in\Omega_2,A_Y(\omega_1,\omega_2)=A_X(\omega_1,\omega_2)$,这里 $A_X(\omega_1,\omega_2)$和 $A_Y(\omega_1,\omega_2)$分别按式(2.2)和式(2.3)定义. 事实上,取 $x\in A_X(\omega_1,\omega_2)$,由式(2.2)知,存在 $t_n\to+\infty$和 $x_n\in K(\vartheta_{1,-t_n}\omega_1,\vartheta_{2,-t_n}\omega_2)$,使得

$$\varphi(t_n,\vartheta_{1,-t_n}\omega_1,\vartheta_{2,-t_n}\omega_2,x_n)\xrightarrow[n\to\infty]{\|.\|_X}x.\tag{2.4}$$

因为 φ 在 Y 中是$\mathfrak{D}$-渐近紧的,则存在 $y\in Y$ 和子列(为了方便起见,仍然记成原来的形式),使得

$$\varphi(t_n,\vartheta_{1,-t_n}\omega_1,\vartheta_{2,-t_n}\omega_2,x_n)\xrightarrow[n\to\infty]{\|.\|_Y}y,\tag{2.5}$$

则从式(2.3)可知 $y\in A_Y(\omega_1,\omega_2)$. 于是,由(H2)结合式(2.4)和式(2.5)可得 $x=y\in A_X(\omega_1,\omega_2)$. 所以 $A_X(\omega_1,\omega_2)\subseteq A_Y(\omega_1,\omega_2)$. 类似的,可以得到逆包含关系. 于是,我们有 $A_X=A_Y$.

第二步,运用反证法证明 A_Y 在 Y 中的吸引性. 事实上,如果对固定的 $\omega_1\in\Omega_1,\omega_2\in\Omega_2$,存在 $\delta>0,x_n\in D(\vartheta_{1,-t_n}\omega_1,\vartheta_{2,-t_n}\omega_2)$以及 $t_n\to+\infty$,使得

$$\operatorname{dist}_Y(\varphi(t_n,\vartheta_{1,-t_n}\omega_1,\vartheta_{2,-t_n}\omega_2,x_n),A_Y(\omega_1,\omega_2))\geqslant\delta.\tag{2.6}$$

由 φ 在 Y 中的渐近紧性知,存在 $y_0\in Y$ 及子列,使得

$$\varphi(t_n,\vartheta_{1,-t_n}\omega_1,\vartheta_{2,-t_n}\omega_2,x_n)\xrightarrow[n\to\infty]{\|.\|_Y}y_0.\tag{2.7}$$

另一方面,由假设条件 i)知,存在大时刻 $T>0$,使得

$$\begin{aligned}y_n=\varphi(T,\vartheta_{1,-t_n}\omega_1,\vartheta_{2,-t_n}\omega_2,x_n)&=\varphi(T,\vartheta_{1,-T}\vartheta_{1,-t_n+T}\omega_1,\vartheta_{2,-T}\vartheta_{2,-t_n+T}\omega_2,x_n)\\&\in K(\vartheta_{1,-t_n+T}\omega_1,\vartheta_{2,-t_n+T}\omega_2).\end{aligned}\tag{2.8}$$

于是,由 φ 的圈特征与式(2.7)和式(2.8)一起,可推知,当 $n\to\infty$时,

$$\varphi(t_n,\vartheta_{1,-t_n}\omega_1,\vartheta_{2,-t_n}\omega_2,x_n)=\varphi(t_n-T,\vartheta_{1,-t_n+T}\omega_1,\vartheta_{2,-t_n+T}\omega_2,y_n)\to y_0$$

在 Y 中成立. 因此,根据式(2.3)知 $y_0\in A_Y(\omega_1,\omega_2)$. 这暗示了当 $n\to\infty$ 时,成立

$$\mathrm{dist}_Y(\varphi(t_n,\vartheta_{1,-t_n}\omega_1,\vartheta_{2,-t_n}\omega_2,x_n),A_Y(\omega_1,\omega_2))\to 0,$$

与式(2.6)矛盾.

第三步,证明 A_Y 在 Y 中的紧性. 由第一步中 $A_Y(\omega_1,\omega_2)$ 的不变性,可知,

$$\varphi(t,\vartheta_{1,-t}\omega_1,\vartheta_{2,-t}\omega_2,A_Y(\vartheta_{1,-t}\omega_1,\vartheta_{2,-t}\omega_2))=A(\omega_1,\omega_2).$$

设 $\{y_n\}_{n=1}^{\infty}$ 是取自 $A_Y(\omega_1,\omega_2)$ 中的序列,则存在序列 $\{z_n\}_{n=1}^{\infty}\in A_Y(\vartheta_{1,-t_n}\omega_1,\vartheta_{2,-t_n}\omega_2)$,使得对每一个 $n\in\mathbb{N}$,

$$y_n=\varphi(t_n,\vartheta_{1,-t_n}\omega_1,\vartheta_{2,-t_n}\omega_2,z_n).$$

注意到 $A_Y\in\mathfrak{D}$,则根据 φ 在 Y 中的紧性知,$\{y_n\}$ 在 Y 中有收敛子列,也就是说,存在 $y_0\in Y$ 使得

$$\lim_{n\to\infty}y_n=y_0$$

在 Y 中成立. 但是 $A_Y(\omega_1,\omega_2)$ 在 Y 中是闭的,因此 $y_0\in A_Y(\omega_1,\omega_2)$.

唯一性可由 φ 的不变性和 $A_Y\in\mathfrak{D}$ 获得,于是完成了所有的证明.

注记 2.1 i)我们强调假设(H1)是必要的,保证了对所有的 $t>0$,$\varphi(t,\vartheta_{1,-t}\omega_1,\vartheta_{2,-t}\omega_2,K(\vartheta_{1,-t}\omega_1,\vartheta_{2,-t}\omega_2))$ 在 Y 中取闭包是有意义的,正如公式(2.3).

ii)强调 A_Y 在 X 中的可测性,其结构完全由初始空间 X 中的 $\mathfrak{D}$-拉回吸收集所确定,与随机圈 φ 在非初始空间 Y 中是否存在吸收集无关. 这明显不同于文献[87]的结构.

iii)上述定理 2.4 延伸了文献[64]中的定理 2.1 中关于双空间吸引子的结论,那里的结论仅仅可用于单参数空间上的随机动力系统,而我们的结果能适用于同时具有随机噪声和确定非自治力的随机偏微分方程.

特别地,如果初始空间 $X=L^2(\mathbb{R}^N)$,相关的非初始空间 $Y=L^r(\mathbb{R}^N)$,$r>2$,则在非初始空间 $Y=L^r(\mathbb{R}^N)$ 上随机圈 φ 的渐近紧性容易得到. 首先,设 $\mathfrak{D}$ 是 $L^2(\mathbb{R}^N)$ 空间上的一些非空闭子集簇构成的集合,我们有

定理 2.5 设随机圈 φ 在 $L^2(\mathbb{R}^N)$ 中渐近紧,给定 $\omega_1\in\Omega_1$,$\omega_2\in\Omega_2$ 以及 $D=\{D(\omega_1,\omega_2);\omega_1\in\Omega_1,\omega_2\in\Omega_2\}\in\mathfrak{D}$. 假定对任意的 $\eta>0$,都存在常数 $M=M(\omega_1,\omega_2,D,\eta)>0$ 及 $T=T(\omega_1,\omega_2,D)>0$,使得

$$\sup_{t\geqslant T}\sup_{u_0\in D(\vartheta_{1,-t}\omega_1,\vartheta_{2,-t}\omega_2)}\int_{\mathbb{R}^N(|\varphi_t|\geqslant M)}|\varphi_t|^r\mathrm{d}x\leqslant\eta,$$

这里 $\varphi_t=\varphi(t,\vartheta_{1,-t}\omega_1,\vartheta_{2,-t}\omega_2,u_0)$. 则 φ 在 $L^r(\mathbb{R}^N)$ 中渐近紧,也就是说,对每一个 $\omega_1\in\Omega_1$,$\omega_2\in\Omega_2$,以及任意的 $t_n\to+\infty$,$u_{0,n}\in D(\vartheta_{1,-t_n}\omega_1,\vartheta_{2,-t_n}\omega_2)\in\mathfrak{D}$,序列 $\{\varphi(t,\vartheta_{1,-t_n}\omega_1,\vartheta_{2,-t_n}\omega_2,u_{0,n})\}$ 在 $L^r(\mathbb{R}^N)$ 中存在收敛子列.

2.6 上半连续性

这里列出上半连续性的一些结论. 给定 $\varepsilon>0$,设 $(\varphi_\varepsilon,\vartheta)$ 由一依赖 ε 的随机偏微分方程生成的随机动力系统,φ_0 为相应的确定的动力系统,即 φ_0 独立于随机参数 ω. 则关于随机吸引子在初始空间 X 中的上半连续性有如下结果,参见文献[26,91,100]. 这里研究随机吸引子在非初始空间上的上半连续性条件,读者可参阅文献[121].

定理 2.6　假设$(\varphi_\varepsilon,\vartheta)$在空间 X 中具有随机吸引子 $A_\varepsilon=\{A_\varepsilon(\omega);\omega\in\Omega\}$，$\varphi_0$ 具有全局吸引子 A_0. 如果当 $t>\tau$ 和 $\omega\in\Omega$ 时，成立

i)对每一个 $\varepsilon_n\to 0^+$，$x_n,x\in X$，只要 $x_n\to x$，就有

$$\lim_{n\to\infty}\varphi_{\varepsilon_n}(t,\tau,\omega,x_n)=\varphi_0(t,\tau,x);$$

ii)$(\varphi_\varepsilon,\vartheta)$存在随机吸收集 $E_\varepsilon=\{E_\varepsilon(\omega);\omega\in\Omega\}\in D_\varepsilon$ 使得对某确定常数$M>0$，

$$\lim_{\varepsilon\to 0^+}\sup\|E_\varepsilon\|_X\leqslant M,$$

这里$\|E_\varepsilon\|_X=\sup\limits_{x\in E_\varepsilon}\|x\|_X$；

iii)存在 $\varepsilon_0>0$ 使得 $\bigcup\limits_{0<\varepsilon\leqslant\varepsilon_0}\{A_\varepsilon\}$在 X 中预紧的.

则

$$d(A_\varepsilon(\omega),A_0)\to 0,当\ \varepsilon\downarrow 0.$$

假定(H1)和(H2)成立. 给定指标集 $I\subset\mathbb{R}$，对每一个 $\varepsilon\in I$，用$\mathfrak{D}_\varepsilon$ 表示 X 中的非空闭子集构成的集合. 设 $\varphi_\varepsilon(\varepsilon\in I)$为 X 中的在参数动力系统$\mathbb{R}$和$(\Omega,F,P,\{\vartheta_t\}_{t\in\mathbb{R}})$上的连续随机圈. 下面研究在非初始空间 Y 中吸引子的上半连续性.

首先，设 $t\in\mathbb{R}^+$，$\tau\in\mathbb{R}$，$\omega\in\Omega$，$\varepsilon_n,\varepsilon_0\in I$，$\varepsilon_n\to\varepsilon_0$，$x_n,x\in X$，$x_n\to x$，且

$$\lim_{n\to\infty}\varphi_{\varepsilon_n}(t,\tau,\omega,x_n)=\varphi_{\varepsilon_0}(t,\tau,\omega,x)\ 在\ X\ 中收敛. \tag{2.9}$$

其次，设存在映射 $R_{\varepsilon_0}:\mathbb{R}\times\Omega\to\mathbb{R}^+$，使得

$$B_0=\{B_0(\tau,\omega)=\{x\in X;\|x\|_X\leqslant R_{\varepsilon_0}(\tau,\omega)\};\tau\in\mathbb{R},\omega\in\Omega\}\in D_{\varepsilon_0}. \tag{2.10}$$

并且对每一个 $\varepsilon\in I$，φ_ε 在$X\cap Y$ 空间中存在$\mathfrak{D}_\varepsilon$-随机吸引子$A_\varepsilon\in\mathfrak{D}_\varepsilon$ 和在X 中存在一闭的可测$\mathfrak{D}_\varepsilon$-随机吸收集$K_\varepsilon\in\mathfrak{D}_\varepsilon$，使得对每一个 $\tau\in\mathbb{R}$，$\omega\in\Omega$，

$$\lim_{\varepsilon\to\varepsilon_0}\sup\|K_\varepsilon(\tau,\omega)\|\leqslant R_{\varepsilon_0}(\tau,\omega). \tag{2.11}$$

最后，假设对每一个 $\tau\in\mathbb{R}$，$\omega\in\Omega$，

$$\bigcup_{\varepsilon\in I}A_\varepsilon(\tau,\omega)\ 在\ X\ 中预紧, \tag{2.12}$$

$$\bigcup_{\varepsilon\in I}A_\varepsilon(\tau,\omega)\ 在\ Y\ 中预紧. \tag{2.13}$$

则得到吸引子在非初始空间 Y 中的上半连续性结果.

定理 2.7　设式(2.9)—式(2.13)成立，则对每一个 $\tau\in\mathbb{R}$，$\omega\in\Omega$，

$$\lim_{\varepsilon\to\varepsilon_0}\mathrm{dist}_Y(A_\varepsilon(\tau,\omega),A_{\varepsilon_0}(\tau,\omega))=0.$$

证明　假设存在 $\delta>0$，$\varepsilon_n\to\varepsilon_0$ 和$\{y_n\}$，$y_n\in A_{\varepsilon_n}(\tau,\omega)$使得对所有的 $n\in\mathbb{N}$，

$$\lim_{\varepsilon\to\varepsilon_0}\mathrm{dist}_Y(y_n,A_{\varepsilon_0}(\tau,\omega))\geqslant 2\delta. \tag{2.14}$$

由于 $y_n\in A_{\varepsilon_n}(\tau,\omega)\subset\mathbb{A}(\tau,\omega)=\bigcup\limits_{\varepsilon\in I}A_\varepsilon(\tau,\omega)$，则根据式(2.12)和式(2.13)及假设(H2)，存在 $y_0\in X\cap Y$和 y_n 的子列(记法不变)，使得

$$\lim_{n\to\infty}y_n=y_0，分别在\ X,Y\ 中都收敛. \tag{2.15}$$

取正的序列$\{t_m\}$，$t_m\uparrow+\infty$，$m\to\infty$. 当 $m=1$ 时，由不变性 A_{ε_n}存在序列$\{y_{1,n}\}$，$y_{1,n}\in A_{\varepsilon_n}(\tau-t_1,\vartheta_{-t_1}\omega)$，使得

$$y_n=\varphi_{\varepsilon_n}(t_1,\tau-t_1,\vartheta_{-t_1}\omega,y_{1,n}), \tag{2.16}$$

对每一个 $n\in\mathbb{N}$. 因为 $y_{1,n}\in A_{\varepsilon_n}(\tau-t_1,\vartheta_{-t_1}\omega)\subset\mathbb{A}(\tau-t_1,\vartheta_{-t_1}\omega)$，所以由式(2.12)和式(2.13)

及使用(H2)，存在点 $z_1\in X\cap Y$ 和 $\{y_{1,n}\}$ 的子列，使得

$$\lim_{n\to\infty} y_1,n=z_1,\text{分别在 } X,Y \text{ 中都收敛}. \tag{2.17}$$

则式(2.9)和式(2.17)暗示了，在 X 中成立

$$\lim_{n\to\infty}\varphi_{\varepsilon_n}(t_1,\tau-t_1,\vartheta_{-t_1}\omega,y_{1,n})=\varphi_{\varepsilon_0}(t_1,\tau-t_1,\vartheta_{-t_1}\omega,z_1). \tag{2.18}$$

合并式(2.15)、式(2.16)和式(2.18)，得

$$y_0=\varphi_{\varepsilon_0}(t_1,\tau-t_1,\vartheta_{-t_1}\omega,z_1). \tag{2.19}$$

注意到 K_{ε_n} 吸收 $A_{\varepsilon_n}\in\mathfrak{D}_{\varepsilon_n}$，即存在 $T=T(\tau,\omega,A_{\varepsilon_n})$，使得对所有的 $t\geqslant T$，

$$\varphi(t,\tau-t,\vartheta_{-t}\omega,A_{\varepsilon_n}(\tau-t,\vartheta_{-t}\omega))\subseteq K_{\varepsilon_n}(\tau,\omega). \tag{2.20}$$

则由 $A_{\varepsilon_n}(\tau,\omega)$ 的不变性和式(2.20)，得到

$$A_{\varepsilon_n}(\tau,\omega)\subseteq K_{\varepsilon_n}(\tau,\omega). \tag{2.21}$$

既然 $y_{1,n}\in A_{\varepsilon_n}(\tau-t_1,\vartheta_{-t_1}\omega)\subseteq K_{\varepsilon_n}(\tau-t_1,\vartheta_{-t_1}\omega)$，那么根据式(2.17)和式(2.11)，可以发现

$$\|z_1\|_X=\limsup_{n\to\infty}\|y_{1,n}\|_X\leqslant\limsup_{n\to\infty}\|K_{\varepsilon_n}(\tau-t_1,\vartheta_{-t_1}\omega)\|_X\leqslant R_{\varepsilon_0}(\tau-t_1,\vartheta_{-t_1}\omega). \tag{2.22}$$

按此算法，对每一个 $m\geqslant1$，存在 $z_m\in X\cap Y$，使得对所有的 $m\in\mathbb{N}$，

$$y_0=\varphi_{\varepsilon_0}(t_m,\tau-t_m,\vartheta_{-t_m}\omega,z_m). \tag{2.23}$$

和

$$\|z_m\|_X\leqslant R_{\varepsilon_0}(\tau-t_m,\vartheta_{-t_m}\omega). \tag{2.24}$$

因此从式(2.10)和式(2.24)，对每一个 $m\in\mathbb{N}$，则

$$z_m\in B_0(\tau-t_m,\vartheta-t_m\omega). \tag{2.25}$$

由于吸引子 A_{ε_0} 在拓扑 Y 下吸引 $\mathfrak{D}_{\varepsilon_0}$ 中的每一个元，从而吸引 B_0. 因此由式(2.23)和式(2.25)可得

$$\mathrm{dist}_Y(y_0,A_{\varepsilon_0}(\tau,\omega))=\mathrm{dist}_Y(\varphi_{\varepsilon_0}(t_m,\tau-t_m,\vartheta_{-t_m}\omega,z_m),A_{\varepsilon_0}(\tau,\omega))\to0,$$

当 $m\to\infty$. 那就是说，$\mathrm{dist}_Y(y_0,A_{\varepsilon_0}(\tau,\omega))=\inf\limits_{u\in A_{\varepsilon_0}(\tau,\omega)}\|y_0-u\|_Y=0$，则可选取 $u_0\in A_{\varepsilon_0}(\tau,\omega)$，使得

$$\|y_0-u_0\|_Y\leqslant\delta. \tag{2.26}$$

于是，由式(2.15)和式(2.26)可知，当 $n\to\infty$，

$$\mathrm{dist}_Y(y_n,A_{\varepsilon_0}(\tau,\omega))\leqslant\|y_n-u_0\|_Y\leqslant\|y_n-y_0\|_Y+\delta\to\delta,$$

这与式(2.14)相矛盾.

接下来，考虑定理 2.7 的特殊情况，也就是 φ_{ε_0} 独立于参数 $\omega\in\Omega$，称 φ_{ε_0} 为空间 X 中和 $\mathbb{R}$ 上的圈，即 φ_{ε_0} 满足下列陈述：对每一个 $s,t\in\mathbb{R}^+$，$\tau\in\mathbb{R}$，

i) $\varphi_{\varepsilon_0}(0,\tau,.)$ 是 X 上的单位算子；

ii) $\varphi_{\varepsilon_0}(t+s,\tau,.)=\varphi_{\varepsilon_0}(t,\tau+s,.)\circ\varphi_{\varepsilon_0}(s,\tau,.)$. 如果 $\varphi_{\varepsilon_0}(t,\tau,.):X\to X$ 连续，那么称 φ_{ε_0} 为 X 空间中的连续圈.

记 $\mathfrak{D}_{\varepsilon_0}$ 为 X 中的非空子集的全体，

$$\mathfrak{D}_{\varepsilon_0}=\{B=\{B(\tau)\neq\phi;B(\tau)\in2^X,\tau\in\mathbb{R}\}\}.$$

称 $A_{\varepsilon_0}\in\mathfrak{D}_{\varepsilon_0}$ 为 φ_{ε_0} 在 X 和 Y 中的 $\mathfrak{D}_{\varepsilon_0}$-吸引子，如果

i) 对每一个 $\tau\in\mathbb{R}$，$A_{\varepsilon_0}(\tau)$ 分别在空间 X 和 Y 中是紧的；

ii)对每一个 $t\in\mathbb{R}^+$ 和 $\tau\in\mathbb{R}$，$\varphi_{\varepsilon_0}(t,\tau,A_{\varepsilon_0}(\tau))=A_{\varepsilon_0}(\tau+t)$；

iii)A_{ε_0} 分别在空间 X 和 Y 的 Hausdorff 半距离下，吸引$\mathfrak{D}_{\varepsilon_0}$中的每一个集.

假定对每一个 $t\in\mathbb{R}^+,\tau\in\mathbb{R},\omega\in\Omega,\varepsilon_n\in I,\varepsilon_n\to\varepsilon_0,x_n,x\in X,x_n\to x$，成立

$$\lim_{n\to\infty}\varphi_{\varepsilon_n}(t,\tau,\omega,x_n)=\varphi_{\varepsilon_0}(t,\tau,x)\text{，在 }X\text{ 中收敛.}\tag{2.27}$$

存在映射 $R'_{\varepsilon_0}:\mathbb{R}\to\mathbb{R}^+$，使得

$$B'_0=\{B'_0(\tau)=\{x\in X;\|x\|_X\leqslant R'_{\varepsilon_0}(\tau)\};\tau\in\mathbb{R}\}\in\mathfrak{D}_{\varepsilon_0}.\tag{2.28}$$

对每一个 $\varepsilon\in I$，φ_ε 在 X 中存在闭的、可测的$\mathfrak{D}_\varepsilon$-吸收集 $K_\varepsilon=\{K_\varepsilon(\tau,\omega);\omega\in\Omega\}\in\mathfrak{D}_\varepsilon$，使得对每一个 $\tau\in\mathbb{R},\omega\in\Omega$，

$$\limsup_{\varepsilon\to\varepsilon_0}\|K_\varepsilon(\tau,\omega)\|\leqslant R'_{\varepsilon_0}(\tau).\tag{2.29}$$

我们有如下结果，证明类似定理 2.7.

定理 2.8　设式(2.12)和式(2.27)至式(2.29)成立，则对每一个 $\tau\in\mathbb{R},\omega\in\Omega$，

$$\lim_{\varepsilon\to\varepsilon_0}\mathrm{dist}_X(A_\varepsilon(\tau,\omega),A_{\varepsilon_0}(\tau))=0.$$

如果(H1)—(H2)成立，同时式(2.12)、式(2.13)和式(2.27)至式(2.29)满足，则对每一个 $\tau\in\mathbb{R},\omega\in\Omega$，

$$\lim_{\varepsilon\to\varepsilon_0}\mathrm{dist}_Y(A_\varepsilon(\tau,\omega),A_{\varepsilon_0}(\tau))=0.$$

最后引入随机稳定点的定义，读者可参见文献[14,30].

定义 2.26　一随机变量 $\zeta:\Omega\to X$ 称为随机动力系统 φ 的随机稳定点，或者固定点、平稳解，如果 φ 满足不变性，则

$$\varphi(t,\omega)\zeta(\omega)=\zeta(\vartheta_t\omega),\omega\in\Omega,t\geqslant 0.$$

定义 2.27　设$\mathfrak{D}$为空间 X 中的非空随机闭子集的全体. 随机稳定点$\{\zeta(\omega)\}_{\omega\in\Omega}$称为全局渐近稳定的，如果对 $\omega\in\Omega,D\in\mathfrak{D}$，

$$\lim_{t\to+\infty}\sup_{u_0\in D(\vartheta_{-t}\omega)}\|\varphi(t,\vartheta_{-t}\omega)u_0-\zeta(\omega)\|_X=0.$$

众所周知，确定全局吸引子概念是研究非随机微分方程长时间发展行为的工具之一，见文献[15,79,89,102,106]. 作为该理论的延伸和发展，最近文献[31,32,41,81]引入随机吸引子理论去研究随机偏微分方程的随机动力性，取得了巨大的成功，读者可参见文献[19,38,62,67,92-97,111,113-115,125]以及相关的参考文献对各种不同系统的研究.

从下一章开始，我们利用上面介绍的无穷随机动力系统理论的抽象结论，结合反应扩散方程、退化的半线性抛物方程、非经典扩散方程、三维 Camassa-Holm 方程、Boussinesq 方程、非自治 FitzHugh-Nagumo 系统等随机模型的吸引子存在性、正则性、稳定性、上半连续性等问题进行了深入研究，得出了和实际问题有关的理论结果.

第 3 章 随机反应扩散方程的 H_0^1-光滑吸引子

利用 Sobolev 紧嵌入定理，文献[31]获得了随机反应扩散方程在 $L^2(\mathcal{O})$空间的随机吸引子，然而在更强的范数空间 $H_0^1(\mathcal{O})$中是否存在随机吸引子，这一问题很有趣. 利用尾部估计方法文献[19]证明了带加法噪声的随机反应扩散方程在 $L^2(\mathbb{R}^N)$空间吸引子的存在性结果. 在确定的情形，文献[98]中，证明了该方程在 $H^1(\mathbb{R}^N)$和 $L^2(\mathbb{R}^N)$中存在吸引子，通过估计偏导数 u_t 范数的有界性，作者获得了解在 $H^1(\mathbb{R}^N)$的渐近紧性，这是获得吸引子的必须条件. 文献[102,106]利用该思想获得了 p-Laplacian 方程全局吸引子的存在性结果.

这里我们研究随机反应扩散方程在 $H_0^1(\mathcal{O})$空间的随机动力性. 有三个有趣的特征：①在随机情形下，Wiener 过程 $W(t)$关于 t 仅仅连续而非可微，所以估计 u_t 范数的有界性不可行，文献[98]中关于非随机的研究方法不能用到随机情形下来获得相应随机动力系统在 $H_0^1(\mathcal{O})$空间的渐近紧性. ②可以证明当初始值 u_0 属于 $L^2(\mathcal{O})$，其满足 $u(\tau)=u_0$ 的解 $u(t)$属于 $L^2(\mathcal{O})\cap H_0^1(\mathcal{O})\cap L^p(\mathcal{O})$，不具有更高的正则性，因此，Sobolev 紧嵌入理论在 $H_0^1(\mathcal{O})$空间失效，方程生成的随机动力系统在 $H_0^1(\mathcal{O})$中不是紧的. ③随机反应扩散方程的解关于初值在空间 $H_0^1(\mathcal{O})$的连续性未知.

这里，我们致力于用文献[62]提出的拟连续和 Omega-极限紧性来克服上面提到的困难. 在某些空间，特别是一致凸空间中，Omega-极限紧性和渐近紧等价，并且可通过证明 Flattening 条件来实现，见文献[59]. 而在那里需要的随机动力系统连续性特征，可弱化为文献[62]中提出的拟连续概念代替. 对有些随机动力系统而言，拟连续和 Flattening 是容易验证的，而要获得连续性和渐近紧性很困难，特别是 Sobolev 空间 $H_0^m(\mathcal{O})(m\geqslant 1)$或者 Lebesgue 空间 $L^q(\mathcal{O})(q>2)$. 我们证明了带白噪声的随机反应扩散方程生成的系统在 $H_0^1(\mathcal{O})$空间是拟连续的和 Omega-极限紧的，从而获得了随机吸引子的存在性结果.

进一步，我们讨论了随机反应扩散方程的随机稳定点. 随机稳定点是一种特殊的 Omega-极限集，是确定系统中的固定点的随机类比，它们产生稳定的随机轨道，见文献[14,30]. 在适当的假定下，证明了系统存在唯一的随机稳定点而且该点是全局稳定的.

下面将讨论加法噪声和乘法噪声两种情形，这里假设状态空间$\mathcal{O}$有界，读者可参阅文献[117,119]. 当$\mathcal{O}=\mathbb{R}^N$为整个空间时，问题要复杂得多，将放到第 9 章去阐述.

3.1　加法噪声情形

考虑带加法噪声的随机反应扩散方程：

$$du-\mu\Delta u dt+(f(x,u)+g(x))dt=\sum_{j=1}^{m}h_j(x)dW_j(t),\tag{3.1}$$

其初始边界条件为

$$u(\tau,x)=u_0(x),\qquad u(t,x)|_{\partial\mathcal{O}}=0,\tag{3.2}$$

其中$[\tau,t]\subset\mathbb{R}$,$\mathcal{O}\subset\mathbb{R}^n$,$n\in N_+$为开的有界子集,具有正则的边界$\partial\mathcal{O}$;未知函数$u(t)=u(t,x)$为$x\in D$的实值随机过程;$h_j\in L^\infty(\mathcal{O})$;$W(t)=\{W_1(t),W_2(t),\cdots,W_m(t)\}$定义于某概率空间$(\Omega,F,P)$上的双边的实值 Wiener 过程.

为了研究方程(3.1)和方程(3.2),需要假定非线性项f满足如下增长和耗散条件:$x\in\mathcal{O}$,$u\in\mathbb{R}$,

$$f(x,u)u\geqslant C_1|u|^p-\phi_1(x),\quad C_1>0,\tag{3.3}$$

$$|f(x,u)|\leqslant C_2|u|^{p-1}+\phi_2(x),\quad C_2>0,\tag{3.4}$$

$$\frac{\partial f}{\partial u}(x,u)\geqslant C_3,\quad C_3\in\mathbb{R},\tag{3.5}$$

$$\left|\frac{\partial f}{\partial x}(x,u)\right|\leqslant\phi_3(x),\tag{3.6}$$

其中$\phi_1\in L^1(\mathcal{O})\cap L^{\frac{p}{2}}(\mathcal{O})$,$\phi_2\in L^2(\mathcal{O})\cap L^{p'}(\mathcal{O})$,$\phi_3\in L^2(\mathcal{O})$,$\frac{1}{p'}+\frac{1}{p}=1$,$p\geqslant 2$.

3.1.1　拟连续随机动力系统

为了说明当f满足式(3.3)至式(3.6)时,问题(3.1)和问题(3.2)在光滑函数空间$H_0^1(\mathcal{O})$上拟连续随机动力系统的存在性,需要把方程(3.1)作为参数变换.为此引入概率空间(Ω,F,P),这里$\Omega=\{\omega\in C(\mathbb{R},\mathbb{R}^m);\omega(0)=0\}$,$F$是由$\Omega$的紧的开拓扑诱导的西格玛代数,$P$是$(\Omega,F)$的 Wiener 测度.于是有

$$\omega(t)=W(t)=(W_1(t),W_2(t),\cdots,W_m(t)),\quad t\in\mathbb{R}.$$

在Ω上定义一转移算子:

$$\vartheta_t\omega(s)=\omega(s+t)-\omega(t),\quad \omega\in\Omega,t,s\in R,\tag{3.7}$$

则$\vartheta=(\Omega,F,P,\{\vartheta_t\}_{t\in\mathbb{R}})$为遍历的距离动力系统.

为了去掉方程(3.1)和方程(3.2)中随机噪声项,引入 Ornstein-Uhlenbeck 随机过程

$$z(t)=z(\omega)(t)=\sum_{j=1}^{m}\int_{-\infty}^{t}e^{-\mu\Delta(t-s)}h_j d\omega_j(s),\quad t\in\mathbb{R},\tag{3.8}$$

其为随机方程

$$dz+\mu\Delta z dt=\sum_{j=1}^{m}h_j dW_j(t).$$

的解.运用式(3.7)和式(3.8),可推得

$$z(\vartheta_s\omega)(t)=z(\omega)(t+s),\quad s,t\in\mathbb{R},\omega\in\Omega.\tag{3.9}$$

特别地，$z(\vartheta_s\omega)(0)=z(\omega)(s)$. 明显地，对每一个 $\omega\in\Omega$，$z(\omega)(t)$关于 t 是连续函数.

定义

$$S(t,\tau;\omega)u_0 = v(t,\omega;\tau,u_0 - z(\omega)(\tau)) + z(\omega)(t),$$

其中 $v(t,\omega;\tau,u_0-z(\omega)(\tau))$，$t\geqslant\tau$，为以下方程的解

$$\frac{\mathrm{d}v}{\mathrm{d}t} - \mu\Delta v + f(x,v+z(\omega)(t)) + g(x) = 0, \tag{3.10}$$

初始条件

$$v(\tau,x) = v_0(x) = u_0(x) - z(\omega)(\tau). \tag{3.11}$$

众所周知，当非线性函数 f 满足式(3.3)至式(3.6)，问题(3.10)和问题(3.11)在 $L^2(\mathcal{O})$ 空间上是适定的(well-posed)，见文献[89]. 特别地，有如下存在唯一性结果.

命题 3.1　设 $\omega\in\Omega$，$\tau\in\mathbb{R}$和 $v_0\in L^2(\mathcal{O})$，当 f 满足式(3.3)至式(3.6)时，方程(3.10)和方程(3.11)存在唯一的解：

$$v(.\,,\omega;\tau,v_0)\in C([\tau,\infty),L^2(\mathcal{O}))\cap L^2_{loc}([\tau,\infty),H^1_0(\mathcal{O}))\cap L^p_{loc}([\tau,\infty),L_p(\mathcal{O}))$$

使得 $v(\tau,\omega;\tau,v_0)=v_0$. 并且映射 $v_0\mapsto v(t,\omega;\tau,v_0)$：$L^2(\mathcal{O})\to L^2(\mathcal{O})$连续，$t\geqslant\tau$.

解 $v(t,\omega;\tau,v_0)$表明了其对初值 v_0 的对应，简写为 $v(t)$. 注意到如果 $v(t,\omega;\tau,v_0)$是方程(3.10)、方程(3.11)的解，那么

$$u(t,\omega;\tau,u_0) = S(t,\tau;\omega)u_0 = v(t,\omega;\tau,u_0 - z(\omega)(\tau)) + z(\omega)(t)$$

为方程(3.1)和方程(3.2)的解.

根据命题 3.1 中解的唯一性，直接得到 $S(t,\tau;\omega)$为一随机流，即对每一个 $u_0\in L^2(\mathcal{O})$和 $t\geqslant r\geqslant\tau\in\mathbb{R}$，

$$S(t,\tau;\omega)u_0 = S(t,r;\omega)S(r,\tau;\omega)u_0, \tag{3.12}$$

$$S(t,\tau;\omega)u_0 = S(t-\tau,0;\vartheta_\tau\omega)u_0, \tag{3.13}$$

其中 ϑ_t 定义于式(3.7). 设

$$\varphi(t-\tau,\vartheta_\tau\omega)u_0 = S(t,\tau;\omega)u_0 = v(t,\omega;\tau,u_0 - z(\omega)(\tau)) + z(\omega)(t), \tag{3.14}$$

使得 $u_0=u(\tau)$，则 φ 为空间 $L^2(\mathcal{O})$上与方程(3.1)和方程(3.2)相联系的连续随机动力系统，根据文献[62]中的结论，φ 为 $H^1_0(\mathcal{O})$上的拟连续随机动力系统. 由式(3.11)可推得

$$\varphi(t,\vartheta_{-t}\omega)u_0 = u(0,\omega;-t,u_0),\quad t\geqslant 0, \tag{3.15}$$

也就是说，$\varphi(t,\vartheta_{-t}\omega)u_0$ 可看成是当初始值 u_0 位于 $-t$ 时，其解的轨道正好位于 0 时刻.

下面我们证明，如式(3.14)定义的随机动力系统 φ 在光滑函数空间 $H^1_0(\mathcal{O})$中存在唯一的$\mathfrak{D}$-随机吸引子，其中$\mathfrak{D}$为空间 $H^1_0(\mathcal{O})$中的非空闭子集构成的集合，定义为

$$\mathfrak{D} = \{D=\{D(\omega);\omega\in\Omega\};D(\omega)\subseteq H^1_0(\mathcal{O})\text{ 使得 }\mathrm{e}^{-\beta t}d^2(D(\vartheta_{-t}\omega))\to 0\text{ 当 }t\to+\infty\}, \tag{3.16}$$

其中$\beta=\frac{1}{2}\mu\lambda_1$，$\lambda_1$ 同下面的式(3.17)，$d(D(\vartheta_{-t}\omega))=\sup\limits_{u\in D(\vartheta_{-t}\omega)}\|u\|_{H^1_0(\mathcal{O})}$. 明显地，$\mathfrak{D}$包括$H^1_0(\mathcal{O})$空间所有的非空有界的非随机集合.

3.1.2　H^1_0-光滑吸引子

设 $L^p(\mathcal{O})$表示定义于$\mathcal{O}$上的 p 次可积函数空间，范数记为$\|.\|_p$. 对 $p=2$，$L^2(\mathcal{O})$具有通常的内积和范数，记$\|.\|_2=\|.\|$. 空间 $H^1_0(\mathcal{O})$上的内积

$$((u,v)) = \int_{\mathcal{O}} \nabla u(x).\nabla v(x)\mathrm{d}x$$

和等价范数

$$\| u \|_{H_0^1(\mathcal{O})} = ((u,u))^{\frac{1}{2}} = \| \nabla u \|.$$

运用算子 $-\Delta$ 的特征函数对空间 $H_0^1(\mathcal{O})$ 中的元素给以分解，考虑以下的特征方程：

$$-\Delta v = \lambda v, \quad v|_{\partial\mathcal{O}} = 0.$$

众所周知，该方程具有可数个特征函数 $\{e_j\}_{j=1}^{\infty}$，对应的特征值为 $\{\lambda_j\}_{j=1}^{\infty}$，使得 $\{e_j\}_{j=1}^{\infty}$ 同时为空间 $L^2(\mathcal{O})$ 和 $H_0^1(\mathcal{O})$ 上的正交基，且

$$\lambda_1 < \lambda_2 < \cdots < \lambda_j \to \infty \quad 当 j \to \infty. \tag{3.17}$$

设 $H_k = \mathrm{span}\{e_1, e_2, \cdots, e_k\}$ 和 $P_k: L^2(\mathcal{O}) \to H_k$ 为标准的投影算子，I 为单位算子，则对每一个 $v \in L^2(\mathcal{O})$，v 具有分解：$v = v_1 + v_2$，这里 $v_1 = P_k v \in H_k$ 和 $v_2 = (I - P_k)v \in H_k^{\perp}$，即 $L^2(\mathcal{O}) = H_k \oplus H_k^{\perp}$.

这里假定当 $n \leqslant 2$ 时，$2 \leqslant p < +\infty$；当 $n \geqslant 3$ 时，$2 \leqslant p \leqslant \frac{n}{n-2} + 1$，这一条件保证了空间 $H^1(\mathcal{O})$ 连续嵌入空间 $L^{2p-2}(\mathcal{O})$，见文献[2].

引理 3.1 假设 $g \in L^2(\mathcal{O})$，f 满足式(3.3)至式(3.6). 设 $D = \{D(\omega); \omega \in \Omega\} \in \mathfrak{D}$，$\tau \in R$，$v(.,\omega;\tau,u_0 - z(\omega)(\tau))$ 为方程(3.10)和方程(3.11)的解，满足 $u_0 \in D(\vartheta_\tau\omega)$. 则存在独立于 λ_{k+1} 的正常数 c，使得当 $s \geqslant \tau$ 时，下面的式子成立：

$$\frac{\mathrm{d}}{\mathrm{d}s}\| v(s) \|^2 + \frac{1}{2}\mu\lambda_1 \| v(s) \|^2 + \mu \| \nabla v(s) \|^2 + C_1 \| u(s) \|_p^p \leqslant p_1(\omega)(s), \tag{3.18}$$

$$\frac{\mathrm{d}}{\mathrm{d}s}\| \nabla v(s) \|^2 + \frac{1}{2}\mu\lambda_1 \| \nabla v(s) \|^2 \leqslant c(\| \nabla v(s) \|^2 + \| u(s) \|_p^p) + p_2(\omega)(s), \tag{3.19}$$

$$\frac{\mathrm{d}}{\mathrm{d}s}\| \nabla v_2(s) \|^2 + \frac{1}{2}\mu\lambda_{k+1} \| \nabla v_2(s) \|^2 \leqslant c(\| \nabla u \|^{2p-2} + \| \phi_2 \|^2 + \| g \|^2), \tag{3.20}$$

这里 $v_2 = (I - P_k)v$，及

$$p_1(\omega)(s) = c(\| z(\omega)(s) \|_p^p + \| z(\omega)(s) \|^2 + \| g \|^2 + \| \phi_1 \|_1 + \| \phi_2 \|^2),$$

$$p_2(\omega)(s) = c(\| \Delta z(\omega)(s) \|_p^p + \| \Delta z(\omega)(s) \|^2 + \| \nabla z(\omega)(s) \|^2 + \| g \|^2 + \| \phi_2 \|^2 + \| \phi_3 \|^2).$$

证明 前两个不等式的证明是基本的，略去. 为获得式(3.20)，首先有

$$\begin{aligned}
\int_{\mathcal{O}} f(x,u)\Delta v_2 \mathrm{d}x &\leqslant \frac{\mu}{4}\| \Delta v_2 \|^2 + \frac{1}{\mu}\int_{\mathcal{O}} | f(x,u) |^2 \mathrm{d}x \\
&\leqslant \frac{\mu}{4}\| \Delta v_2 \|^2 + c\left(\int_{\mathcal{O}} | u |^{2p-2}\mathrm{d}x + \int_{\mathcal{O}} | \phi_2 |^2 \mathrm{d}x\right) \\
&\leqslant \frac{\mu}{4}\| \Delta v_2 \|^2 + c(\| u \|_{2p-2}^{2p-2} + \| \phi_2 \|^2) \\
&\leqslant \frac{\mu}{4}\| \Delta v_2 \|^2 + c(\| \nabla u \|^{2p-2} + \| \phi_2 \|^2).
\end{aligned} \tag{3.21}$$

于是，在式(3.10)的两边乘以 $-\Delta v_2$ 并在 $\mathcal{O}$ 上积分，发现

$$\frac{\mathrm{d}}{\mathrm{d}t}\|\nabla v_2(s)\|^2+\mu\|\Delta v_2(s)\|^2\leqslant 2\int_{\mathcal{O}}f(x,u)\Delta v_2\mathrm{d}x+\frac{1}{\mu}\|g\|^2. \tag{3.22}$$

式(3.21)和式(3.22)暗示了式(3.20).

下面给出一个类似于 Gronwall 引理的不等式,后面多次引用到.

引理 3.2 设 y,y',h 为局部可积函数,y,h 在$[\tau,\infty)$上非负且使得对所有的 $s\geqslant\tau$,

$$y'(s)+by(s)\leqslant h(s),$$

则对每一个 $t>\tau$,

$$y(t)\leqslant \mathrm{e}^{-bt}\left(\frac{1}{t-\tau}\int_\tau^t y(s)\mathrm{e}^{bs}\mathrm{d}s+\int_\tau^t h(s)\mathrm{e}^{bs}\mathrm{d}s\right). \tag{3.23}$$

引理 3.3 假设 $g\in L^2(\mathcal{O})$,f 满足式(3.3)至式(3.6),$D=\{D(\omega);\omega\in\Omega\}\in\mathfrak{D}$,则对 $\omega\in\Omega$ 和 $\eta>0$,存在 $N=N(\omega,\eta)$和 $T=T(\eta,D,\omega)<-3$ 使得对所有的 $\tau\leqslant T$ 和 $k\geqslant N$,方程(3.1)和方程(3.2)使得 $u_0\in D(\vartheta_\tau\omega)$的解 $u(.,\omega;\tau,u_0)$满足

$$\|u(t,\omega;\tau,u_0)\|^2_{H_0^1(\mathcal{O})}\leqslant 2(\mathrm{e}^{-\beta t}r(\omega)+\|\nabla z(\omega)(t)\|^2),\quad t\in[-2,0] \tag{3.24}$$

$$\|u_2(t,\omega;\tau,u_0)\|_{H_0^1(\mathcal{O})}<\eta,\quad t\in[-1,0] \tag{3.25}$$

这里 $u_2=(I-P_k)u,\beta=\dfrac{1}{2}\mu\lambda_1$ 和 $r(\omega)=1+\displaystyle\int_{-\infty}^0\mathrm{e}^{\beta s}(cp_1(\omega)(s)+p_2(\omega)(s))\mathrm{d}s$.

证明 首先,由能量不等式(3.19)和引理 3.2 得,对所有的 $t>\tau$,其中 $t\in[-2,0]$和 $\tau<-3$,

$$\|\nabla v(t)\|^2\leqslant \mathrm{e}^{-\beta t}\int_\tau^t c\mathrm{e}^{\beta s}(\|\nabla v(s)\|^2+\|u(s)\|_p^p)\mathrm{d}s+\mathrm{e}^{-\beta t}\int_\tau^t \mathrm{e}^{\beta s}p_2(\omega)(s)\mathrm{d}s, \tag{3.26}$$

注意这里用到当 $\tau<-3$ 时,$t-\tau>-2-\tau>1$. 现估计式(3.26)右端的第一项. 为此,在式(3.18)的两端乘以 $\mathrm{e}^{\beta s}$,关于 s 在区间$[\tau,t]$上积分得,

$$\begin{aligned}\int_\tau^t \mathrm{e}^{\beta s}(\|\nabla v(s)\|^2+\|u(s)\|_p^p)\mathrm{d}s&\leqslant c\int_\tau^t \mathrm{e}^{\beta s}p_1(\omega)(s)\mathrm{d}s+c\mathrm{e}^{\beta\tau}\|v(\tau)\|^2\\&\leqslant c\int_\tau^0 \mathrm{e}^{\beta s}p_1(\omega)(s)\mathrm{d}s+2c\mathrm{e}^{\beta\tau}(\|u_0\|^2+\|z(\omega)(\tau)\|^2)\\&\leqslant c\int_\tau^0 \mathrm{e}^{\beta s}p_1(\omega)(s)\mathrm{d}s+\frac{2c}{\lambda_1}\mathrm{e}^{\beta\tau}\|u_0\|^2_{H_0^1(\mathcal{O})}+2c\mathrm{e}^{\beta\tau}\|z(\omega)(\tau)\|^2.\end{aligned} \tag{3.27}$$

从式(3.26)和式(3.27)可得,对 $t\in[-2,0]$,

$$\|\nabla v(t)\|^2\leqslant \mathrm{e}^{-\beta t}\Big[\frac{2c}{\lambda_1}\mathrm{e}^{\beta\tau}\|u_0\|^2_{H_0^1(\mathcal{O})}+2c\mathrm{e}^{\beta\tau}\|z(\omega)(\tau)\|^2+\int_\tau^0 \mathrm{e}^{\beta s}(cp_1(\omega)(s)+p_2(\omega)(s))\mathrm{d}s\Big]. \tag{3.28}$$

注意到 $u_0\in D(\vartheta_\tau\omega)$和 $\|z(\omega)(\tau)\|$ 至多次数为 1 的多项式增长,可得

$$\frac{2c}{\lambda_1}\mathrm{e}^{\beta\tau}\|u_0\|^2_{H_0^1(\mathcal{O})}+2c\mathrm{e}^{\beta\tau}\|z(\omega)(\tau)\|^2+\int_\tau^0 \mathrm{e}^{\beta s}(cp_1(\omega)(s)+p_2(\omega)(s))\mathrm{d}s \to\int_{-\infty}^0 \mathrm{e}^{\beta s}(cp_1(\omega(s))+p_2(\omega)(s))\mathrm{d}s, \tag{3.29}$$

当 $\tau\to-\infty$. 因此,存在 $T=T(D,\omega)<-3$ 使得对所有的 $\tau\leqslant T$,

$$\frac{2c}{\lambda_1}\mathrm{e}^{\beta\tau}\|u_0\|^2_{H_0^1(\mathcal{O})}+2c\mathrm{e}^{\beta\tau}\|z(\omega)(\tau)\|^2+\int_\tau^0 \mathrm{e}^{\beta s}(cp_1(\omega)(s)+p_2(\omega)(s))\mathrm{d}s\leqslant r(\omega), \tag{3.30}$$

这里

$$r(\omega)=1+\int_{-\infty}^{0}e^{\beta s}(cp_1(\omega)(s)+p_2(\omega)(s))ds.$$

因为 $p_1(\omega)(s)$ 和 $p_2(\omega)(s)$ 至多多项式增长，所以当 $\tau\to-\infty$ 时，有

$$\int_{-\infty}^{0}e^{\beta s}(cp_1(\omega)(s)+p_2(\omega)(s))ds<+\infty,\tag{3.31}$$

故 $r(\omega)<+\infty$. 于是，从式(3.28)和式(3.30)可以发现，对每一个 $\tau\leqslant T(D,\omega)<-3$ 和 $t\in[-2,0]$，

$$\|\nabla v(t,\omega;\tau,u_0-z(\omega)(\tau))\|^2\leqslant e^{-\beta t}r(\omega),\tag{3.32}$$

由于 $u(t)=v(t)+z(\omega)(t)$，故

$$\begin{aligned}\|\nabla u(t,\omega;\tau,u_0)\|^2&=\|\nabla v(t,\omega;\tau,u_0-z(\omega)(\tau))+\nabla z(\omega)(t)\|^2\\&\leqslant 2(e^{-\beta t}r(\omega)+\|\nabla z(\omega)(t)\|^2),\end{aligned}\tag{3.33}$$

这就证明了式(3.24). 为证明式(3.25)，运用引理3.2到式(3.20)可得，对所有的 $t\in[-1,0]$，

$$\begin{aligned}\|\nabla v_2(t)\|^2\leqslant{}& e^{-\gamma t}\int_{-2}^{t}e^{\gamma s}\|\nabla v_2(s)\|^2ds+ce^{-\gamma t}\int_{-2}^{t}e^{\gamma s}\|\nabla u(s)\|^{2p-2}ds+\\&ce^{-\gamma t}\int_{-2}^{t}e^{\gamma s}(\|\phi_2\|^2+\|g\|^2)ds,\end{aligned}\tag{3.34}$$

其中 $\gamma=\frac{1}{2}\mu\lambda_{k+1}$. 现估计式(3.34)中的每一项. 由式(3.32)得，对每一个 $\tau\leqslant T(D,\omega)<-3$ 和 $t\in[-1,0]$，

$$\begin{aligned}e^{-\gamma t}\int_{-2}^{t}e^{\gamma s}\|\nabla v_2(s)\|^2ds&\leqslant e^{-\gamma t}\int_{-2}^{t}e^{\gamma s}\|\nabla v(s)\|^2ds\leqslant e^{-\gamma t}\int_{-2}^{t}e^{\gamma s}e^{-s\beta}r(\omega)ds\\&=\frac{r(\omega)}{\gamma-\beta}(e^{-\beta t}-e^{-2(\gamma-\beta)-\gamma t})\leqslant\frac{r(\omega)}{\gamma-\beta}e^{-\beta t}.\end{aligned}\tag{3.35}$$

利用式(3.33)，对所有的 $\tau\leqslant T(D,\omega)<-3$ 及 $t\in[-1,0]$，成立

$$\begin{aligned}&ce^{-\gamma t}\int_{-2}^{t}e^{\gamma s}\|\nabla u(s)\|^{2p-2}ds\\&\leqslant c(r(\omega))^{p-1}e^{-\gamma t}\int_{-2}^{t}e^{\gamma s}e^{-(p-1)\beta s}ds+ce^{-\gamma t}\int_{-2}^{t}e^{\gamma s}\|\nabla z(\omega)(s)\|^{2p-2}ds\\&\leqslant\frac{c(r(\omega))^{p-1}}{\gamma-(p-1)\beta}e^{-(p-1)\beta t}+ce^{-\gamma t}\int_{-2}^{0}e^{\gamma s}\|\nabla z(\omega)(s)\|^{2p-2}ds,\end{aligned}\tag{3.36}$$

这里需要选取一个很大的 k 使得 $\lambda_{k+1}>(p-1)\lambda_1$，即保证 $\gamma>(p-1)\beta$. 注意到

$$\begin{aligned}&ce^{-\gamma t}\int_{-2}^{0}e^{\gamma s}\|\nabla z(\omega)(s)\|^{2p-2}ds\leqslant c\sup_{-2\leqslant s\leqslant 0}\{\|\nabla z(\omega)(s)\|^{2p-2}\}e^{-\gamma t}\int_{-2}^{t}e^{\gamma s}ds\\&\leqslant\frac{c}{\gamma}\sup_{-2\leqslant s\leqslant 0}\{\|\nabla z(\omega)(s)\|^{2p-2}\},\end{aligned}\tag{3.37}$$

于是由式(3.36)和式(3.37)可得，对所有的 $\tau\leqslant T(D,\omega)<-3$ 及 $t[-1,0]$，

$$\begin{aligned}&ce^{-\gamma t}\int_{-2}^{t}e^{\gamma s}\|\nabla u(s)\|^{2p-2}ds\\&\leqslant\frac{c(r(\omega))^{p-1}}{\gamma-(p-1)\beta}e^{-(p-1)\beta t}+\frac{c}{\gamma}\sup_{-2\leqslant s\leqslant 0}\{\|\nabla z(\omega)(s)\|^{2p-2}\}.\end{aligned}\tag{3.38}$$

易看出

$$ce^{-\gamma t}\int_{-2}^{t}e^{\gamma s}(\|\phi_2\|^2+\|g\|^2)ds\leqslant\frac{c}{\gamma}(\|\phi_2\|^2+\|g\|^2).\tag{3.39}$$

故结合式(3.34)、式(3.35)、式(3.38)和式(3.39)得到，对所有的 $t\in[-1,0]$，

$$\|\nabla v_2(t)\|^2 \leqslant \frac{r(\omega)}{\gamma-\beta}\mathrm{e}^{-\beta t}+\frac{c(r(\omega))^{p-1}}{\gamma-(p-1)\beta}\mathrm{e}^{-(p-1)\beta t}+$$

$$\frac{c}{\gamma}\sup_{-2\leqslant s\leqslant 0}\{\|\nabla z(\omega)(s)\|^{2p-2}\}+\frac{c}{\gamma}(\|\phi_2\|^2+\|g\|^2), \tag{3.40}$$

这里常数 c 独立于 λ_{k+1}，k 充分大. 注意到当 $k\to+\infty$ 时，$\gamma\to+\infty$，则从式(3.40)中可以发现，当 $k\to+\infty$ 时，

$$\|\nabla v_2(t)\|\to 0. \tag{3.41}$$

因此，对所有的 $\tau\leqslant T(D,\omega)<-3$ 及 $t\in[-1,0]$，我们有

$$\|\nabla u_2(t)\| = \|\nabla(v_2(t)+z_2(\omega)(t))\| \leqslant 2(\|\nabla v_2(t)\|+\|\nabla z_2(\omega)(t)\|)$$

$$\leqslant 2\left(\|\nabla v_2(t)\|+\frac{1}{\lambda_{k+1}}\|\Delta z(\omega)(t)\|\right)\to 0, \tag{3.42}$$

当 $k\to+\infty$. 设 $u_0\in D(\vartheta_\tau\omega)$，则根据式(3.42)得，对任意的 $\eta>0$，存在 $N=N(\omega,\eta)>0$，使得对所有的 $k\geqslant N$ 及 $\tau\leqslant T(D,\omega)<-3$，成立

$$\|u_2(t,\omega;\tau,u_0)\|_{H_0^1(\mathcal{O})} = \|\nabla u_2(t,\omega;\tau,u_0)\| < \eta, \tag{3.43}$$

其中 $t\in[-1,0]$.

定理 3.1 假定 $g\in L^2(\mathcal{O})$ 及式(3.3)至式(3.6)成立，则方程(3.1)和方程(3.2)相应的随机动力系统 φ 在空间 $H_0^1(\mathcal{O})$ 中存在唯一的 $\mathfrak{D}$-随机吸引子 $A=\{A(\omega);\omega\in\Omega\}$.

证明 根据引理 3.3 中的公式(3.24)可知，对每一个 $D=\{D(\omega);\omega\in\Omega\}\in\mathfrak{D}$ 及 $\omega\in\Omega$，存在 $T=T(D,\omega)<-3$，使得对所有的 $\tau\leqslant T$，方程(3.1)和方程(3.2)初值为 $u_0\in D(\vartheta_\tau\omega)$ 的解 u 满足

$$\|\nabla u(0,\omega;\tau,u_0)\|^2 \leqslant 2(r(\omega)+\|\nabla z(\omega)(0)\|^2) := R^2(\omega). \tag{3.44}$$

下面我们证明

$$\mathrm{e}^{\beta\tau}R^2(\vartheta_\tau\omega)\to 0, \quad 当\ \tau\to-\infty. \tag{3.45}$$

事实上，利用公式(3.9)可得

$$\mathrm{e}^{\beta\tau}R^2(\vartheta_\tau\omega) = 2\mathrm{e}^{\beta\tau}(r(\vartheta_\tau\omega)+\|\nabla z(\vartheta_\tau\omega)(0)\|^2)$$

$$\leqslant 2\mathrm{e}^{\beta\tau}\left(1+\int_{-\infty}^0 \mathrm{e}^{\beta s}(cp_1(\vartheta_\tau\omega)(s)+p_2(\vartheta_\tau\omega)(s))\mathrm{d}s\right)+2\mathrm{e}^{\beta\tau}\|\nabla z(\omega)(\tau)\|^2$$

$$= 2\mathrm{e}^{\beta\tau}\left(1+\int_{-\infty}^0 \mathrm{e}^{\beta s}(cp_1(\omega)(\tau+s)+p_2(\omega)(\tau+s))\mathrm{d}s\right)+2\mathrm{e}^{\beta\tau}\|\nabla z(\omega)(\tau)\|^2$$

$$= 2\mathrm{e}^{\beta\tau}+2\int_{-\infty}^{\tau} \mathrm{e}^{\beta s}(cp_1(\omega)(s)+p_2(\omega)(s))\mathrm{d}s+2\mathrm{e}^{\beta\tau}\|\nabla z(\omega)(\tau)\|^2. \tag{3.46}$$

在式(3.46)中让 $\tau\to-\infty$，结合式(3.31)，可得式(3.45)成立. 根据式(3.15)和式(3.44)得，对所有的 $t\geqslant -T$，

$$\|\varphi(t,\vartheta_{-t}\omega)u_0\|_{H_0^1(\mathcal{O})} = \|\nabla u(0,\omega;\tau,u_0)\| \leqslant R(\omega). \tag{3.47}$$

令

$$\hat{D}(\omega) = \{u\in H_0^1(\mathcal{O}):\|u\|_{H_0^1(\mathcal{O})}\leqslant R(\omega)\},$$

则式(3.45)和式(3.47)一起表明了 $\hat{D}=\{\hat{D}(\omega);\omega\in\Omega\}$ 为随机动力系统 φ 在空间 $H_0^1(\mathcal{O})$ 中的闭的 $\mathfrak{D}$-随机吸收集.

另一方面，对每一个 $D=\{D(\omega);\omega\in\Omega\}\in\mathfrak{D}$ 和 $\omega\in\Omega$，由式(3.25)可知，存在 $T=T(D,\omega)<$

-3 和$N=N(\omega,\eta)$，使得对所有的 $\tau\leqslant T$，

$$\|(I-P_N)u(0,\omega;\tau,u_0)\|_{H_0^1(\mathcal{O})}^2<\eta,\quad u_0\in D(\vartheta_\tau\omega).\tag{3.48}$$

则由式(3.15)可得，对所有的 $t\geqslant -T>3$，

$$\|(I-P_N)\varphi(t,\vartheta_{-t}\omega)D(\vartheta_{-t}\omega)\|_{H_0^1(\mathcal{O})}^2<\eta.\tag{3.49}$$

再由式(3.24)可得，对所有的 $t\geqslant -T>3$，

$$\|P_N\varphi(t,\vartheta_{-t}\omega)D(\vartheta_{-t}\omega)\|_{H_0^1(\mathcal{O})}\leqslant R(\omega),$$

这和式(3.39)一起表明方程(3.1)和方程(3.2)生成的随机动力系统 φ 在空间 $H_0^1(\mathcal{O})$中满足 Flattening 条件. 于是利用第 2 章中的定理 2.1 和定理 2.3，得到需要的结果.

3.1.3　唯一随机稳定点

接下来，我们假定状态空间$\mathcal{O}$可以无界. 当$\mathcal{O}\subseteq\mathbb{R}^n(n\geqslant 2)$无界时，需要假设 Poincaré 不等式成立，即存在常数 $\lambda_1>0$，使得

$$\lambda_1\int_{\mathcal{O}}\phi^2\mathrm{d}x\leqslant\int_{\mathcal{O}}|\nabla\phi|^2\mathrm{d}x,\quad \phi\in H_0^1(\mathcal{O}).$$

这可保证方程(3.10)和方程(3.11)的解满足能量不等式(3.18)，这对于我们的讨论至关重要.

在空间 $H_0^1(\mathcal{O})$上定义非线性算子 A：

$$Au=-\mu\Delta u+f(x,u)+g(x).\tag{3.50}$$

设 $C_3>0$，β_0 满足 $0<\beta_0<\min\{C_3,\frac{1}{2}\mu\lambda_1\}$.

设$\mathfrak{D}'$为以下条件的随机非空有界子集的全体：

$$\mathfrak{D}'=\{D=\{D(\omega);\omega\in\Omega\};D(\omega)\subseteq L^2(\mathcal{O})\text{ 使得 }\mathrm{e}^{-\beta_0 t}d^2(D(\vartheta_{-t}\omega)\to 0\text{ 当 }t\to+\infty\},\tag{3.51}$$

这里 $d(D(\vartheta_{-t}\omega))=\sup\limits_{u\in D(\vartheta_{-t}\omega)}\|u\|$.

引理 3.4　假设 $g\in L^2(\mathcal{O})$，f 满足式(3.3)至式(3.6)成立，$C_3>0$，则对 $\tau_1\leqslant\tau_2\leqslant t$，$u(\tau_1)$，$u(\tau_2)\in L^2(\mathcal{O})$，方程(3.1)和方程(3.2)的初值分别为 $u(\tau_i)$，$i=1,2$ 的解 $u(t,\omega;\tau_i,u(\tau_i))$满足

$$\begin{aligned}&\|u(t,\omega;\tau_1,u(\tau_1))-u(t,\omega;\tau_2,u(\tau_2))\|^2\\&\leqslant 2\mathrm{e}^{-C_3t}\Big[\mathrm{e}^{\beta_0\tau_2}(\|u(\tau_2)\|^2+2\|z(\tau_2)(\omega)\|^2)\Big]+\\&\quad 2\mathrm{e}^{-C_3t}\Big[4\mathrm{e}^{\beta_0\tau_1}(\|u(\tau_1)\|^2+\|z(\tau_1)(\omega)\|^2+2\mathrm{e}^{(C_3-\beta_0)\tau_2}\int_{-\infty}^0 p_1(s)(\omega)\mathrm{e}^{\beta s}\mathrm{d}s\Big].\end{aligned}\tag{3.52}$$

特别地取 $D=\{D(\omega);\omega\in\Omega\}\in\mathfrak{D}'$，则对所有的 $u_0\in D(\vartheta_\tau\omega)$，在空间 $L^2(\mathcal{O})$上存在单一点$\{\zeta_t(\omega);\omega\in\Omega\}$，使得对 $\omega\in\Omega$ 及 $t\in\mathbb{R}$成立

$$\lim_{\tau\to-\infty}u(t,\omega;\tau,u_0)=\zeta_t(\omega),$$

并且，对 $u_0\in D(\vartheta_\tau\omega)$上述极限是一致收敛的.

证明　从式(3.10)和式(3.50)可以发现

$$\frac{\mathrm{d}}{\mathrm{d}t}(u(t,\omega;\tau_1,u(\tau_1))-u(t,\omega;\tau_2,u(\tau_2)))+Au(t,\omega;\tau_1,u(\tau_1))-Au(t,\omega;\tau_2,u(\tau_2))=0,\tag{3.53}$$

这里 $u(t)=v(t)+z(\omega)(t)$是方程(3.1)和方程(3.2)的解. 利用式(3.5)立即推得

$$(Au(t,\omega;\tau_1,u(\tau_1))-Au(t,\omega;\tau_2,u(\tau_2)),u(t,\omega;\tau_1,u(\tau_1))-u(t,\omega;\tau_2,u(\tau_2)))$$
$$\geqslant C_3\|u(t,\omega;\tau_1,u(\tau_1))-u(t,\omega;\tau_2,u(\tau_2))\|^2,$$

和式(3.53)一起不难得到

$$\frac{\mathrm{d}}{\mathrm{d}t}\|u(t,\omega;\tau_1,u(\tau_1))-u(t,\omega;\tau_2,u(\tau_2))\|^2+C_3\|u(t,\omega;\tau_1,u(\tau_1))-u(t,\omega;\tau_2,u(\tau_2))\|^2\leqslant 0. \tag{3.54}$$

在式(3.54)的两边同时乘以 $e^{C_3 t}$,然后对 t 在区间$[\tau_2,t]$上积分,有

$$\begin{aligned}\|u(t,\omega;\tau_1,u(\tau_1))-u(t,\omega;\tau_2,u(\tau_2))\|^2&\leqslant\|u(\tau_2,\omega;\tau_1,u(\tau_1))-u(\tau_2)\|^2e^{-C_3(t-\tau_2)}\\&\leqslant 2e^{-C_3t}(\|u(\tau_2,\omega;\tau_1,u(\tau_1))\|^2+\|u(\tau_2)\|^2)e^{C_3\tau_2}.\end{aligned} \tag{3.55}$$

接下来估计 $\|u(\tau_2,\omega;\tau_1,u(\tau_1))\|^2$. 由于 $\beta_0<\min\{C_3,\frac{1}{2}\mu\lambda_1\}$,因此根据式(3.18)得到

$$\frac{\mathrm{d}}{\mathrm{d}s}\|v(s,\omega;\tau_1,u(\tau_1)-z(\tau_1)(\omega))\|^2+\beta_0\|v(s,\omega;\tau_1,u(\tau_1)-z(\tau_1)(\omega))\|^2\leqslant p_1(\omega)(s). \tag{3.56}$$

在式(3.56)的两边同时乘以 $e^{\beta_0 s}$,然后关于 s 在区间$[\tau_1,\tau_2]\subset(-\infty,0]$积分可得

$$\begin{aligned}\|v(\tau_2,\omega;\tau_1,u(\tau_1)-z(\tau_1)(\omega))\|_2^2&\leqslant\|u(\tau_1)-z(\tau_1)(\omega)\|^2e^{-\beta_0(\tau_2-\tau_1)}+\int_{\tau_1}^{\tau_2}p_1(s)(\omega)e^{-\beta_0(\tau_2-s)}\mathrm{d}s\\&\leqslant 2e^{-\beta_0(\tau_2-\tau_1)}(\|u(\tau_1)\|^2+\|z(\tau_1)(\omega)\|^2)+e^{-\beta_0\tau_2}\int_{-\infty}^0 p_1(s)(\omega)e^{\beta_0 s}\mathrm{d}s.\end{aligned}$$

因此

$$\begin{aligned}\|u(\tau_2,\omega;\tau_1,u(\tau_1))\|^2&\leqslant 2\|v(\tau_2,\omega;\tau_1,u(\tau_1)-z(\tau_1)(\omega))\|^2+2\|z(\tau_2)(\omega)\|^2\\&\leqslant 4e^{-\beta_0(\tau_2-\tau_1)}(\|u(\tau_1)\|^2+\|z(\tau_1)(\omega)\|^2)+\\&\quad 2e^{-\beta_0\tau_2}\int_{-\infty}^0 p_1(s)(\omega)e^{\beta_0 s}\mathrm{d}s+2\|z(\tau_2)(\omega)\|^2.\end{aligned} \tag{3.57}$$

于是把式(3.57)运用到式(3.55)中,并注意 $C_3-\beta_0>0$,得到对任意的$[\tau_1,\tau_2]\subset(-\infty,0]$,成立

$$\begin{aligned}\|u(t,\omega;\tau_1,u(\tau_1))-u(t,\omega;\tau_2,u(\tau_2))\|^2&\leqslant 2e^{-C_3t}[e^{C_3\tau_2}(\|u(\tau_2)\|^2+2\|z(\tau_2)(\omega)\|^2)]+\\&\quad 2e^{-C_3t}\Big[4e^{(C_3-\beta_0)\tau_2+\beta_0\tau_1}(\|u(\tau_1)\|^2+\|z(\tau_1)(\omega)\|^2)+\\&\quad 2e^{(C_3-\beta_0)\tau_2}\int_{-\infty}^0 p_1(s)(\omega)e^{\beta_0 s}\mathrm{d}s\Big]\\&\leqslant 2e^{-C_3t}[e^{\beta_0\tau_2}(\|u(\tau_2)\|^2+2\|z(\tau_2)(\omega)|^2)]+\\&\quad 2e^{-C_3t}\Big[4e^{\beta_0\tau_1}(\|u(\tau_1)\|^2+\|z(\tau_1)(\omega)\|^2)+\\&\quad 2e^{(C_3-\beta_0)\tau_2}\int_{-\infty}^0 p_1(s)(\omega)e^{\beta_0 s}\mathrm{d}s\Big],\end{aligned}$$

这就是式(3.52). 如果初值 $u(\tau_1)$和 $u(\tau_2)$满足

$$\lim_{\tau_i\to-\infty}e^{\beta_0\tau_i}\|u(\tau_i)\|^2=0,\quad i=1,2,$$

那么对每一个 $t\in\mathbb{R}$和 $\omega\in\Omega$,在式(3.52)中让 $\tau_1,\tau_2\to-\infty$,发现

$$\|u(t,\omega;\tau_1,u(\tau_1))-u(t,\omega;\tau_2,u(\tau_2))\|^2\to 0,$$

这暗示了对固定的 $t\in\mathbb{R}$, $u(t,\omega;\tau,u(\tau))$为空间 $L^2(\mathcal{O})$上关于 $\tau\to-\infty$时的柯西序列. 所以让 $D=\{D(\omega);\omega\in\Omega\}\in\mathfrak{D}'$,方程(3.1)和方程(3.2)的解 $u(t,\omega;\tau,u_0)$在空间 $L^2(\mathcal{O})$中存在唯一

的极限，记 $\zeta_t(\omega)$，即

$$\lim_{\tau\to-\infty} u(t,\omega;\tau,u_0) = \zeta_t(\omega), \quad \omega \in \Omega.$$

定理 3.2　假定 $g\in L^2(\mathcal{O})$，f 满足式(3.3)至式(3.6)，$C_3>0$，则方程(3.1)和方程(3.2)生成的随机动力系统 φ 在空间 $L^2(\mathcal{O})$ 中具有唯一的随机稳定点 $\{\zeta_0(\omega);\omega\in\Omega\}$，并且 $\{\zeta_0(\omega);\omega\in\Omega\}$ 是全局渐近稳定的.

证明　对每一个 $D\in\mathfrak{D}'$，$\omega\in\Omega$ 和 $u_0\in D(\vartheta_\tau\omega)$，根据引理 3.4，极限

$$\zeta_0(\omega) = \lim_{\tau\to-\infty} u(0,\omega;\tau,u_0) \tag{3.58}$$

存在. 注意到

$$S(t,\tau;\omega)u_0 = u(t,\omega;\tau,u_0), \quad \varphi(t,\omega)u_0 = S(t,0;\omega)u_0.$$

则由式(3.58)和随机流 $S(t,\tau;\omega)$ 的特征，对 $u_0\in D(\vartheta_\tau\omega)$ 有

$$\begin{aligned}\varphi(t,\omega)\zeta_0(\omega) &= \varphi(t,\omega)\lim_{\tau\to-\infty} S(0,\tau;\omega)u_0 = \lim_{\tau\to-\infty}\varphi(t,\omega)S(0,\tau;\omega)u_0\\ &= \lim_{\tau\to-\infty} S(t,0;\omega)S(0,\tau;\omega)u_0 = \lim_{\tau\to-\infty} S(t,\tau;\omega)u_0\\ &= \lim_{\tau\to-\infty} S(t-\tau,0;\vartheta_\tau\omega)u_0 = \lim_{\tau\to-\infty} S(0,\tau-t;\vartheta_t\omega)u_0 = \zeta_0(\vartheta_t\omega).\end{aligned}$$

这表明 $\{\zeta_0(\omega);\omega\in\Omega\}$ 为一个随机稳定点. 由引理 3.4，式(3.58)中的极限对所有的 $u_0\in D(\vartheta_\tau\omega)$ 是一致的，则

$$\lim_{t\to+\infty}\sup_{u_0\in D(\vartheta_{-t}\omega)}\|\varphi(t,\vartheta_{-t}\omega)u_0-\zeta_0(\omega)\| = \lim_{\tau\to-\infty}\sup_{u_0\in D(\vartheta_\tau\omega)}\|S(0,\tau;\omega)u_0-\zeta_0(\omega)\| = 0.$$

故 $\{\zeta_0(\omega);\omega\in\Omega\}$ 在 $\mathfrak{D}'$ 中全局渐近稳定的.

定理 3.3　假定 $g\in L^2(\mathcal{O})$，f 满足式(3.3)至式(3.6)，$C_3>0$，则方程(3.1)和方程(3.2)生成的随机动力系统 φ 在空间 $L^2(\mathcal{O})$ 中存在唯一的随机吸引子 $A=\{A(\omega);\omega\in\Omega\}$，其元素为 φ 的随机稳定点，即 $A(\omega)=\{\zeta_0(\omega)\}$，$\omega\in\Omega$. 进一步，$A$ 吸引 $\mathfrak{D}'$ 中的每一个集合.

证明　明显地对每一个 $\omega\in\Omega$，$A(\omega)$ 在 $L^2(\mathcal{O})$ 中是紧的. 随机稳定点暗示了 $A(\omega)$ 的不变性，全局渐近稳定暗示了 $A(\omega)$ 的吸引性. 证明完成.

3.2　乘法噪声情形

考虑带乘法噪声的随机反应扩散方程：

$$\mathrm{d}u-\mu\Delta u\mathrm{d}t+f(u)\mathrm{d}t = \mathrm{g}(x)\mathrm{d}t+\sum_{j=1}^{m} b_j u\circ\mathrm{d}W_j(t), \tag{3.59}$$

其初始边界条件为：

$$u(\tau,x) = u(\tau), \qquad u(t,x)\,|_{\partial\mathcal{O}} = 0, \tag{3.60}$$

这里 $[\tau,t]\subset\mathbb{R}$，$\mathcal{O}\subset\mathbb{R}^n$，$n\in\mathbb{N}_+$ 为开的有界子集，具有正则的边界 $\partial\mathcal{O}$；$W(t)=(W_j(t))_{j=1}^m$ 为概率空间 (Ω,F,P) 上相互独立的双边实值 Wiener 过程. 需要假定 $g\in L^2(\mathcal{O})$ 及非线性 f 满足：当 $s\in\mathbb{R}$ 和 $p>2$ 时，

$$c_1|s|^p-c_2\leqslant f(s)s\leqslant c_3|s|^p+c_4, \quad c_i(i=1,2,3,4)>0, \tag{3.61}$$

$$f'(s)\geqslant c_5, \quad c_5\in\mathbb{R}. \tag{3.62}$$

3.2.1 拟连续随机动力系统

为了把带随机扰动的方程(3.59)和方程(3.60)转化为带参数的确定的方程，这里引入布朗运动的距离动力系统作为白噪声的一个模型. 设 $\Omega=\{\omega\in C(\mathbb{R};\mathbb{R}^m),\omega(0)=0\}$，具有紧的开拓扑，$F$ 为 Ω 上的波雷尔 σ-代数，P 为 Wiener 测度. 定义

$$\vartheta_t\omega(.)=\omega(.+t)-\omega(t),\quad \omega\in\Omega,t\in\mathbb{R},$$

则$(\Omega,F,P,\{\vartheta_t\}_{t\in\mathbb{R}})$为遍历的距离动力系统.

注意随机过程 $\zeta(t)=\mathrm{e}^{-\sum_{j=1}^{m}b_j\omega_j(t)}$ 满足经典的 Stratonovich 方程

$$\mathrm{d}\zeta(t)=-\sum_{j=1}^{m}b_j\zeta(t)\circ\mathrm{d}\omega_j(t).$$

如果令 $v(t)=\zeta(t)u(t)$，则 $v(t)$是如下方程的解：

$$\frac{\mathrm{d}v}{\mathrm{d}t}-\mu\Delta v+\zeta f(u)=\zeta g, \tag{3.63}$$

初值条件，

$$v(\tau,x)=v(\tau)=\zeta(\tau)u(\tau). \tag{3.64}$$

首先给出方程(3.63)和方程(3.64)的适定性结果，其证明可参考文献[15,79,89].

命题 3.2　设 $\omega\in\Omega,\tau\in\mathbb{R}$以及 $v_0\in L^2(\mathcal{O})$，则当 $g\in L^2(\mathcal{O})$和 f 满足式(3.61)和式(3.62)时，方程(3.63)和方程(3.64)有唯一解

$$v(.,\omega;\tau,v_0)\in C([\tau,\infty),L^2(\mathcal{O}))\cap L^2_{loc}([\tau,\infty),H_0^1(\mathcal{O}))\cap L^p_{loc}([\tau,\infty),L^p(\mathcal{O}))$$

使得 $v(\tau,\omega;\tau,v_0)=v_0$. 并且 $v_0\mapsto v(t,\omega;\tau,v_0)$，$L_2(\mathcal{O})\to L^2(\mathcal{O})$连续，$t\geqslant\tau$.

显然，如果 $v(t,\omega;\tau,v_0)$是式(3.63)、式(3.64)的解，则

$$u(t,\omega;\tau,u(\tau))=S(t,\tau;\omega)u(\tau)=\zeta^{-1}(t)v(t,\omega;\tau,\zeta(\tau)u(\tau))$$

为式(3.59)、式(3.60)的解，且满足对所有的 $u(\tau)\in L^2(\mathcal{O})$和 $t\geqslant r\geqslant\tau\in\mathbb{R}$，

$$S(t,\tau;\omega)u(\tau)=S(t,r;\omega)S(r,\tau;\omega)u(\tau), \tag{3.65}$$

$$S(t,\tau;\omega)u(\tau)=S(t-\tau,0;\vartheta_\tau\omega)u(\tau). \tag{3.66}$$

设

$$\varphi(t-\tau,\vartheta_\tau\omega)u(\tau)=S(t,\tau;\omega)u(\tau)=\zeta^{-1}(t)v(t,\omega;\tau,\zeta(\tau)u(\tau)), \tag{3.67}$$

则 φ 为空间 $L^2(\mathcal{O})$上的连续动力系统，于是根据文献[62]中的注记 3.4 可知，φ 是空间 $H_0^1(\mathcal{O})$上的拟连续随机动力系统. 由式(3.67)推知

$$\varphi(t,\vartheta_{-t}\omega)u_0=u(0,\omega;-t,u_0),\quad \forall t\geqslant 0. \tag{3.68}$$

3.2.2 H_0^1-光滑吸引子

定义吸引域$\mathfrak{D}$为 $H_0^1(\mathcal{O})$空间的非空随机有界子集构成的集合，使得

$$\mathrm{e}^{-\beta t}\zeta^2(t)d^2(D(\vartheta_{-t}\omega))\to 0\quad 当\ t\to+\infty, \tag{3.69}$$

这里 $d(D(\vartheta_{-t}\omega))=\sup\limits_{u\in D(\vartheta_{-t}\omega)}|u|_{L^2}$，$\beta=\frac{1}{2}\mu\lambda_1$. 明显地，$\mathfrak{D}$含有 $H_0^1(\mathcal{O})$的全部有界子集；特别地，包含 $H_0^1(\mathcal{O})$的全部紧子集.

本小节中，Lebesgue 空间 $L^p(\mathcal{O})$中的范数记作$|.|_p$，当 $p=2$ 时，空间 $L^2(\mathcal{O})$中的内积记$(.,.)$，范数记$|.|$. 因为$\mathcal{O}$有界，所以 Sobolev 空间 $H_0^1(\mathcal{O})$具有等价内积和范数

$$((u,v)) = (\nabla u, \nabla v) = \int_{\mathcal{O}} \nabla u . \nabla v \mathrm{d}x,$$

$$\| u \| = ((u,u))^{\frac{1}{2}} = \left(\int_{\mathcal{O}} |\nabla u|^2 \mathrm{d}x\right)^{\frac{1}{2}}.$$

引理 3.5　假定 $g \in L^2(\mathcal{O})$，f 满足式(3.61)和式(3.62)，$\mathfrak{D}$由式(3.69)给出，$D=\{D(\omega);\omega\in\Omega\}\in\mathfrak{D}$，则对 $\omega\in\Omega, u(\tau)\in D(\vartheta_\tau\omega)$，方程(3.63)和方程(3.64)的解 $v(t,\omega;\tau,\zeta(\tau)u(\tau))$满足对所有的 $t\geqslant\tau$，

$$\frac{\mathrm{d}}{\mathrm{d}t}|v(t)|^2 + \frac{1}{2}\mu\lambda_1|v(t)|^2 + \mu\|v(t)\|^2 + c_1\zeta^{2-p}(t)|v(t)|_p^p \leqslant c\zeta^2(t), \tag{3.70}$$

$$\frac{\mathrm{d}}{\mathrm{d}t}\|v(t)\|^2 + \frac{1}{2}\mu\lambda_1\|v(t)\|^2 \leqslant c(\|v(t)\|^2 + \zeta^2(t)), \tag{3.71}$$

$$\frac{\mathrm{d}}{\mathrm{d}t}|v|_p^p + \mu\lambda_1|v|_p^p \leqslant c\zeta^p, \tag{3.72}$$

这里的 c 为通用的正常数，依赖于$|\mathcal{O}|$，$|g|^2,\mu,\lambda_1,p$ 以及式(3.61)、式(3.62)中的 $c_i(i=1,2,\cdots,5)$，与 t,v,u,ω 无关.

证明　不等式(3.70)通过利用假设式(3.61)得到，式(3.71)通过利用假设式(3.62)得到，其证明是基本的，此处略去. 只需证明式(3.72)成立.

对式(3.63)的两边乘以$|v|^{p-2}v$，然后在$\mathcal{O}$上积分，可得

$$\frac{1}{p}\frac{\mathrm{d}}{\mathrm{d}t}|v|_p^p - \mu\int_{\mathcal{O}}\Delta v|v|^{p-2}v\mathrm{d}x + \zeta\int_{\mathcal{O}} f(u)|v|^{p-2}v\mathrm{d}x = \zeta\int_{\mathcal{O}}|v|^{p-2}vg\mathrm{d}x, \tag{3.73}$$

其中

$$\begin{aligned} -\int_{\mathcal{O}}\Delta v|v|^{p-2}v\mathrm{d}x &= \int_{\mathcal{O}}\nabla v\nabla(|v|^{p-2}v)\mathrm{d}x \\ &= \int_{\mathcal{O}}\nabla v(p-2)|v|^{p-4}v^2\nabla v\mathrm{d}x + \int_{\mathcal{O}}\nabla v|v|^{p-2}\nabla v\mathrm{d}x \\ &= (p-2)\int_{\mathcal{O}}|v|^{p-4}v^2|\nabla v|^2\mathrm{d}x + \int_{\mathcal{O}}|v|^{p-2}|\nabla v|^2\mathrm{d}x \geqslant 0. \end{aligned} \tag{3.74}$$

估计式(3.73)中的非线性项. 由假设式(3.61)可知

$$\zeta f(u)v = \zeta^2 f(u)u \geqslant c_1\zeta^2|u|^p - c_2\zeta^2 \geqslant c_1\zeta^{2-p}|v|^p - c_2\zeta^2,$$

因此，非线性项估计为

$$\zeta\int_{\mathcal{O}} f(u)|v|^{p-2}v\mathrm{d}x \geqslant c_1\int_{\mathcal{O}}\zeta^{2-p}|v|^{2p-2}\mathrm{d}x - c_2\int_{\mathcal{O}}\zeta^2|v|^{p-2}\mathrm{d}x. \tag{3.75}$$

另一方面，

$$\zeta\int_{\mathcal{O}}|v|^{p-2}vg\mathrm{d}x \leqslant \frac{c_1}{2}\int_{\mathcal{O}}\zeta^{2-p}|v|^{2p-2}\mathrm{d}x + c|g|^2\zeta^p. \tag{3.76}$$

故从式(3.73)至式(3.76)可得

$$\frac{\mathrm{d}}{\mathrm{d}t}|v|_p^p + \frac{c_1p}{2}\int_{\mathcal{O}}\zeta^{2-p}|v|^{2p-2}\mathrm{d}x \leqslant cp|g|^2\zeta^p + c_2p\int_{\mathcal{O}}\zeta^2|v|^{p-2}\mathrm{d}x. \tag{3.77}$$

运用 Young 不等式，得

$$\mu\lambda_1|v|_p^p \leqslant k_1\zeta^p + \frac{c_1p}{2}\int_{\mathcal{O}}\zeta^{2-p}|v|^{2p-2}\mathrm{d}x, \tag{3.78}$$

$$c_2p\int_{\mathcal{O}}\zeta^2|v|^{p-2}\mathrm{d}x \leqslant \frac{\mu\lambda_1}{2}|v|_p^p + k_2\zeta^p, \tag{3.79}$$

这里 k_1,k_2 为关于 μ,λ_1,p,c_1,c_2 的正常数. 合并式(3.77)至式(3.79),得

$$\frac{\mathrm{d}}{\mathrm{d}t}|v|_p^p+\mu\lambda_1|v|_p^p\leqslant c\zeta^p,$$

不等式(3.72)得证.

引理 3.6 假定 $g\in L^2(\mathcal{O})$,f 满足式(3.61)和式(3.62),$\mathfrak{D}$由式(3.69)给出,$D=\{D(\omega);\omega\in\Omega\}\in\mathfrak{D}$,则存在正的随机变量$\varrho_1(\omega)$,$\varrho_2(\omega)$和 $T=T(D,\omega)<-2$,使得对所有的 $\tau\leqslant T$,$u(\tau)\in D(\vartheta_\tau\omega)$,方程(3.63)至方程(3.64)的解 $v(t,\omega;\tau,\zeta(\tau)u(\tau))$满足对所有的 $t\in[-1,0]$,

$$\|u(t,\omega;\tau,u(\tau))\|^2\leqslant \mathrm{e}^{-\beta t}\zeta^{-2}(t)\varrho_1(\omega),\tag{3.80}$$

$$|v(t,\omega;\tau,\zeta(\tau)u(\tau))|_p^p\leqslant \mathrm{e}^{-2\beta t}\varrho_2(\omega),\tag{3.81}$$

其中 $\beta=\frac{1}{2}\mu\lambda_1$,$v(t)=\zeta(t)u(t)$.

证明 首先,根据能量不等式(3.71)和引理 1.4 可知,对所有的 $\tau<-2$ 及 $t\in[-1,0]$,

$$\|v(t)\|^2\leqslant c\mathrm{e}^{-\beta t}\left(\int_\tau^t \mathrm{e}^{\beta s}\|v(s)\|^2\mathrm{d}s+\int_\tau^t \mathrm{e}^{\beta s}\zeta^2(s)\mathrm{d}s\right),\tag{3.82}$$

这里用到 $t-\tau>1$. 现估计式(3.82)右端的第一项. 为此,在式(3.70)的两边乘以 $\mathrm{e}^{\beta t}$,再关于 t 在$[\tau,t]$积分,发现

$$\begin{aligned}\int_\tau^t \mathrm{e}^{\beta s}\|v(s)\|^2\mathrm{d}s&\leqslant\frac{c}{\mu}\int_\tau^t \mathrm{e}^{\beta s}\zeta^2(s)\mathrm{d}s+\frac{1}{\mu}\mathrm{e}^{\beta\tau}|v(\tau)|^2\\&=\frac{c}{\mu}\int_\tau^t \mathrm{e}^{\beta s}\zeta^2(s)\mathrm{d}s+\frac{1}{\mu}\mathrm{e}^{\beta\tau}\zeta^2(\tau)|u(\tau)|^2.\end{aligned}\tag{3.83}$$

于是,从式(3.82)、式(3.83)可得,对所有的 $t\in[-1,0]$,

$$\begin{aligned}\|v(t)\|^2&\leqslant c\mathrm{e}^{-\beta t}\left[\int_\tau^t \mathrm{e}^{\beta s}\zeta^2(s)\mathrm{d}s+\mathrm{e}^{\beta\tau}\zeta^2(\tau)|u(\tau)|^2\right]\\&\leqslant c\mathrm{e}^{-\beta t}\left[\int_{-\infty}^0 \mathrm{e}^{\beta s}\zeta^2(s)\mathrm{d}s+\mathrm{e}^{\beta\tau}\zeta^2(\tau)|u(\tau)|^2\right].\end{aligned}\tag{3.84}$$

由大数定理,见文献[31],得

$$\lim_{\tau\to-\infty}\frac{1}{\tau}\sum_{j=1}^m b_j\omega_j(\tau)=0,$$

这暗示了 $s\mapsto \mathrm{e}^{\beta s}\zeta(s)^2$ 在区间$(-\infty,0]$上点态可积的及

$$\lim_{\tau\to-\infty}\mathrm{e}^{\beta\tau}\zeta^2(\tau)\to 0.\tag{3.85}$$

则从式(3.84)、式(3.85)可知,对所有的初值 $u(\tau)\in D(\vartheta_\tau\omega)$,存在 $T_1=T_1(D,\omega)<-2$,使得对所有的 $\tau\leqslant T_1$ 及 $t\in[-1,0]$,

$$\|v(t)\|^2\leqslant \mathrm{e}^{-\beta t}\varrho_1(\omega),\tag{3.86}$$

这里

$$\varrho_1(\omega)=c\left(1+\int_{-\infty}^0 \mathrm{e}^{\beta s}\zeta^2(s)\mathrm{d}s\right)<+\infty.$$

这说明

$$\|u(t)\|^2=\zeta^{-2}(t)\|v(t)\|^2\leqslant \mathrm{e}^{-\beta t}\zeta^{-2}(t)\varrho_1(\omega),\quad t\in[-1,0],$$

则不等式(3.80)得证.

接下来证明式(3.81). 运用引理 1.4 到不等式(3.72),可得对所有的 $t\in[-1,0]$及 $\tau<-2$,

$$
\begin{aligned}
|v(t)|_p^p &= e^{-2\beta t}\int_\tau^t e^{2\beta s}|v(s)|_p^p ds + ce^{-2\beta t}\int_\tau^t e^{2\beta s}\zeta^p(s)ds \\
&\leqslant e^{-2\beta t}\int_\tau^t e^{2\beta s}|v(s)|_p^p ds + ce^{-2\beta t}\int_{-\infty}^0 e^{2\beta s}\zeta^p(s)ds.
\end{aligned}
\tag{3.87}
$$

联系式(3.70)，以及类似于获得式(3.83)的方法，得

$$
\begin{aligned}
\int_\tau^t e^{\beta s}\zeta^{2-p}(s)|v(s)|_p^p ds &\leqslant \frac{c}{c_1}\int_\tau^t e^{\beta s}\zeta^2(s)ds + \frac{1}{c_1}e^{\beta\tau}|v(\tau)|^2 \\
&\leqslant c\left(\int_{-\infty}^0 e^{\beta s}\zeta^2(s)ds + e^{\beta\tau}\zeta^2(\tau)|u(\tau)|^2\right).
\end{aligned}
\tag{3.88}
$$

根据 $\zeta(s)$ 的特征，容易证明存在随机常数 $h>0$，使得

$$
0<\sup_{-\infty<s\leqslant 0}\{e^{\beta s}\zeta^{p-2}(s)\}\leqslant h,
$$

这给出了

$$
\begin{aligned}
\int_\tau^t e^{2\beta s}|v(s)|_p^p ds &= \int_\tau^t (e^{\beta s}\zeta^{p-2}(s))e^{\beta s}\zeta^{2-p}(s)|v(s)|_p^p ds \\
&\leqslant h\int_\tau^t e^{\beta s}\zeta^{2-p}(s)|v(s)|_p^p ds.
\end{aligned}
\tag{3.89}
$$

因此，将式(3.87)至式(3.89)合并，得

$$
|v(t)|_p^p = ce^{-2\beta t}\left(\int_{-\infty}^0 e^{2\beta s}\zeta^p(s)ds + h\int_{-\infty}^0 e^{\beta s}\zeta^2(s)ds + he^{\beta\tau}\zeta^2(\tau)|u(\tau)|^2\right),
$$

这表明了对所有的初值 $u(\tau)\in D(\vartheta_\tau\omega)$，存在 $T_2=T_2(D,\omega)<-2$，使得对所有的 $\tau\leqslant T_2$ 及 $t\in[-1,0]$，

$$
|v(t,\omega;\tau,\zeta(\tau)u(\tau))|_p^p \leqslant e^{-2\beta t}\varrho_2(\omega),
\tag{3.90}
$$

其中

$$
\varrho_2(\omega) = c\left(1+\int_{-\infty}^0 e^{\beta s}\zeta^2(s)ds + h\int_{-\infty}^0 e^{2\beta s}\zeta^p(s)ds\right)<+\infty.
$$

设 $T=\min\{T_1,T_2\}$，显然 $T<-2$，则证明完成.

引理 3.7　假设 $g\in L^2(\mathcal{O})$，f 满足式(3.61)和式(3.62)，$\mathfrak{D}$ 由定义式(3.69)，$D=\{D(\omega);\omega\in\Omega\}\in\mathfrak{D}$，则对 $\omega\in\Omega$ 及任意的 $\eta>0$，存在 $c=c(\omega)$，$M=M(\eta,D,\omega)>1$，$N=N(\eta,\omega)\in Z^+$ 和 $T=T(\eta,D,\omega)<-2$，使得对所有的 $\tau\leqslant T$，$u(\tau)\in D(\vartheta_\tau\omega)$，方程(3.63)、方程(3.64)的解 $v(t,\omega;\tau,\zeta(\tau)u(\tau))$ 满足

$$
\int_{-\frac{1}{2}}^0 e^{\gamma s}\int_{\mathcal{O}(|v(s)|\geqslant M)}|v(s)|^{2p-2}dxds\leqslant c\eta,
$$

其中 $\gamma=\frac{1}{2}\mu\lambda_{k+1}$，$k\geqslant N$.

证明　根据假设(3.61)可推知，存在充分大的正随机常数 M_1，使得

$$
f(u)\geqslant C|u|^{p-1},\quad 对所有的\ u\geqslant M_1,
\tag{3.91}
$$

其中 $C>0$ 为固定常数. 注意 $\zeta(t)$ 为区间$[-1,0]$上的非负、连续函数，则存在随机常数 $E,F>0$，使得

$$
E\leqslant\zeta(t)\leqslant F,\quad -1\leqslant t\leqslant 0.
\tag{3.92}
$$

设 $M=FM_1$，$-1\leqslant t\leqslant 0$. 在式(3.63)的两边用 $(v-M)_+^{p-1}$ 作内积，得

$$
\frac{1}{p}\frac{d}{dt}|(v-M)_+|_p^p + (-\Delta v,(v-M)_+^{p-1}) + \zeta\int_{\mathcal{O}} f(u)(v-M)_+^{p-1}dx = \zeta\int_{\mathcal{O}} g(v-M)_+^{p-1}dx,
\tag{3.93}
$$

这里$(v-M)_+$为$v-M$取正值的部分，即

$$(v-M)_+=\begin{cases}v-M, & \text{当 } v\geqslant M;\\ 0, & \text{当 } v\leqslant M.\end{cases}$$

明显地，

$$(-\Delta v,(v-M)_+^{p-1})=(\nabla v,(p-1)(v-M)_+^{p-2}\nabla v)\geqslant 0. \tag{3.94}$$

如果$v\geqslant M$，根据式(3.92)可知，$\zeta^{-1}v\geqslant F^{-1}M=M_1$，故式(3.91)在$\mathcal{O}_1$上成立，因此，有

$$\left|\zeta\int_{\mathcal{O}_1}f(u)(v-M)_+^{p-1}\,\mathrm{d}x\right|\geqslant C\zeta^{2-p}\int_{\mathcal{O}_1}|v|^{p-1}(v-M)_+^{p-1}\,\mathrm{d}x, \tag{3.95}$$

其中$\mathcal{O}_1=\mathcal{O}(v\geqslant M)=\{x\in\mathcal{O};v(t,x)\geqslant M\}$. 另一方面，我们推理

$$\left|\zeta\int_{\mathcal{O}_1}g(v-M)_+^{p-1}\,\mathrm{d}x\right|\leqslant\frac{C}{2}\zeta^{2-p}\int_{\mathcal{O}_1}|v|^{p-1}(v-M)_+^{p-1}\,\mathrm{d}x+\frac{1}{2C}\zeta^p\int_{\mathcal{O}_1}g^2\,\mathrm{d}x. \tag{3.96}$$

从式(3.93)至式(3.96)可知，对所有的$-1\leqslant t\leqslant 0$，

$$\frac{2}{p}\frac{\mathrm{d}}{\mathrm{d}t}|(v-M)_+|_p^p+C\zeta^{2-p}\int_{\mathcal{O}_1}|v|^{p-1}(v-M)_+^{p-1}\,\mathrm{d}x\leqslant\frac{1}{C}\zeta^p\int_{\mathcal{O}_1}g^2\,\mathrm{d}x,$$

运用式(3.92)产生

$$\frac{\mathrm{d}}{\mathrm{d}t}|(v-M)_+|_p^p+\frac{p}{2}CE^{2-p}\int_{\mathcal{O}_1}|v|^{p-1}(v-M)_+^{p-1}\,\mathrm{d}x\leqslant\frac{p}{2C}F^p\int_{\mathcal{O}_1}g^2\,\mathrm{d}x. \tag{3.97}$$

注意到

$$|v|^{p-1}\geqslant|v|^{p-2}(v-M)_+\geqslant M^{p-2}(v-M)_+,$$

则对所有的$-1\leqslant t\leqslant 0$，

$$\frac{\mathrm{d}}{\mathrm{d}t}|(v-M)_+|_p^p+\delta\int_{\mathcal{O}_1}(v-M)_+^p\,\mathrm{d}x+C_1\int_{\mathcal{O}_1}|v|^{p-1}(v-M)_+^{p-1}\,\mathrm{d}x\leqslant C_2\int_{\mathcal{O}_1}g^2\,\mathrm{d}x, \tag{3.98}$$

其中$\delta=\dfrac{pCM^{p-2}E^{2-p}}{4}$，$C_1=\dfrac{p}{4}CE^{2-p}$和$C_2=\dfrac{pF^p}{2C}$. 运用引理1.4到式(3.98)可知，对每一个$t\in[-1/2,0]$，

$$\begin{aligned}|(v(t)-M)_+|_p^p&\leqslant 2\mathrm{e}^{-\delta t}\int_{-1}^{t}\mathrm{e}^{\delta s}|(v(s)-M)_+|^p\,\mathrm{d}s+C_2\mathrm{e}^{-\delta t}\int_{-1}^{t}\mathrm{e}^{\delta s}\int_{\mathcal{O}_1}g^2\,\mathrm{d}x\mathrm{d}s\\&\leqslant 2\mathrm{e}^{-\delta t}\int_{-1}^{0}\mathrm{e}^{\delta s}|v(s)|^p\,\mathrm{d}s+C_2\mathrm{e}^{-\delta t}\int_{-1}^{0}\mathrm{e}^{\delta s}\int_{\mathcal{O}_1}g^2\,\mathrm{d}x\mathrm{d}s.\end{aligned} \tag{3.99}$$

根据引理3.6，存在$T_1=T_1(D,\omega)<-2$，使得对每一个$t\in[-1,0]$，

$$|v(t)|_p^p\leqslant\mathrm{e}^{-2\beta t}\varrho_2(\omega)\leqslant c\,\varrho_2(\omega), \tag{3.100}$$

对初值$u(\tau)\in D(\vartheta_\tau\omega)$和$\tau\leqslant T_1$是一致的. 合并式(3.99)和式(3.100)，对每一个$t\in[-\frac{1}{2},0]$，

$$|(v(t)-M)_+|_p^p\leqslant\frac{1}{\delta}(c\,\varrho_2(\omega)+C_2|g|^2).$$

因为$\delta=\dfrac{pCM^{p-2}E^{2-p}}{4}$，所以可选取充分大的$M_1$，使得当$M\geqslant M_1$时，

$$\frac{1}{\delta}c\,\varrho_2(\omega)\leqslant\frac{\eta}{4},\quad\frac{1}{\delta}C_2|g|^2\leqslant\frac{\eta}{4}. \tag{3.101}$$

故根据式(3.101)得，对每一个$t\in[-\frac{1}{2},0]$，

$$|(v(t)-M)_+|_p^p \leqslant \frac{\eta}{2}, \quad M \geqslant M_1, \tag{3.102}$$

对所有的初值 $u(\tau)\in D(\vartheta_\tau\omega)$ 及 $\tau\leqslant T_1$ 是一致的.

在式(3.98)的两端乘以 $e^{\delta t}\left(\delta=\dfrac{pCM^{p-2}E^{2-p}}{4}, M\geqslant M_1\right)$，然后在区间$\left[-\dfrac{1}{2},0\right]$上积分，得

$$\begin{aligned}
&C_1\int_{-\frac{1}{2}}^{0} e^{\delta s}\int_{\mathcal{O}_1}|v(s)|^{p-1}|(v(s)-M)_+|^{p-1}dxds\\
&\leqslant C_2\int_{-\frac{1}{2}}^{0} e^{\delta s}\int_{\mathcal{O}_1} g^2 dxds + e^{-\delta}\left|\left(v\left(-\frac{1}{2}\right)-M\right)_+\right|_p^p\\
&\leqslant \frac{1}{\delta}C_2|g|^2+\left|\left(v\left(-\frac{1}{2}\right)-M\right)_+\right|_p^p.
\end{aligned} \tag{3.103}$$

由式(3.101)至式(3.103)，可推得

$$\int_{-\frac{1}{2}}^{0} e^{\delta s}\int_{\mathcal{O}_1}|v(s)|^{p-1}|(v(s)-M)_+|^{p-1}dxds\leqslant c\eta, \quad M\geqslant M_1, \tag{3.104}$$

对所有的初值 $u(\tau)\in D(\vartheta_\tau\omega)$ 及 $\tau\leqslant T_1$ 是一致的. 由于 $k\to+\infty,\lambda_k\to+\infty$，故存在自然数 N_1，使得当 $k\geqslant N_1$ 时，

$$\gamma=\frac{1}{2}\mu\lambda_{k+1}\geqslant\delta=\frac{pCM^{p-2}E^{2-p}}{4}, \tag{3.105}$$

其中 $M\geqslant M_1$. 因此，从式(3.104)和式(3.105)可得，当 $k\geqslant N_1$ 和 $M\geqslant M_1$，

$$\int_{-\frac{1}{2}}^{0} e^{\gamma s}\int_{\mathcal{O}_1}|v(s)|^{p-1}|(v(s)-M)_+|^{p-1}dxds\leqslant c\eta. \tag{3.106}$$

重复以上讨论，取 $|(v+M)_-|^{p-2}(v+M)_-$ 代替 $(v-M)_+^{p-1}$，这里 $(v+M)_-$ 是 $v+M$ 的负的部分，可以推知存在 $T_2<-2$ 及充分大的 $N_2, M_2>0$，使得当 $\tau\leqslant T_2, k\geqslant N_2$ 和 $M\geqslant M_2$ 时，

$$|(v(t)+M)_-|_p^p\leqslant\frac{\eta}{2}, \quad t\in\left[-\frac{1}{2},0\right], \tag{3.107}$$

和

$$\int_{-\frac{1}{2}}^{0} e^{\gamma s}\int_{\mathcal{O}_2}|v(s)|^{p-1}|(v(s)+M)_+|^{p-1}dxds\leqslant c\eta, \tag{3.108}$$

对所有的初值 $u(\tau)\in D(\vartheta_\tau\omega)$ 及 $\tau\leqslant T_2$ 是一致的，其中$\mathcal{O}_2=\mathcal{O}(v\leqslant -M)=\{x\in\mathcal{O}; v(t,x)\leqslant -M\}$.

现在取

$$T=\min\{T_1,T_2\}, N_3=\max\{N_1,N_2\}, M=\max\{M_1,M_2\}.$$

则 $T<-2$，且式(3.102)和式(3.106)至式(3.108)对 $\tau\leqslant T, k\geqslant N_3$ 成立，特别地，

$$\int_{-\frac{1}{2}}^{0} e^{\gamma s}\int_{\mathcal{O}_1}|v(s)|^{p-1}|(v(s)-M)_+|^{p-1}dxds\leqslant c\eta. \tag{3.109}$$

和

$$\int_{-\frac{1}{2}}^{0} e^{\gamma s}\int_{\mathcal{O}_2}|v(s)|^{p-1}|(v(s)+M)_+|^{p-1}dxds\leqslant c\eta. \tag{3.110}$$

注意到利用 Hölder 不等式可得

$$\int_{\mathcal{O}|v|\geqslant M}|v(s)|^{2p-2}dx=\int_{\mathcal{O}(v\geqslant M)}|v(s)|^{2p-2}dx+\int_{\mathcal{O}(v\leqslant -M)}|v(s)|^{2p-2}dx$$

$$
\begin{aligned}
&= \int_{\mathcal{O}(v\geqslant M)} |v(s)|^{p-1}|v(s)-M+M|^{p-1}\mathrm{d}x + \\
&\quad \int_{\mathcal{O}(v\leqslant -M)} |v(s)|^{p-1}|v(s)+M-M|^{p-1}\mathrm{d}x \\
&\leqslant 2^{p-2}\Big(\int_{\mathcal{O}(v\geqslant M)} |v(s)|^{p-1}(|(v(s)-M)_+|^{p-1}+M^{p-1})\mathrm{d}x + \\
&\quad \int_{\mathcal{O}(v\leqslant -M)} |v(s)|^{p-1}(|(v(s)+M)_-|^{p-1}+M^{p-1})\mathrm{d}x\Big) \\
&\leqslant 2^{p-2}\Big(\int_{\mathcal{O}(v\geqslant M)} |v(s)|^{p-1}|(v(s)-M)_+|^{p-1}\mathrm{d}x + \\
&\quad \int_{\mathcal{O}(v\leqslant -M)} |v(s)|^{p-1}|(v(s)+M)_-|^{p-1}\mathrm{d}x\Big) + \\
&\quad 2^{p-2}M^{p-1}\int_{\mathcal{O}(|v|\geqslant M)} |v(s)|^{p-1}\mathrm{d}x \\
&\leqslant 2^{p-2}\Big(\int_{\mathcal{O}(v\geqslant M)} |v(s)|^{p-1}|(v(s)-M)_+|^{p-1}\mathrm{d}x + \\
&\quad \int_{\mathcal{O}(v\leqslant -M)} |v(s)|^{p-1}|(v(s)+M)_-|^{p-1}\mathrm{d}x\Big) + \\
&\quad 2^{p-2}M^{p-2}\int_{\mathcal{O}(|v|\geqslant M)} |v(s)|^{p}\mathrm{d}x,
\end{aligned}
$$

由此推知

$$
\begin{aligned}
\int_{-\frac{1}{2}}^{0} e^{\gamma s}\int_{\mathcal{O}(|v(s)|\geqslant M)} |v(s)|^{2p-2}\mathrm{d}x\mathrm{d}s \leqslant{}& 2^{p-2}\int_{-\frac{1}{2}}^{0} e^{\gamma s}\Big(\int_{\mathcal{O}(v\geqslant M)} |v(s)|^{p-1}|(v(s)-M)_+|^{p-1}\mathrm{d}x + \\
& \int_{\mathcal{O}(v\leqslant -M)} |v(s)|^{p-1}|(v(s)+M)_-|^{p-1}\mathrm{d}x\Big)\mathrm{d}s + \\
& 2^{p-2}M^{p-2}\int_{-\frac{1}{2}}^{0} e^{\gamma s}\int_{\mathcal{O}(|v|\geqslant M)} |v(s)|^{p}\mathrm{d}x\mathrm{d}s,
\end{aligned}
\tag{3.111}
$$

其中 $\gamma=\frac{1}{2}\mu\lambda_{k+1}$ 和 $k\geqslant N_3$. 利用式(3.100)，得

$$
2^{p-2}M^{p-2}\int_{-\frac{1}{2}}^{0} e^{\gamma s}\int_{\mathcal{O}(|v|\geqslant M)} |v(s)|^{p}\mathrm{d}x\mathrm{d}s \leqslant \frac{c}{\gamma}2^{p-2}M^{p-2}\varrho_2(\omega).
$$

因此，存在 $N>N_3$，使得对所有的 $k\geqslant N$，

$$
2^{p-2}M^{p-2}\int_{-\frac{1}{2}}^{0} e^{\gamma s}\int_{\mathcal{O}(|v|\geqslant M)} |v(s)|^{p}\mathrm{d}x\mathrm{d}s \leqslant \frac{c}{\gamma}2^{p-2}M^{p-2}\varrho_2(\omega) \leqslant \eta. \tag{3.112}
$$

于是把不等式(3.109)、不等式(3.110)和不等式(3.112)运用到不等式(3.111)，发现对所有的 $\tau\leqslant T$ 和 $k\geqslant N$，

$$
\int_{-\frac{1}{2}}^{0} e^{\gamma s}\int_{\mathcal{O}(|v(s)|\geqslant M)} |v(s)|^{2p-2}\mathrm{d}x\mathrm{d}s \leqslant c\eta,
$$

其中正常数 c 独立于 η. 证明完成.

引理 3.8 假设 $g\in L^2(\mathcal{O})$，f 满足式(3.61)和式(3.62)，$\mathfrak{D}$ 由定义式(3.69)，$D=\{D(\omega);\omega\in\Omega\}\in\mathfrak{D}$，则对 $\omega\in\Omega$ 及任意的 $\eta>0$，存在 $N=N(\omega,\eta)\in Z^+$ 和 $T=T(\eta,D,\omega)<-2$，使得对所有的 $\tau\leqslant T$，$k\geqslant N$ 及 $u(\tau)\in D(\vartheta_\tau\omega)$，方程(3.59)和方程(3.60)的解 $u(t,\omega;\tau,\zeta(\tau)u(\tau))$ 满足对所有的 $t\in[-1,0]$，

$$
\| u_2(t,\omega;\tau,u(\tau))\| < \eta,
$$

其中 $u_2=(I-P_k)u$.

证明　首先,利用假设式(3.61),可得

$$\begin{aligned}\zeta\int_{\mathcal{O}} f(u)\Delta v_2\mathrm{d}x &\leqslant \frac{\mu}{4}|\Delta v_2|^2+\frac{\zeta^2}{\mu}\int_{\mathcal{O}}|f(u)|^2\mathrm{d}x\\ &\leqslant \frac{\mu}{4}|\Delta v_2|^2+\frac{c\zeta^2}{\mu}\left(\int_{\mathcal{O}}|u|^{2p-2}\mathrm{d}x+|\mathcal{O}|\right)\\ &\leqslant \frac{\mu}{4}|\Delta v_2|^2+\frac{c\zeta^2}{\mu}(|u|_{2p-2}^{2p-2}+1).\end{aligned} \tag{3.113}$$

在式(3.63)的两端乘以 $-\Delta v_2$ 并在 $\mathcal{O}$ 上积分,得

$$\frac{\mathrm{d}}{\mathrm{d}t}\|v_2(t)\|^2+\mu|\Delta v_2(t)|^2\leqslant 2\zeta(t)\int_{\mathcal{O}} f(x,u)\Delta v_2\mathrm{d}x+\frac{1}{\mu}|\zeta(t)g|^2. \tag{3.114}$$

从式(3.113)和式(3.114),可得

$$\frac{\mathrm{d}}{\mathrm{d}t}\|v_2(t)\|^2+\frac{1}{2}\mu\lambda_{k+1}\|v_2(t)\|^2\leqslant \frac{c}{\mu}\zeta^{4-2p}(t)|v(t)|_{2p-2}^{2p-2}+\frac{1}{\mu}|\zeta(t)g|^2. \tag{3.115}$$

在区间 $[-\frac{1}{2},0]$ 上运用引理 1.4 到式(3.115),得

$$\begin{aligned}\|v_2(0)\|^2\leqslant{}& 2\int_{-\frac{1}{2}}^0 \mathrm{e}^{\gamma s}\|v_2(s)\|^2\mathrm{d}s+\frac{c}{\mu}\int_{-\frac{1}{2}}^0\mathrm{e}^{\gamma s}\zeta^{4-2p}(s)|v(s)|_{2p-2}^{2p-2}\mathrm{d}s+\\ &\frac{|g|^2}{\mu}\int_{-\frac{1}{2}}^0\mathrm{e}^{\gamma s}\zeta^2(s)\mathrm{d}s,\end{aligned} \tag{3.116}$$

其中 $\gamma=\frac{1}{2}\mu\lambda_{k+1}$. 需要估计式(3.116)右端的每一项. 利用式(3.86)可知,存在 $T=T(\eta,D,\omega)<-2$,使得对所有的 $\tau\leqslant T$,

$$2\int_{-\frac{1}{2}}^0\mathrm{e}^{\gamma s}\|v_2(s)\|^2\mathrm{d}s\leqslant 2\int_{-1}^0\mathrm{e}^{\gamma s}\|v(s)\|^2\mathrm{d}s\leqslant 2c\int_{-1}^0\mathrm{e}^{\gamma s}\mathrm{e}^{-s\beta}\varrho(\omega)\mathrm{d}s\leqslant\frac{2c\varrho(\omega)}{\gamma-\beta}. \tag{3.117}$$

对式(3.116)的第二项有

$$\begin{aligned}\frac{c}{\mu}\int_{-\frac{1}{2}}^0\mathrm{e}^{\gamma s}\zeta^{4-2p}(s)|v(s)|_{2p-2}^{2p-2}\mathrm{d}s &\leqslant\frac{cF^{4-2p}}{\mu}\int_{-\frac{1}{2}}^0\mathrm{e}^{\gamma s}|v(s)|_{2p-2}^{2p-2}\mathrm{d}s(\text{根据式(3.92)})\\ &\leqslant\frac{cF^{4-2p}}{\mu}\int_{-\frac{1}{2}}^0\mathrm{e}^{\gamma s}\int_{\mathcal{O}(|v(s)|\leqslant M)}|v(s)|^{2p-2}\mathrm{d}x\mathrm{d}s+\\ &\quad\frac{cF^{4-2p}}{\mu}\int_{-\frac{1}{2}}^0\mathrm{e}^{\gamma s}\int_{\mathcal{O}(|v(s)|\geqslant M)}|v(s)|^{2p-2}\mathrm{d}x\mathrm{d}s,\end{aligned} \tag{3.118}$$

其中

$$\frac{cF^{4-2p}}{\mu}\int_{-\frac{1}{2}}^0\mathrm{e}^{\gamma s}\int_{\mathcal{O}(|v(s)|\leqslant M)}|v(s)|^{2p-2}\mathrm{d}x\mathrm{d}s\leqslant\frac{1}{\gamma}\frac{cF^{4-2p}}{\mu}M^{2p-2}|\mathcal{O}|. \tag{3.119}$$

利用式(3.92),得

$$\frac{|g|^2}{\mu}\int_{-\frac{1}{2}}^0\mathrm{e}^{\gamma s}\zeta^2(s)\mathrm{d}s\leqslant\frac{|g|^2F^2}{\mu}\int_{-\frac{1}{2}}^0\mathrm{e}^{\gamma s}\mathrm{d}s\leqslant\frac{|g|^2F^2}{\mu\gamma}. \tag{3.120}$$

注意到当 $k\to\infty$ 时,λ_{k+1} 增加到无穷,所以当 k 充分大(至少不小引理 3.7 中的 N)时,

$$\text{式(3.117)、式(3.119)、式(3.120)}\leqslant\frac{\eta}{4},\quad k\geqslant N. \tag{3.121}$$

根据引理 3.7 可知,存在 $T=T(\eta,D,\omega)<-2$,使得对所有的 $\tau\leqslant T$,

$$\frac{cF^{4-2p}}{\mu}\int_{-\frac{1}{2}}^{0}\mathrm{e}^{\gamma s}\int_{\mathcal{O}(|v(s)|\geqslant M)}|v(s)|^{2p-2}\mathrm{d}x\mathrm{d}s\leqslant\frac{\eta}{4}. \tag{3.122}$$

于是从式(3.116)至式(3.122)推知，可选取 $N=N(\eta,\omega)\in Z_+$ 和 $T=T(\eta,D,\omega)<-2$，使得对所有的 $\tau\leqslant T$ 和 $k\geqslant N$，

$$\|v_2(0)\|^2\leqslant\eta,$$

所以有

$$\|u_2(0)\|=\|v_2(0)\|\leqslant\eta.$$

证毕.

定理 3.4　假设 $g\in L^2(\mathcal{O})$，f 满足式(3.61)和式(3.62)，则方程(3.59)和方程(3.60)生成的随机动力系统 φ 在空间 $H_0^1(\mathcal{O})$ 中存在唯一的$\mathfrak{D}$-吸引子 $A=\{A(\omega);\omega\in\Omega\}$.

证明　根据引理 3.6 可知，对 $D=\{D(\omega);\omega\in\Omega\}\in\mathfrak{D}$，存在常数 $T_1=T_1(\eta,D,\omega)<-2$，使得对所有的 $t\geqslant -T_1$，

$$\|\varphi(t,\vartheta_{-t}\omega)u(\tau)\|\leqslant\sqrt{\varrho(\omega)}. \tag{3.123}$$

设

$$K(\omega)=\{u\in H_0^1(\mathcal{O}):\|u\|\leqslant\sqrt{\varrho(\omega)}\},$$

则式(3.123)暗示了 $K=\{K(\omega);\omega\in\Omega\}$ 是随机动力系统 φ 在空间 $H_0^1(\mathcal{O})$ 中的闭的$\mathfrak{D}$-随机吸收集.

另一方面，对 $D=\{D(\omega);\omega\in\Omega\}\in\mathfrak{D}$，$\omega\in\Omega$，根据引理 3.8 可知，存在常数 $T_2=T_2(\eta,D,\omega)<-2$ 及 $N=N(\omega,\eta)$，使得对所有的 $\tau\leqslant T_2$，

$$\|(I-P_N)u(0,\omega;\tau,u(\tau))\|<\eta,\quad u(\tau)\in D(\vartheta_\tau\omega). \tag{3.124}$$

取 $T=\min\{T_1,T_2\}$，则利用式(3.68)和式(3.124)，可得到对所有的 $t\geqslant -T$，

$$\|(I-P_N)\varphi(t,\vartheta_{-t}\omega)D(\vartheta_{-t}\omega)\|<\eta. \tag{3.125}$$

由式(3.123)可知，对所有的 $t\geqslant -T$，

$$\|P_N\varphi(t,\vartheta_{-t}\omega)D(\vartheta_{-t}\omega)\|\leqslant\sqrt{\varrho(\omega)},$$

结合式(3.125)表明，φ 在空间 $H_0^1(\mathcal{O})$ 中满足$\mathfrak{D}$-Flattening 条件. 于是，该定理的最终结果利用定理 2.1 和定理 2.3 得证.

3.2.3　唯一随机稳定点

本小节中，状态空间$\mathcal{O}$是 $\mathbb{R}^n$ 的有界或无界子集. 如果$\mathcal{O}\subseteq\mathbb{R}^n(n\geqslant 2)$无界，一致假定 Poincaré 不等式成立，即存在常数 $\lambda>0$，使得

$$\lambda\int_{\mathcal{O}}\phi^2\mathrm{d}x\leqslant\int_{\mathcal{O}}|\nabla\phi|^2\mathrm{d}x,\quad \phi\in H_0^1(\mathcal{O}). \tag{3.126}$$

并且条件(3.62)可以用如下更弱的条件代替：

$$(f(s_1)-f(s_2))(s_1-s_2)\geqslant C|s_1-s_2|^2,\quad C\in\mathbb{R} \tag{3.127}$$

这保证了方程(3.59)、方程(3.60)弱解的唯一存在性. 同时，限定 $C>-\mu\lambda$，其中 μ 取值如式(3.59)，λ 如式(3.126). 设 β_0 满足

$$0<\beta_0<\min\{C+\mu\lambda,\mu\lambda\}. \tag{3.128}$$

在空间 $H_0^1(\mathcal{O})$上定义一非线性算子 A：

$$Av=-\mu\Delta v+\zeta f(\zeta^{-1}v)-\zeta g(x). \tag{3.129}$$

则式(3.63)和以下形式等价：

$$\frac{\mathrm{d}v}{\mathrm{d}t}+Av=0. \tag{3.130}$$

取$\mathfrak{D}$为 $L^2(\mathcal{O})$，满足以下条件的非空闭子集的全体：

$$\mathrm{e}^{-\beta_0 t}\zeta^2(t)d^2(D(\vartheta_{-t}\omega))\to 0,\quad 当\ t\to+\infty, \tag{3.131}$$

其中 $d(D(\vartheta_{-t}\omega))=\sup\limits_{u\in D(\vartheta_{-t}\omega)}|u|$.

首先，证明当 $C>-\mu\lambda$，其解具有压缩特征.

引理 3.9　假设 $g\in L^2(\mathcal{O})$，f 满足式(3.61)和式(3.127)，$C>-\mu\lambda$，则对 $\tau_1\leqslant\tau_2\leqslant t$，$u(\tau_1),u(\tau_2)\in L^2(\mathcal{O})$，方程(3.59)和方程(3.60)的初值为 $u(\tau_i)$ 的解 $u(t,\omega;\tau_i,u(\tau_i))(i=1,2)$ 满足

$$\begin{aligned}&|u(t,\omega;\tau_1,u(\tau_1))-u(t,\omega;\tau_2,u(\tau_2))|^2\\&\leqslant 2\mathrm{e}^{-kt}\zeta^{-2}(t)\Big[\mathrm{e}^{\beta_0\tau_1}\zeta^2(\tau_1)|u(\tau_1)|^2+\mathrm{e}^{(k-\beta_0)\tau_2}\int_{-\infty}^0 p(s)\mathrm{e}^{\beta_0 s}\mathrm{d}s+\\&\mathrm{e}^{\beta_0\tau_2}\zeta^2(\tau_2)|u(\tau_2)|^2\Big],\end{aligned} \tag{3.132}$$

其中 $k=C+\mu\lambda$，β_0 如式(3.128).

特别地，对 $D\in\mathfrak{D}$，$u(\tau)\in D(\vartheta_\tau\omega)$，则在空间 $L^2(\mathcal{O})$上存在单一点$\{\zeta_t(\omega);\omega\in\Omega\}$，使得对 $\omega\in\Omega$，$t\in\mathbb{R}$，

$$\lim_{\tau\to-\infty}u(t,\omega;\tau,u(\tau))=\zeta_t(\omega).$$

并且，该收敛对所有的 $u(\tau)\in D(\vartheta_\tau\omega)$是一致的.

证明　利用式(3.130)可得

$$\begin{aligned}&\frac{\mathrm{d}}{\mathrm{d}t}(v(t,\omega;\tau_1,v(\tau_1))-v(t,\omega;\tau_2,v(\tau_2)))+\\&\qquad Av(t,\omega;\tau_1,v(\tau_1))-Av(t,\omega;\tau_2,v(\tau_2))=0.\end{aligned} \tag{3.133}$$

利用式(3.127)和 Poincaré 不等式(3.126)，直接推得

$$\begin{aligned}&(Av(t,\omega;\tau_1,v(\tau_1))-Av(t,\omega;\tau_2,v(\tau_2)),v(t,\omega;\tau_1,v(\tau_1))-v(t,\omega;\tau_2,v(\tau_2)))\\&\qquad\geqslant(C+\mu\lambda)|v(t,\omega;\tau_1,v(\tau_1))-v(t,\omega;\tau_2,v(\tau_2))|^2,\end{aligned}$$

结合式(3.133)可知，

$$\frac{\mathrm{d}}{\mathrm{d}t}|v(t,\omega;\tau_1,v(\tau_1))-v(t,\omega;\tau_2,v(\tau_2))|^2+k|v(t,\omega;\tau_1,v(\tau_1))-v(t,\omega;\tau_2,v(\tau_2))|^2\leqslant 0. \tag{3.134}$$

其中 $\kappa=C+\mu\lambda>0$. 在式(3.134)的两端乘以 e^{kt}，并在区间$[\tau_2,t]$上积分，产生

$$\begin{aligned}|v(t,\omega;\tau_1,v(\tau_1))-v(t,\omega;\tau_2,v(\tau_2))|^2&\leqslant|v(\tau_2,\omega;\tau_1,v(\tau_1))-v(\tau_2)|^2\mathrm{e}^{-k(t-\tau_2)}\\&\leqslant 2\mathrm{e}^{-kt}(|v(\tau_2,\omega;\tau_1,v(\tau_1))|^2+|v(\tau_2)|^2)\mathrm{e}^{k\tau_2}.\end{aligned} \tag{3.135}$$

接下来估计范数$|v(\tau_2,\omega;\tau_1,v(\tau_1))|^2$. 利用式(3.63)和 Poincaré 不等式(3.126)有

$$\frac{\mathrm{d}}{\mathrm{d}s}|v(s)|^2+\mu\lambda|v(s)|^2\leqslant\frac{1}{\lambda\mu}|\zeta g|^2+c\zeta^2(s), \tag{3.136}$$

这里 $v(s)=v(s,\omega;\tau_1,v(\tau_1))$. 记 $p(s)=\dfrac{1}{\lambda\mu}|\zeta g|^2+c\zeta^2(s)$. 利用假设式(3.128)得到

$$\frac{\mathrm{d}}{\mathrm{d}s}|v(s,\omega;\tau_1,v(\tau_1))|^2+\beta_0|v(s,\omega;\tau_1,v(\tau_1))|^2\leqslant p(s), \tag{3.137}$$

在式(3.137)的两端同乘 $e^{\beta_0 s}$，然后在区间$[\tau_1,\tau_2]\subset(-\infty,0]$上积分，得

$$\begin{aligned}|v(\tau_2,\omega;\tau_1,v(\tau_1))|^2 &\leqslant |v(\tau_1)|^2 e^{-\beta_0(\tau_2-\tau_1)} + \int_{\tau_1}^{\tau_2} p(s) e^{-\beta_0(\tau_2-s)} ds \\ &\leqslant e^{-\beta_0(\tau_2-\tau_1)} |v(\tau_1)|^2 + e^{-\beta_0\tau_2}\int_{-\infty}^{0} p(s) e^{\beta_0 s} ds.\end{aligned} \tag{3.138}$$

于是，把不等式(3.138)运用到不等式(3.135)，注意 $k-\beta_0>0$，在对$[\tau_1,\tau_2]\subset(-\infty,0]$，有

$$\begin{aligned}&|v(t,\omega;\tau_1,v(\tau_1))-v(t,\omega;\tau_2,v(\tau_2))|^2\\ &\leqslant 2e^{-kt}\left[e^{-\beta_0(\tau_2-\tau_1)}|v(\tau_1)|^2+e^{-\beta_0\tau_2}\int_{-\infty}^{0}p(s)e^{\beta_0 s}ds+|v(\tau_2)|^2\right]e^{k\tau_2}\\ &= 2e^{-kt}\left[e^{(k-\beta_0)\tau_2+\beta_0\tau_1}|v(\tau_1)|^2+e^{(k-\beta_0)\tau_2}\int_{-\infty}^{0}p(s)e^{\beta_0 s}ds+e^{k\tau_2}|v(\tau_2)|^2\right]\\ &\leqslant 2e^{-kt}\left[e^{\beta_0\tau_1}|v(\tau_1)|^2+e^{(k-\beta_0)\tau_2}\int_{-\infty}^{0}p(s)e^{\beta_0 s}ds+e^{k\tau_2}|v(\tau_2)|^2\right],\end{aligned}$$

结合 $v(t)=\zeta(t)u(t)$及$\beta_0<k$，给出

$$\begin{aligned}&|u(t,\omega;\tau_1,u(\tau_1))-u(t,\omega;\tau_2,u(\tau_2))|^2\\ &\leqslant 2e^{-kt}\zeta^{-2}(t)\Big[e^{\beta_0\tau_1}\zeta^2(\tau_1)|u(\tau_1)|^2+e^{(k-\beta_0)\tau_2}\int_{-\infty}^{0}p(s)e^{\beta_0 s}ds+\\ &\quad e^{k\tau_2}\zeta^2(\tau_2)|u(\tau_2)|^2\Big]\\ &\leqslant 2e^{-kt}\zeta^{-2}(t)\Big[e^{\beta_0\tau_1}\zeta^2(\tau_1)|u(\tau_1)|^2+e^{(k-\beta_0)\tau_2}\int_{-\infty}^{0}p(s)e^{\beta_0 s}ds+\\ &\quad e^{\beta_0\tau_2}\zeta^2(\tau_2)|u(\tau_2)|^2\Big],\end{aligned} \tag{3.139}$$

这就是式(3.132). 如果初值 $u(\tau_1)$和 $u(\tau_2)$满足

$$\lim_{\tau_i\to-\infty} e^{\beta_0\tau_i}\zeta^2(\tau_2)|u(\tau_i)|^2=0,\quad i=1,2,$$

则对每一个固定的 $t\in\mathbb{R},\omega\in\Omega$，在式(3.139)中让 $\tau_1,\tau_2\to-\infty$，发现

$$|u(t,\omega;\tau_1,u(\tau_1))-u(t,\omega;\tau_2,u(\tau_2))|^2\to 0.$$

表明对固定的 $t\in\mathbb{R}$，$u(t,\omega;\tau,u(\tau))$为空间 $L^2(\mathcal{O})$中关于 $\tau\to-\infty$时的柯西序列. 设 $D=\{D(\omega);\omega\in\Omega\}\in\mathfrak{D}$，$u(\tau)\in D(\vartheta_\tau\omega)$，则方程(3.59)和方程(3.60)的解 $u(t,\omega;\tau,u(\tau))$在空间 $L^2(\mathcal{O})$中存在唯一极限，记作 $\zeta_t(\omega)$，即

$$\lim_{\tau\to-\infty}u(t,\omega;\tau,u(\tau))=\zeta_t(\omega),\quad \omega\in\Omega.$$

定理 3.5 假定 $g\in L^2(\mathcal{O})$，f 满足式(3.61)和式(3.127)，$C+\mu\lambda>0$，则方程(3.59)和方程(3.60)生成的随机动力系统 φ 在空间 $L^2(\mathcal{O})$中存在唯一的稳定点$\{\zeta_0(\omega);\omega\in\Omega\}$. 并且，该随机稳定点在$\mathfrak{D}$中是全局渐近稳定的.

证明 同定理 3.2 的证明.

第 4 章 随机退化抛物方程的光滑与高次可积吸引子

本章考虑一类半线性退化的随机抛物方程：

$$du + (\lambda u - \mathrm{div}(\sigma(x)\nabla u) + f(u))\mathrm{d}t = \sum_{j=1}^{m} \phi_j(x)\mathrm{d}W_j(t) \tag{4.1}$$

$$du + \lambda u\mathrm{d}t - \mathrm{div}(\sigma(x)\nabla u))\mathrm{d}t + f(u)\mathrm{d}t = g(x)\mathrm{d}t + \sum_{j=1}^{m} b_j u \circ \mathrm{d}Wj(t) \tag{4.2}$$

其中 div 代表散度，$t>\tau, x\in D_N$，D_N 为 $\mathbb{R}^N$ 的任意有界或者无界区域，∂D_N 为 D_N 的边界. $W(t)=(W_i(t))_{j=1}^m$ 为定义在 m-维标准概率空间(Ω,F,P)上的相互独立的双边实值 Wiener 过程，其中 $\Omega=\{\omega\in C(\mathbb{R},\mathbb{R}^m);\omega(0)=0\}$，$F$ 为由 Ω 的紧的开拓扑诱导的波雷尔-σ 代数，P 为 F 上的 Wiener 测度，使得 $W(t), t\in\mathbb{R}$满足 $W(t)_{t\geqslant 0}$ 和 $W(t)_{t\leqslant 0}$ 为 m 维的布朗运动. 通常，把 $W(t)$和$\omega(t)$等同，即

$$W(t) = W(t,\omega) = \omega(t), \quad t \in \mathbb{R}.$$

方程的非退化性表现在其中的扩散变量 σ 为 D_N 上的非光滑或者无界函数，其中 $N\geqslant 2$. 即 $\sigma: D_N \to [0,\infty)$满足下面的假设：

$\mathcal{H}_\alpha$：当 D_N 有界，则假设对某些 $\alpha\in(0,2)$和每一个 $z\in\overline{D_N}$，$\sigma\in L^1_{loc}(D_N)$和$\liminf_{x\to z}|x-z|^{-\alpha}\sigma(x)>0$；

$\mathcal{H}_\alpha^\beta$：当 D_N 无界，则假设 σ 满足 $\mathscr{H}_\alpha$，以及对某些 $\beta>2$，$\liminf_{|x|\to\infty}|x|^{-\beta}\sigma(x)>0$.

条件($\mathcal{H}_\alpha$)和($\mathcal{H}_\alpha^\beta$)暗示了扩散函数 σ 是极端非正则的. 其一，集合$\{x|\sigma(x)=0\}$为有限的；其二，$\sigma(x)$可能非光滑，同时在无界域时，σ 可以是无界函数. 对参数 σ 的各种假定的物理动机见文献[7,8,24,57]的详细讨论. 非随机情形，上述具有扩散特征的非退化方程在描述空间介质非均匀的物理模型中具有重要的作用，见文献[35,37,49,55,56,74].

近年来，人们对含有退化参数的模型兴趣上升. 确定情形，文献[7-9]讨论了渐近行为和拉回吸引子的存在性问题，全局吸引子问题被文献[39,76]所研究. 随机情形，当 D_N 有界，文献[10]证明在空间 $D_0^{1,2}(D_N,\sigma)$和 $L^p(D_N)$中随机吸引子的存在性结果，特别地，文献[108]发展了这一结果，通过数学归纳获得了在任意的 $L^q(D_N), q\geqslant 2$ 空间上吸引子的存在性.

最近，文献[107]利用紧嵌入 $D_0^{1,2}(D_N,\sigma)\to L^2(D_N)$获得随机系统在 $L^2(D_N)$空间上的吸引子，而假设($\mathcal{H}_\alpha$)和($\mathcal{H}_\alpha^\beta$)保证了紧嵌入成立. 虽然他们声称的结果对无界域成立，但是文章中

只给出了有界域情形的证明，且非线性项 f 满足

$$\alpha_1|s|^p-\beta_1\leqslant f(s)s\leqslant\alpha_2|s|^p+\beta_2,\quad \frac{\partial f}{\partial s}\geqslant -l.$$

事实上，相关的证明无法延伸到无界域情形，因为若非线性项 f 取文献[107]中的注释 5.2 的条件，需要估计积分 $\int_{D_N}\sigma(x)\frac{\partial f}{\partial x}.\nabla v\mathrm{d}x$ 的有界性，这无疑需要另外的条件才可行.

在本章中，证明了其生成的随机动力系统在空间 $D_0^{1,2}(D_N,\sigma)\cap L^{\varpi}(D_N)$，$\varpi\in[2,2p-2]$ 上吸引子的存在性结果，其非线性 $f\in C^1(\mathbb{R})$ 满足以下假设：

$$f(s)s\geqslant\alpha_1|s|^p-\beta_1|s|^2, \tag{4.3}$$

$$|f(s)|\leqslant\alpha_2|s|^{p-1}+\beta_2|s|, \tag{4.4}$$

$$\frac{\partial f}{\partial s}\geqslant-\beta_3, \tag{4.5}$$

其中 $\alpha_i(i=1,2)$，$\beta_i(i=1,2,3)$ 为正常数，$p\geqslant 2$. 读者可阅读参考文献[116,118].

4.1 分析背景

回忆文献[24,57]中的一些基本结论. 设 σ 为空间 $L_{loc}^1(D_N)$ 上的非负加权函数，对 $u\in C_0^\infty(D_N)$，定义

$$\|u\|_\sigma:=\left(\int_{D_N}\sigma(x)|\nabla u|^2\mathrm{d}x\right)^{\frac{1}{2}},$$

则能量空间取 $D_0^{1,2}(D_N,\sigma)$，其中

$$D_0^{1,2}(D_N,\sigma)=C_0^\infty(D_N)\text{ 关于 }\|.\|_\sigma\text{- 范数的闭}.$$

根据文献[24]中的引理 3.1，$D_0^{1,2}(D_N,\sigma)$ 为 Hilbert 空间，内积为

$$(u,v)_\sigma=\int_{D_N}\sigma(x)\nabla u.\nabla v\mathrm{d}x,\quad u,v\in D_0^{1,2}(D_N,\sigma).$$

用 $|.|_m$ 表示空间 $L^m(D_N)$ 上的范数，当 $m=2$，记 $|.|_m=|.|$.

给出一个广义的 Poincaré 不等式，见文献[57].

命题 4.1　设 $D_N\subset\mathbb{R}^N$，$N\geqslant 2$ 为有界（或者无界）域，假定 $\mathcal{H}_\alpha$（或者 $\mathcal{H}_\alpha^\beta$）成立，则存在正常数 c，使得

$$\int_{D_N}|u|^2\mathrm{d}x\leqslant c\int_{D_N}\sigma(x)|\nabla u|^2\mathrm{d}x,\quad u\in C_0^\infty(D_N). \tag{4.6}$$

注记 4.1　文献[24,57]指出，在有界情形，式(4.6)对 $\alpha\in(0,2]$ 都成立；而 $\alpha=2$ 被看成是“临界情形”，也就是说，对($\mathcal{H}_\alpha$)中的 $\alpha>2$，则存在函数使得式(4.6)不成立. 而在无界域时，如果($\mathcal{H}_\alpha^\beta$)中的 $\beta\leqslant 2$，那么式(4.6)一般都不成立.

设 $N\geqslant 2$ 和 $\alpha\in(0,2)$. 引入临界指数 2_α^*，

$$2_\alpha^*=\begin{cases}\dfrac{4}{\alpha}\in(2,+\infty), & \text{如果 }\alpha\in(0,2),N=2,\\[2mm] \dfrac{2N}{N-2+\alpha}\in\left(2,\dfrac{2N}{N-2}\right), & \text{如果 }\alpha\in(0,2),N\geqslant 3.\end{cases} \tag{4.7}$$

给出两个重要的嵌入定理，见文献[24,57].

命题 4.2　设 $D_N\subset\mathbb{R}^N$，$N\geqslant 2$ 为有界域，σ 满足$(\mathcal{H}_\alpha)$，则

i)嵌入 $D_0^{1,2}(D_N,\sigma)\hookrightarrow L_\alpha^{2^*}(D_N)$是连续的；

ii)嵌入 $D_0^{1,2}(D_N,\sigma)\hookrightarrow L^p(D_N)$，$p\in[1,2_\alpha^*)$是紧的.

命题 4.3　设 $D_N\subset\mathbb{R}^N$，$N\geqslant 2$ 为无界域，σ 满足$(\mathcal{H}_\alpha^\beta)$，则

i)嵌入 $D_0^{1,2}(D_N,\sigma)\hookrightarrow L^p(D_N)$，$p\in[2_\beta^*,2_\alpha^*]$是连续的；

ii)嵌入 $D_0^{1,2}(D_N,\sigma)\hookrightarrow L^p(D_N)$，$p\in(2_\beta^*,2_\alpha^*)$，其中 $2_\beta^*=\dfrac{2N}{N-2+\beta}$是紧的.

注记 4.2　注意到，如果$(\mathcal{H}_\alpha)$或者$\mathcal{H}_\alpha^\beta$ 成立，那么嵌入 $D_0^{1,2}(D_N,\sigma)\hookrightarrow L^2(D_N)$是紧的. 因为 $\beta>2$ 推得 $2_\beta^*<2$，故 $2\in(2_\beta^*,2_\alpha^*)$. 然而，由于 σ 没有在 $L_{loc}^\infty(D_N)$空间中，所以一般来说，$D_0^{1,2}(D_N,\sigma)$空间和标准 Sobolev 空间 $H_0^1(D_N)$之间没有任何嵌入关系.

定义算子

$$Au=-\operatorname{div}(\sigma(x)\nabla u).$$

在假设$(\mathcal{H}_\alpha)$或者$\mathcal{H}_\alpha^\beta$ 下，算子 A 为正定的自伴算子，其定义域为

$$\mathrm{D}(A)=\{u\in D_0^{1,2}(D_N,\sigma);Au\in L^2(D_N)\},$$

其中 $D_0^{1,2}(D_N,\sigma)$为 Hilbert 空间. 并且 A 的特征向量$\{\boldsymbol{e}_j\}_{j=1}^\infty$为空间 $L^2(D_N)$和 $D_0^{1,2}(D_N,\sigma)$中存在的完全的正交簇，其相应的特征值$\{\lambda_j\}_{j=1}^\infty$满足

$$(\boldsymbol{e}_i,\boldsymbol{e}_j)_{L^2}=\delta_{ij},\quad A\boldsymbol{e}_j=\lambda_j\boldsymbol{e}_j,i,j=1,2,\cdots,$$

和

$$0<\lambda_1<\lambda_2<\cdots,\quad \lambda_j\to+\infty\text{ 当 }j\to+\infty.$$

而且

$$\lambda_1=\inf\left\{\frac{\|u\|_\sigma^2}{|u|^2};u\in D_0^{1,2}(D_N,\sigma),u\neq 0\right\}.$$

根据普映射定理，可以定义算子 A 的幂 A^s，记定义域为 $\mathrm{D}(A^s)$. 对每一个 $s>0$，算子 A^s 仍然为 $L^2(D_N)$空间的正定的自伴算子，具有稠密的定义域 $\mathrm{D}(A^s)\subset L^2(D_N)$. 尤其，函数空间 $\mathrm{D}(A^s)$能够被 A 的标准特征向量表示，即

$$\mathrm{D}(A^s)=\left\{u=\sum_{j=1}^\infty(u,\boldsymbol{e}_j)_{L^2}\boldsymbol{e}_j;\ \|u\|_{\mathrm{D}(A^s)}^2=\sum_{j=1}^\infty(u,\boldsymbol{e}_j)_{L^2}^2\lambda_j^{2s}<+\infty\right\},$$

且 $\mathrm{D}(A^s)$是范数为 $\|.\|_{\mathrm{D}(A^s)}$ 及内积为 $(u,v)_{\mathrm{D}(A^s)}=(A^su,A^sv)_{L^2}$ 的 Hilbert 空间.

记 $V_{2s}=\mathrm{D}(A^s)$，则 $\mathrm{D}(A^{-1/2})$为 $D_0^{-1,2}(D_N,\sigma)=D_0^{1,2}(D_N,\sigma)$的对偶空间，$\mathrm{D}(A^0)=L^2(D_N)$，$\mathrm{D}(A^{1/2})=D_0^{1,2}(D_N,\sigma)$. 并且当 $s_1>s_2$ 时，投影 $V_{2s_1}\subset V_{2s_2}$是紧的和稠密的，见文献[89]. 进一步定义 $\mathrm{D}^q(A)=\{u\in D_0^{1,2}(D_N,\sigma);Au\in L^q(D_N)\}$.

4.2　加法噪声情形

本节讨论带加法噪声的随机方程(4.1)生成的随机动力系统的吸引子问题. 为此，需定义距离动力系统 $\vartheta=(\Omega,F,P,(\vartheta_t)_{t\in\mathbb{R}})$，其中$(\Omega,F,P)$如本章开头部分所述，$\vartheta_t$，$t\in\mathbb{R}$为时间转移算子：对 $\omega\in\Omega$，

$$\vartheta_t:\Omega\to\Omega,\quad \omega\mapsto\vartheta_t\omega(.)=\omega(t+.)-\omega(t).$$

设

$$dz_j+\lambda z_j dt = dW_j(t). \tag{4.8}$$

其唯一解

$$z_j(t)=z_j(\vartheta_t\omega_j)=-\lambda\int_{-\infty}^{0} e^{\lambda s}(\vartheta_t\omega_j)(s)ds,\quad t\in\mathbb{R}, \tag{4.9}$$

称为 Ornstein-Uhlenbeck 过程,见文献[33]. 映射 $t\mapsto z(\vartheta_t\omega_j)$连续且呈线性增长,即

$$\lim_{|t|\to\infty}\frac{|z_j(\vartheta_t\omega_j)|}{|t|}=0.$$

设 $z(t)=z(\vartheta_t\omega)=\sum_{j=1}^{m}\phi_j z_j(\vartheta_t\omega_j)$,则 $dz+\lambda z dt=\sum_{j=1}^{m}\phi_j dW_j$,映射 $t\mapsto z(\vartheta_t\omega)$ 也呈线性增长. 如果定义 $u(t,\omega;\tau,u_0)=v(t,\omega;\tau,u_0-z(\vartheta_\tau\omega))+z(\vartheta_t\omega)$,其中 $v(t,\omega;\tau,u_0-z(\vartheta_\tau\omega)),t\geqslant\tau$ 为以下方程的解

$$\frac{dv}{dt}+\lambda v+Av+f(v+z(\vartheta_t\omega))=-Az(\vartheta_t\omega), \tag{4.10}$$

初值条件

$$v(\tau,x)=v_0=u_0-z(\vartheta_\tau\omega), \tag{4.11}$$

则 $u(t,\omega;\tau,u_0)$为方程(4.1)的解.

需要假定对固定的 $j(j=1,2,\cdots,m)$,方程(4.1)中的参数 ϕ_j 满足

$$\phi_j\in L^2(D_N)\cap D(A)\cap D^p(A)\cap D^{2p-2}(A)\cap L^\infty(D_N).$$

则根据 Sobolev 插值不等式,有

$$\phi_j\in L^p(D_N)\cap L^{2p-2}(D_N)\cap L^{3p-4}(D_N),\quad p>2.$$

根据标准的 Faedo-Galerkin 逼近方法,有

定理 4.1 若 f 满足式(4.3)至式(4.5),$v_0\in L^2(D_N)$,$\tau<T$,则

i)方程(4.10)和方程(4.11)存在唯一的弱解 $v(.,\omega;\tau,v_0)$

$$v\in C(\tau,T;L^2(D_N))\cap L^2(\tau,T;D_0^{1,2}(D_N,\sigma))\cap L^{2p-2}(\tau,T;D_N),$$

初始值 $v_0=v(\tau,\omega;\tau,v_0)$.

ii)如果 $v_0\in D_0^{1,2}(D_N,\sigma)$,那么

$$v\in C(\tau,T;D_0^{1,2}(D_N,\sigma))\cap L^2(\tau,T;D(A))\cap L^{2p-2}(\tau,T;D_N).$$

iii)$v_0\mapsto v(t,\omega;\tau,v_0)$在 $L^2(D_N)$空间连续,$t\geqslant\tau$.

定义

$$\psi(t-\tau,\vartheta_\tau\omega,v_0)=v(t,\omega;\tau,v_0),\quad t\geqslant\tau,\omega\in\Omega, \tag{4.12}$$

$$\varphi(t-\tau,\vartheta_\tau\omega,u_0)=v(t,\omega;\tau,u_0-z(\vartheta_\tau\omega))+z(\vartheta_t\omega),\quad t\geqslant\tau,\omega\in\Omega, \tag{4.13}$$

则 ψ 为 $L^2(D_N)$上定义的连续随机动力系统,因此,ψ 为 $D_0^{1,2}(D_N,\sigma)$空间上的拟连续随机动力系统. 明显地,

$$\psi(t,\vartheta_{-t}\omega,v_0)=v(0,\omega;-t,v_0),\quad t\geqslant 0. \tag{4.14}$$

在这里,我们引入了两个随机动力系统的对偶原理.

命题 4.4(文献[58]) 设 φ 和 ψ 分别为空间$(X,\|.\|_X)$和$(Y,\|.\|_Y)$上的两个随机动力系统,ψ 存在$\mathfrak{D}_Y$ 随机吸引子 A_Y. φ 和 ψ 定义在同一个距离动力系统 $\vartheta=(\Omega,F,P,\vartheta_t)$上. 对任意的 $\omega\in\Omega$,设转移变换 $T(\omega,.)$是 Y 到 X 的同胚,使得

$$\varphi(t,\omega,.)=T(\vartheta_t\omega,\psi(t,\omega,T^{-1}(\omega,.))).$$

假定对所有的 $y\in Y$，映射 $\omega\mapsto T(\omega,y)$ 可测，对任意的 $x\in X$，$\omega\mapsto T^{-1}(\omega,x)$ 可测. 设 $\mathfrak{D}_X$ 为 X 的全集，使得 $D_X\in\mathfrak{D}_X$，

$$T^{-1}(\omega,D_X)\in\mathfrak{D}_Y,$$

这里 $\mathfrak{D}_Y$ 是 Y 的全集. 则 $T(\omega,A_Y)$ 为随机动力系统 φ 在 X 中的 $\mathfrak{D}_X$-吸引子.

注意到这里的 $T(\omega,x)=x+z(\omega)$ 满足命题 4.4 中的所有特征. 因此，只需证明随机动力系统 ψ 的吸引子的存在性即可.

4.2.1　$D_0^{1,2}(D_N,\sigma)$-光滑吸引子

本节中，我们假设 $\beta_1<\lambda$，这里 β_1 如式(4.3). 记 $\gamma=\lambda-\beta_1$，则 $\lambda>\gamma>0$.

设 $\mathfrak{D}$ 为 $D_0^{1,2}(D_N,\sigma)$ 中的非闭子集构成的集合，使得

$$e^{\frac{\gamma}{2}\tau}d(D(\vartheta_\tau\omega))\to 0,\quad 当\ \tau\to-\infty,\tag{4.15}$$

其中 $d(D(\vartheta_\tau\omega))=\sup\limits_{u\in D(\vartheta_\tau\omega)}|u|$.

本节中的 c 为仅仅依赖 $\alpha_i(i=1,2)$，$\beta_i(1,2,3)$，λ，p 的正常数. 通常把初始值为 v_0 的解 $v(t,\omega;\tau,v_0)$ 简写为 $v(t)$. 首先给出方程的解分别在空间 $D_0^{1,2}(D_N)$，$L^p(D_N)$ 和 $L^{2p-2}(D_N)$ 中的有界估计.

引理 4.1　假设 f 满足式(4.3)至式(4.5)，$\mathfrak{D}$ 由式(4.15)给出，$D=\{D(\omega)\}_{\omega\in\Omega}\in\mathfrak{D}$，$v_0\in D(\vartheta_\tau\omega)$. 则存在正的随机常数 $\varrho_i(\omega)(i=1,2,3)$，$T=T(D,\omega)<-3$ 使得对所有的 $\tau\leqslant T$，方程(4.10)、方程(4.11)的解 $v(t,\omega;\tau,v_0)$ 满足

$$\|v(t,\omega;\tau,v_0)\|_\sigma^2\leqslant\varrho_1(\omega),\quad t\in[-2,0],\tag{4.16}$$

$$|v(t,\omega;\tau,v_0)|_p^p\leqslant\varrho_2(\omega),\quad t\in[-2,0],\tag{4.17}$$

$$|v(t,\omega;\tau,v_0)|_{2p-2}^{2p-2}\leqslant\varrho_3(\omega),\quad t\in[-1,0].\tag{4.18}$$

证明　首先证明式(4.16). 需要证明一些能量不等式，用 v 与式(4.10)的两边作内积得到

$$\frac{1}{2}\frac{\mathrm{d}}{\mathrm{d}t}|v|^2+\lambda|v|^2+\|v\|_\sigma^2+\int_{D_N}f(v+z(\vartheta_t\omega))v\mathrm{d}x=-\int_{D_N}Az(\vartheta_t\omega)v\mathrm{d}x,\tag{4.19}$$

这里

$$\int_{D_N}Az(\vartheta_t\omega)v\mathrm{d}x\leqslant\frac{\lambda-\beta_1}{2}|v|^2+c|Az(\vartheta_t\omega)|^2.\tag{4.20}$$

处理非线性项，利用式(4.3)、式(4.4)得

$$\begin{aligned}f(v+z(\vartheta_t\omega))v&=f(u)u-f(u)z(\vartheta_t\omega)\\&\geqslant\alpha_1|u|^p-\beta_1|u|^2-\alpha_2|u|^{p-1}|z(\vartheta_t\omega)|-\beta_2|u||z(\vartheta_t\omega)|\\&\geqslant\frac{1}{2}\alpha_1|u|^p-\beta_1|u|^2-c(|z(\vartheta_t\omega)|^p+|z(\vartheta_t\omega)|^2).\end{aligned}\tag{4.21}$$

注意 $|u|^p\geqslant 2^{1-p}|v|^p-|z(\vartheta_t\omega)|^p$，则从式(4.21)得

$$f(v+z(\vartheta_t\omega))v\geqslant\frac{\alpha_1}{2^p}|v|^p-2\beta_1|v|^2-c(|z(\vartheta_t\omega)|^p+|z(\vartheta_t\omega)|^2),\tag{4.22}$$

故

$$\int_{D_N}f(v+z(\vartheta_t\omega))v\mathrm{d}x\geqslant\frac{\alpha_1}{2^p}|v|_p^p-2\beta_1|v|^2-c(|z(\vartheta_t\omega)|_p^p+|z(\vartheta_t\omega)|^2).\tag{4.23}$$

从式(4.19)、式(4.20)和式(4.23)得

$$\frac{\mathrm{d}}{\mathrm{d}t}|v|^2+\gamma|v|^2+\|v\|_\sigma^2+\frac{\alpha_1}{2^p}|v|^p\leqslant H_1(\vartheta_t\omega),\tag{4.24}$$

其中 $\gamma=\lambda-\beta_1$,

$$H_1(\vartheta_t\omega)=c(|z(\vartheta_t\omega)|_p^p+|z(\vartheta_t\omega)|^2+|Az(\vartheta_t\omega)|^2).\tag{4.25}$$

用 Av 与式(4.10)的两端作内积得

$$\frac{1}{2}\frac{\mathrm{d}}{\mathrm{d}t}\|v\|_\sigma^2+\lambda\|v\|_\sigma^2+|Av|^2+\int_{D_N}f(v+z(\vartheta_t\omega))Av\mathrm{d}x=-\int_{D_N}Az(\vartheta_t\omega)Av\mathrm{d}x.\tag{4.26}$$

先运用式(4.5)再运用式(4.4)得

$$\begin{aligned}\int_{D_N}f(v+z(\vartheta_t\omega))Av\mathrm{d}x&=\int_{D_N}f(u)Au\mathrm{d}x-\int_{D_N}f(u)Az(\vartheta_t\omega)\mathrm{d}x\\&=\int_{D_N}f'(u)\sigma(x)|\nabla u|^2\mathrm{d}x-\int_{D_N}f(u)Az(\vartheta_t\omega)\mathrm{d}x\\&\geqslant-\beta_3\|u\|_\sigma^2-\alpha_2\int_{D_N}|u|^{p-1}|Az(\vartheta_t\omega)|\mathrm{d}x-\beta_2\int_{D_N}|u||Az(\vartheta_t\omega)|\mathrm{d}x\\&\geqslant-c(\|u\|_\sigma^2+|u|_p^p)-c(|Az(\vartheta_t\omega)|_p^p+|Az(\vartheta_t\omega)|^2)\\&\geqslant-c(\|v\|_\sigma^2+|v|_p^p)-c(|Az(\vartheta_t\omega)|_p^p+|Az(\vartheta_t\omega)|^2+\\&\quad\|z(\vartheta_t\omega)\|_\sigma^2+|z(\vartheta_t\omega)|_p^p).\end{aligned}\tag{4.27}$$

对式(4.26)右端的第一项,有

$$-\int_{D_N}Az(\vartheta_t\omega)Av\mathrm{d}x\leqslant\frac{1}{2}|Av|^2+c|Az(\vartheta_t\omega)|^2.\tag{4.28}$$

从式(4.26)至式(4.28)并注意 $\lambda>\gamma$,得

$$\frac{\mathrm{d}}{\mathrm{d}t}\|v\|_\sigma^2+\gamma\|v\|_\sigma^2+|Av|^2\leqslant c(\|v\|_\sigma^2+|v|_p^p)+H_2(\vartheta_t\omega),\tag{4.29}$$

其中

$$H_2(\vartheta_t\omega)=c(|Az(\vartheta_t\omega)|_p^p+|Az(\vartheta_t\omega)|^2+\|z(\vartheta_t\omega)\|_\sigma^2+|z(\vartheta_t\omega)|_p^p).$$

运用引理 1.4 到式(4.29),取 $t\in[-2,0]$,$\tau<-3$,得

$$\begin{aligned}\|v(t)\|_\sigma^2&\leqslant\mathrm{e}^{-\gamma t}\left(\frac{1}{t-\tau}\int_\tau^t\mathrm{e}^{\gamma s}\|v(s)\|_\sigma^2\mathrm{d}s+c\int_\tau^t\mathrm{e}^{\gamma s}(\|v(s)\|_\sigma^2+|v(s)|_p^p)\mathrm{d}s+\int_\tau^t\mathrm{e}^{\gamma s}H_2(\vartheta_s\omega)\mathrm{d}s\right)\\&\leqslant c\left(\int_\tau^t\mathrm{e}^{\gamma s}(\|v(s)\|_\sigma^2+|v(s)|_p^p)\mathrm{d}s+\int_{-\infty}^0\mathrm{e}^{\gamma s}H_2(\vartheta_s\omega)\mathrm{d}s\right).\end{aligned}\tag{4.30}$$

这里用到 $\mathrm{e}^{-\gamma t}\leqslant\mathrm{e}^{2\gamma},0<\frac{1}{t-\tau}\leqslant1,t\in[-2,0]$. 另一方面,在式(4.24)的两端同乘以 $\mathrm{e}^{\gamma s}$,然后在区间$[\tau,t]$上积分,其中 $t\in[-2,0]$,$\tau<-3$,得

$$\begin{aligned}\int_\tau^t\mathrm{e}^{\gamma s}(\|v(s)\|_\sigma^2+|v(s)|_p^p)\mathrm{d}s&\leqslant c\mathrm{e}^{\gamma\tau}|v_0|^2+c\int_\tau^t\mathrm{e}^{\gamma s}H_1(\vartheta_s\omega)\mathrm{d}s\\&\leqslant c\mathrm{e}^{\gamma\tau}|v_0|^2+c\int_{-\infty}^0\mathrm{e}^{\gamma s}H_1(\vartheta_s\omega)\mathrm{d}s.\end{aligned}\tag{4.31}$$

则从式(4.30)、式(4.31)可得,对所有的 $t\in[-2,0]$,$\tau<-3$,成立

$$\|v(t)\|_\sigma^2\leqslant c\left(\mathrm{e}^{\gamma\tau}|v_0|^2+\int_{-\infty}^0\mathrm{e}^{\gamma s}H_1(\vartheta_s\omega)\mathrm{d}s+\int_{-\infty}^0\mathrm{e}^{\gamma s}H_2(\vartheta_s\omega)\mathrm{d}s\right).\tag{4.32}$$

注意 $H_i(\vartheta_t\omega)(t)(i=1,2,3,4)$至多 $3p-4$ 次多项式增长,于是有

$$0 \leqslant \int_{-\infty}^{0} e^{\gamma s} H_i(\vartheta_s\omega)\mathrm{d}s < +\infty, \quad i = 1,2,3,4.$$

令

$$\varrho_1(\omega) = 1 + c\int_{-\infty}^{0} e^{\gamma s}(H_1(\vartheta_s\omega) + H_2(\vartheta_s\omega))\mathrm{d}s, \quad \omega \in \Omega.$$

则当初值 $v_0 \in D(\vartheta_\tau\omega)$，存在 $T = T(D,\omega) < -3$，使得

$$\| v(t,\omega;\tau,v_0) \|_\sigma^2 \leqslant \varrho_1(\omega), \tag{4.33}$$

对所有的 $t \in [-2,0]$ 成立. 至此，式(4.16)得证.

接着证明式(4.17). 鉴于此，对式(4.10)的两端用 $|v|^{p-2}v$ 作内积可得

$$\frac{1}{p}\frac{\mathrm{d}}{\mathrm{d}t}|v|_p^p + \lambda|v|_p^p + \int_{D_N} Av|v|^{p-2}v\mathrm{d}x + \int_{D_N} f(v + z(\vartheta_t\omega))|v|^{p-2}v\mathrm{d}x$$
$$= -\int_{D_N} Az(\vartheta_t\omega)|v|^{p-2}v\mathrm{d}x. \tag{4.34}$$

我们看到

$$\begin{aligned}\int_{D_N} Av|v|^{p-2}v\mathrm{d}x &= \int_N \sigma(x)\nabla v.\nabla(|v|^{p-2}v)\mathrm{d}x \\ &= \int_{D_N}\sigma(x)\nabla v(p-2)|v|^{p-4}v^2\nabla v\mathrm{d}x + \int_{D_N}\sigma(x)\nabla v|v|^{p-2}\nabla v\mathrm{d}x \\ &= (p-2)\int_{D_N}\sigma(x)|v|^{p-4}v^2|\nabla v|^2\mathrm{d}x + \int_{D_N}\sigma(x)|v|^{p-2}|\nabla v|^2\mathrm{d}x \geqslant 0.\end{aligned} \tag{4.35}$$

另一方面，使用式(4.22)可得

$$\begin{aligned}\int_{D_N} f(v + z(\vartheta_t\omega))|v|^{p-2}v\mathrm{d}x &\geqslant \frac{\alpha_1}{2^p}\int_{D_N}|v|^{2p-2}\mathrm{d}x - c\int_{D_N}|v|^p\mathrm{d}x - \\ &\quad c\int_{D_N}(|z(\vartheta_t\omega)|^p|v|^{p-2} + |z(\vartheta_t\omega)|^2|v|^{p-2})\mathrm{d}x \\ &\geqslant \frac{\alpha_1}{2^{p+1}}|v|_{2p-2}^{2p-2} - c|v|_p^p - c(|z(\vartheta_t\omega)|_{2p-2}^{2p-2} + |z(\vartheta_t\omega)|_p^p).\end{aligned} \tag{4.36}$$

式(4.34)右端的项估计为

$$-\int_{D_N} Az(\vartheta_t\omega)|v|^{p-2}v\mathrm{d}x \leqslant \frac{\alpha_1}{2^{p+2}}|v|_{2p-2}^{2p-2} + c|Az(\vartheta_t\omega)|^2. \tag{4.37}$$

于是从式(4.34)至式(4.37)可得

$$\frac{\mathrm{d}}{\mathrm{d}t}|v|_p^p + \gamma|v|_p^p + \frac{\alpha_1}{2^{p+2}}|v|_{2p-2}^{2p-2} \leqslant c|v|_p^p + H_3(\vartheta_t\omega), \tag{4.38}$$

这里

$$H_3(\vartheta_t\omega) = c(|z(\vartheta_t\omega)|_{2p-2}^{2p-2} + |z(\vartheta_t\omega)|_p^p + |Az(\vartheta_t\omega)|^2).$$

运用引理 1.4 到式(4.28)，可得到当 $t \in [-2,0]$ 和 $\tau < -3$ 时，

$$\begin{aligned}|v(t)|_p^p &\leqslant e^{-\gamma t}\left(\frac{1}{-2-\tau}\int_\tau^t e^{\gamma s}|v(s)|_p^p\mathrm{d}s + c\left(\int_\tau^t e^{\gamma s}|v(s)|_p^p\mathrm{d}s + \int_\tau^t e^{\gamma s}H_3(\vartheta_s\omega)\mathrm{d}s\right)\right) \\ &\leqslant c\left(\int_\tau^t e^{\gamma s}|v(s)|_p^p\mathrm{d}s + \int_{-\infty}^0 e^{\gamma s}H_3(\vartheta_s\omega)\mathrm{d}s\right).\end{aligned} \tag{4.39}$$

把式(4.31)用到式(4.39)中可看到

$$|v(t)|_p^p \leqslant c\left(e^{\gamma\tau}|v_0|^2 + c\int_{-\infty}^0 e^{\gamma s}(H_1(\vartheta_s\omega) + H_3(\vartheta_s\omega))ds\right), \tag{4.40}$$

这表明对所有的初值 $v_0 \in D(\vartheta_\tau\omega)$，存在 $T_2 = T_2(D,\omega) < -3$，使得对所有的 $\tau \leqslant T_2$ 和 $t \in [-2,0]$，

$$|v(t,\omega;\tau,v_0)|_p^p \leqslant \varrho_2(\omega), \tag{4.41}$$

其中

$$\varrho_2(\omega) = 1 + c\int_{-\infty}^0 e^{\gamma s}(H_1(\vartheta_s\omega) + H_3(\vartheta_s\omega))ds < +\infty.$$

最后证明式(4.18). 对式(4.10)的两端用 v^{2p-3} 作内积得

$$\frac{1}{2p-2}\frac{d}{dt}|v|_{2p-2}^{2p-2} + \lambda|v|_{2p-2}^{2p-2} + \int_{D_N} Avv^{2p-3}dx + \int_{D_N} f(v + z(\vartheta_t\omega))v^{2p-3}dx$$

$$= -\int_{D_N} Az(\vartheta_t\omega)v^{2p-3}dx, \tag{4.42}$$

这里容易验证

$$\int_{D_N} Avv^{2p-3}dx \geqslant 0, \tag{4.43}$$

$$\int_{D_N} Az(\vartheta_t\omega)v^{2p-3}dx \leqslant \frac{\lambda}{2}|v|_{2p-2}^{2p-2} + c|Az(\vartheta_t\omega)|_{2p-2}^{2p-2}. \tag{4.44}$$

由式(4.22)，非线性项估计为

$$\int_{D_N} f(v + z(\vartheta_t\omega))v^{2p-4}v dx \geqslant \frac{\alpha_1}{2^p}\int_{D_N}|v|^{3p-4}dx - c\int_{D_N} v^{2p-2}dx -$$

$$c\int_{D_N}(|z(\vartheta_t\omega)|^p v^{2p-4} + |z(\vartheta_t\omega)|^2 v^{2p-4})dx$$

$$\geqslant -c|v|_{2p-2}^{2p-2} - c(|z(\vartheta_t\omega)|_{3p-4}^{3p-4} + |z(\vartheta_t\omega)|_{2p-2}^{2p-2}). \tag{4.45}$$

因此，从式(4.42)至式(4.45)可得

$$\frac{d}{dt}|v|_{2p-2}^{2p-2} + \gamma|v|_{2p-2}^{2p-2} \leqslant c|v|_{2p-2}^{2p-2} + H_4(\vartheta_t\omega), \tag{4.46}$$

这里

$$H_4(\vartheta_t\omega) = c(|z(\vartheta_t\omega)|_{3p-4}^{3p-4} + |z(\vartheta_t\omega)|_{2p-2}^{2p-2} + |Az(\vartheta_t\omega)|_{2p-2}^{2p-2}).$$

在区间 $[-2,t]$ 上运用引理1.4到式(4.46)，其中 $t \in [-1,0]$，推得

$$|v(t)|_{2p-2}^{2p-2} = ce^{-\gamma t}\left(\frac{t+3}{t+2}\int_{-2}^t e^{\gamma s}|v(s)|_{2p-2}^{2p-2}ds + \int_{-2}^t e^{\gamma s}H_4(\vartheta_s\omega)ds\right)$$

$$\leqslant c\left(\int_{-2}^0 |v(s)|_{2p-2}^{2p-2}ds + \int_{-2}^0 H_4(\vartheta_s\omega)ds\right). \tag{4.47}$$

这里用到 $0 < \frac{t+3}{t+2} \leqslant 3, t \in [-1,0]$ 以及 $0 < e^{2\gamma s} \leqslant 1, s \in [-2,0]$. 另一方面对式(4.38)关于 t 在区间 $[-2,0]$ 上积分，并结合式(4.41)，得

$$\int_{-2}^0 |v(t)|_{2p-2}^{2p-2}dt \leqslant c\left(\int_{-2}^0 |v(t)|_p^p dt + \int_{-2}^0 H_3(\vartheta_t\omega)dt\right) + |v(-2)|_p^p$$

$$\leqslant c\left(\int_{-2}^0 H_3(\vartheta_t\omega)dt + \varrho_2(\omega)\right). \tag{4.48}$$

因此从式(4.47)和式(4.48)得

$$|v(t,\omega;\tau,v_0)|_{2p-2}^{2p-2} \leqslant \varrho_3(\omega) := c\left(\int_{-2}^0 H_3(\vartheta_s\omega)ds + \int_{-2}^0 H_4(\vartheta_s\omega)ds + \varrho_2(\omega)\right) \quad t \in [-1,0].$$

取 $T=\min\{T_1,T_2\}$. 证毕.

要考虑随机系统在 $D_0^{1,2}(D_N,\sigma)$ 空间上吸引子问题,我们的思想是把加权空间 $D_0^{1,2}(D_N,\sigma)$ 分解为一个有限维空间和它的正交补无穷维空间,使得方程的解可以分解为两部分,其中一部分在有限维空间中有界,另一部分在无穷维空间上趋于零. 此时,称方程的解满足 Flattening 条件或者 C 条件,见文献[59,122].

设 $H_m=\text{span}\{\boldsymbol{e}_1,\boldsymbol{e}_2,\cdots,\boldsymbol{e}_m\}\subset D_0^{1,2}(D_N,\sigma)$, $P_m:D_0^{1,2}(D_N,\sigma)\to H_m$ 为正交投影, I 为单位算子. 则对每一个 $v\in D_0^{1,2}(D_N,\sigma)$, v 有唯一分解 $v=P_mv+v_m$, 这里

$$P_mv=\sum_{j=1}^{m}(v,\boldsymbol{e}_j)_{L^2}\boldsymbol{e}_j\in H_m,\quad v_m=(I-P_m)v=\sum_{j=m+1}^{+\infty}(v,\boldsymbol{e}_j)_{L^2}\boldsymbol{e}_j\in H_m^{\perp},$$

即 $D_0^{1,2}(D_N,\sigma)=H_m\oplus H_m^{\perp}$.

引理 4.2　假设 f 满足式(4.3)至式(4.5), $\mathfrak{D}$ 由式(4.15)给出, $D=\{D(\omega)\}_{\omega\in\Omega}\in\mathfrak{D}$, $v_0\in D(\vartheta_\tau\omega)$. 则对 $\omega\in\Omega$ 和任意的 $\eta>0$, 存在随机常数 $N=N(\omega,\eta)\in Z^+$ 和 $T=T(D,\omega)<-3$, 使得 $\tau\leqslant T$ 和 $m\geqslant N$, 方程(4.10)和方程(4.11)的解 $v(t,\omega;\tau,v_0)$ 满足

$$\|(I-P_m)v(0,\omega;\tau,v_0)\|_\sigma\leqslant\eta.$$

证明　首先,利用假设式(4.4)得

$$\begin{aligned}\int_{D_N}f(u)Av_m\mathrm{d}x&\leqslant\frac{1}{4}|Av_m|^2+\int_{D_N}|f(u)|^2\mathrm{d}x\\&\leqslant\frac{1}{4}|Av_m|^2+2\left(\alpha_2^2\int_{D_N}|u|^{2p-2}\mathrm{d}x+\beta_2^2\int_{D_N}|u|^2\mathrm{d}x\right)\\&\leqslant\frac{1}{4}|Av_m|^2+c(|v|_{2p-2}^{2p-2}+|v|^2+|z(\vartheta_t\omega)|_{2p-2}^{2p-2}+|z(\vartheta_t\omega)|^2).\end{aligned}\tag{4.49}$$

对式(4.10)的两端用 Av_m 作内积,得

$$\frac{\mathrm{d}}{\mathrm{d}t}\|v_m\|_\sigma^2+|Av_m|^2\leqslant-2\int_{D_N}f(u)Av_m\mathrm{d}x-2\int_{D_N}Az(\vartheta_t\omega)Av_m\mathrm{d}x.\tag{4.50}$$

于是根据式(4.49)和式(4.50)有

$$\frac{\mathrm{d}}{\mathrm{d}t}\|v_m\|_\sigma^2+\lambda_{m+1}\|v_m\|_\sigma^2\leqslant c(|v|_{2p-2}^{2p-2}+|v|^2)+H_5(\vartheta_t\omega),\tag{4.51}$$

这里

$$H_5(\vartheta_t\omega)=c(|z(\vartheta_t\omega)|_{2p-2}^{2p-2}+|z(\vartheta_t\omega)|^2)+|Az(\vartheta_t\omega)|^2).$$

在区间[−1,0]运用引理 1.4 到式(4.51)得到

$$\begin{aligned}\|v_m(0)\|_\sigma^2\leqslant&\int_{-1}^{0}\mathrm{e}^{\lambda_{m+1}s}\|v_m(s)\|_\sigma^2\mathrm{d}s+\\&c\left(\int_{-1}^{0}\mathrm{e}^{\lambda_{m+1}s}|v(s)|_{2p-2}^{2p-2}\mathrm{d}s+\int_{-1}^{0}\mathrm{e}^{\lambda_{m+1}s}|v(s)|^2\mathrm{d}s+\int_{-1}^{0}\mathrm{e}^{\lambda_{m+1}s}H_5(\vartheta_s\omega)\mathrm{d}s\right).\end{aligned}\tag{4.52}$$

现估计式(4.52)右端的每一项. 利用式(4.16)可知,存在随机常数 $T=T(D,\omega)<-3$, 使得对每一个 $\tau\leqslant T$,

$$\int_{-1}^{0}\mathrm{e}^{\lambda_{m+1}s}\|v_m(s)\|_\sigma^2\mathrm{d}s\leqslant\int_{-1}^{0}\mathrm{e}^{\lambda_{m+1}s}\|v(s)\|_\sigma^2\mathrm{d}s\leqslant\int_{-1}^{0}\mathrm{e}^{\lambda_{m+1}s}\varrho_1(\omega)\mathrm{d}s\leqslant\frac{\varrho_1(\omega)}{\lambda_{m+1}}.\tag{4.53}$$

由式(4.18)可知,式(4.42)右端的第二项可估计为

$$\int_{-1}^{0}\mathrm{e}^{\lambda_{m+1}s}|v(s)|_{2p-2}^{2p-2}\mathrm{d}s\leqslant\int_{-1}^{0}\mathrm{e}^{\lambda_{m+1}s}|v(s)|_{2p-2}^{2p-2}\mathrm{d}s\leqslant\frac{\varrho_3(\omega)}{\lambda_{m+1}}.\tag{4.54}$$

进一步利用命题 4.1 和式(4.16)推得

$$\int_{-1}^{0} e^{\lambda_{m+1}s}|v(s)|^2 ds \leqslant \int_{-1}^{0} e^{\lambda_{m+1}s}\|v(s)\|_\sigma^2 ds \leqslant \varrho_1(\omega)\int_{-1}^{0} e^{\lambda_{m+1}s} ds \leqslant \frac{c\,\varrho_1(\omega)}{\lambda_{m+1}}. \tag{4.55}$$

容易看出

$$\int_{-1}^{0} e^{\lambda_{m+1}s} H_5(\vartheta_s\omega) ds \leqslant \frac{\max\limits_{-1\leqslant s\leqslant 0}\{H_5(\vartheta_s\omega)\}}{\lambda_{m+1}}. \tag{4.56}$$

现合并式(4.52)至式(4.56)得

$$\|v_m(0)\|_\sigma^2 \leqslant \frac{c(\varrho_1(\omega)+\varrho_3(\omega)+\max\limits_{-1\leqslant s\leqslant 0}\{H_5(\vartheta_s\omega)\})}{\lambda_{m+1}}. \tag{4.57}$$

注意到当 $m\to\infty$ 时,λ_{m+1} 增加到无穷大,则从式(4.57)推得存在 $N=N(\eta,\omega)\in Z^+$ 和 $T=T(D,\omega)<-3$,使得对所有的 $\tau\leqslant T$ 和 $m\geqslant N$,

$$\|(I-P_m)v(0,\omega;\tau,v_0)\|_\sigma \leqslant \eta,$$

并对所有的 $v_0\in D(\vartheta_\tau\omega)$ 一致.

定理 4.2 假设 f 满足式(4.3)至式(4.5),$\mathfrak{D}$ 由式(4.15)给出. 则方程(4.10)和方程(4.11)生成的随机动力系统 ψ 存在唯一的紧 $\mathfrak{D}$-吸引子 $A_0=\{A_0(\omega);\omega\in\Omega\}\subset D_0^{1,2}(D_N,\sigma)$,在 $D_0^{1,2}(D_N,\sigma)$ 空间拓扑下吸引 $\mathfrak{D}$ 的每一个元.

证明 从式(4.16)可推知,对每一个 $v_0\in D(\vartheta_\tau\omega)$,存在随机常数 $T=T(D,\omega)<-3$,使得对所有的 $\tau\leqslant T$,

$$\|v(0,\omega;\tau,v_0)\|_\sigma^2 \leqslant \varrho_1(\omega). \tag{4.58}$$

结合式(4.14)也可以说,对所有的 $\tau\leqslant T$,

$$\|\psi(t,\vartheta_{-t}\omega,v_0)\|_\sigma^2 \leqslant \varrho_1(\omega), \tag{4.59}$$

于是,给出了一个 $\mathfrak{D}$-随机吸收集

$$K_0(\omega)=\{v\in D_0^{1,2}(D_N,\sigma);\ \|v\|_\sigma^2\leqslant \varrho_1(\omega)\},\quad \omega\in\Omega.$$

事实上,易证 $\varrho_1(\omega)$ 满足式(4.15),且 $\{K_0(\omega)\}_{\omega\in\Omega}\in\mathfrak{D}$. 根据式(4.59)也可以得到

$$\|P_m\psi(t,\vartheta_{-t}\omega,v_0)\|_\sigma^2 \leqslant \|\psi(t,\vartheta_{-t}\omega,v_0)\|_\sigma^2 \leqslant \varrho_1(\omega), \tag{4.60}$$

这里 P_m 为投影算子.

另一方面根据引理 4.2 可知,对任意的 $\eta>0$,存在随机常数 $N_1=N_1(\eta,\omega)\in Z^+$ 和 $T_2=T_2(D,\omega)>3$,使得对所有的 $t\geqslant T_2$ 和 $m\geqslant N_1$,

$$\|(I-P_m)\psi(t,\vartheta_{-t}\omega,v_0)\|_\sigma \leqslant \eta. \tag{4.61}$$

固定 $m=m_0\geqslant N_1$. 则运用 Kuratowski 非紧性测度的可加性(见文献[62]),从式(4.60)和式(4.51)得到,对 $\omega\in\Omega$ 和 $t\geqslant T_2$,

$$\begin{aligned}\kappa\Big(\bigcup_{t\geqslant T}\psi(t,\vartheta_{-t}\omega,D(\vartheta_{-t}\omega))\Big) &\leqslant \kappa\Big(P_{m_0}\bigcup_{t\geqslant T}\psi(t,\vartheta_{-t}\omega,D(\vartheta_{-t}\omega))\Big)+\\ &\quad \kappa\Big((I-P_{m_0})\bigcup_{t\geqslant T}\psi(t,\vartheta_{-t}\omega,D(\vartheta_{-t}\omega))\Big)\\ &\leqslant 0+\kappa(B(0,\eta))=2\eta,\end{aligned}$$

这里 $B(0,\eta)$ 为 $D_0^{1,2}(D_N,\sigma)$ 空中数字 0 的 η 邻域. 这表明 ψ 是 Omega-极限紧的. 定理 2.1 和定理 2.3 的条件满足. 结果得证.

4.2.2　$L^{\varpi}(D_N)$-可积吸引子($\varpi\in[2,2p-2]$)

首先,根据定理4.2和连续嵌入 $D_0^{1,2}(D_N,\sigma)\to L^2(D)$,可直接得到 $A_0(\omega)$ 也是 ψ 在 $L^2(D_N)$ 空间上的吸引子,并且 A_0 在 $L^2(D_N)$ 空间拓扑下吸引 $\mathfrak{D}$ 中的每一个元. 即有

定理 4.3　假设 f 满足式(4.3)至式(4.5),$\mathfrak{D}$ 由式(4.15)给出. 则定理4.2中得到的随机吸引子 $A_0=\{A_0(\omega);\omega\in\Omega\}$ 也是方程(4.10)和方程(4.11)生成的随机动力系统 ψ 在 $L^2(D_N)$ 空间上的唯一 $\mathfrak{D}$-吸引子.

接下来,考虑在 $L^{\varpi}(D_N)$ 空间上吸引子的存在性问题,这里 $\varpi\in(2,2p-2]$.

为了书写方便,记

$$D_N(|v(t)|>M)=\{x\in D_N;|v(t)|>M\}$$

$$D_i^+=\{x\in D_N;v(t)>iM\}\text{ 和 }D_i^-=\{x\in D_N;v(t)\leqslant -iM\},\quad i=1,2.$$

引理 4.3　假设 f 满足式(4.3)至式(4.5),$\mathfrak{D}$ 由式(4.15)给出,$D=\{D(\omega)\}_{\omega\in\Omega}\in\mathfrak{D}$,$v_0\in D(\vartheta_{\tau}\omega)$. 则对 $\omega\in\Omega$ 和任意的 $\eta>0$,存在随机常数 $c=c(\omega)>0$,$T=T(\eta,D,\omega)>0$ 和 $M=M(\eta,D,\omega)>0$,使得对所有的 $t\geqslant T$,ψ 满足

$$\sup_{v_0\in D(\vartheta_{-t}\omega)}\int_{D_N(|\psi(t,\vartheta_{-t}\omega,v_0)|\geqslant M)}|\psi(t,\vartheta_{-t}\omega,v_0)|^2\mathrm{d}x\leqslant c\eta.$$

证明　根据定理4.3可知,对 $v_0\in D(\vartheta_{-t}\omega)$,

$$\lim_{t\to+\infty}d(\psi(t,\vartheta_{-t}\omega,v_0),A_0(\omega))=0,$$

这里 d 为 $L^2(D_N)$ 空间上的Hausdorff半距离. 这暗示了存在 $T=T(\eta,D,\omega)>0$ 使得对所有的 $t\geqslant T$ 和 $\omega\in\Omega$,

$$\psi(t,\vartheta_{-t}\omega,v_0)\subset N_{\eta}(A_0(\omega)),$$

这里 $N_{\eta}(A_0(\omega))$ 是 $A_0(\omega)$ 在 $L^2(D_N)$ 空间的 η-邻域. 由 $A_0(\omega)$ 的紧性推知,

$$\sup_{v_0\in D(\vartheta_{-t}\omega)}\bigcup_{t\geqslant T}\psi(t,\vartheta_{-t}\omega,v_0),$$

存在有限 η-网. 根据文献[122]的引理2.5,存在正常数 $M=M(\eta,D,\omega)$,使得对所有的 $t\geqslant T$ 和每一个 $\omega\in\Omega$,

$$\sup_{v_0\in D(\vartheta_{-t}\omega)}\int_{D_N(|\psi(t,\vartheta_{-t}\omega,v_0)|\geqslant M)}|\psi(t,\vartheta_{-t}\omega,v_0)|^2\mathrm{d}x\leqslant c\eta,$$

这里 $c>0$ 独立于 η. 证毕.

引理 4.4　假设 f 满足式(4.3)至式(4.5),$\mathfrak{D}$ 由式(4.15)给出,$D=\{D(\omega)\}_{\omega\in\Omega}\in\mathfrak{D}$,$v_0\in D(\vartheta_{\tau}\omega)$. 则对 $\omega\in\Omega$ 和任意的 $\eta>0$,存在随机常数 $c=c(\omega)>0$,$T=T(D,\omega)<-3$ 和 $M=M(\eta,\omega)>0$,使得对所有的 $\tau\leqslant T$,方程的解 $v(t,\omega;\tau,v_0)$ 满足

$$\int_{D_N(|v(t,\omega;\tau,v_0)|\geqslant M)}|v(t,\omega;\tau,v_0)|^{2p-2}\mathrm{d}x\leqslant c\eta,\quad t\in[-\frac{1}{2},0],$$

这里 $p>2$.

此处的证明思路来自文献[79,122],类似的证明见文献[62,67,108,115],然而在证明中我们没有使用引理4.3的结果,因此,这里的方法更优.

证明　预先取 $t\in[-1,0]$ 和 $M>E(\omega)=\max\limits_{-1\leqslant t\leqslant 0}\{\|z(\vartheta_t\omega)\|L^{\infty}(D_N)\}$,这里 $E(\omega)$ 对每一个 $\omega\in\Omega$ 有限. 对式(4.10)的两端同乘 $(v-M)^{2p-3}$,并在 D_N 上积分可得

$$\frac{1}{2p-2}\frac{\mathrm{d}}{\mathrm{d}t}|(v-M)_+|_{2p-2}^{2p-2}+\lambda\int_{D_N}v(v-M)_+^{2p-3}\,\mathrm{d}x+\int_{D_N}Av(v-M)_+^{2p-3}\,\mathrm{d}x+$$
$$\int_{D_N}f(u)(v-M)_+^{2p-3}\,\mathrm{d}x=-\int_{D_N}Az(\vartheta_t\omega)(v-M)_+^{2p-3}\,\mathrm{d}x,\quad(4.62)$$

这里$(v-M)_+$为$v-M$的正值部分，即

$$(v-M)_+=\begin{cases}v-M, & \text{如果 } v>M;\\ 0, & \text{如果 } v\leqslant M.\end{cases}$$

明显地，

$$\int_{D_N}Av(v-M)_+^{2p-3}\,\mathrm{d}x=(2p-3)\int_{D_N}\sigma(x)(v-M)_+^{2p-4}\ |\nabla v|^2\mathrm{d}x\geqslant 0,\quad(4.63)$$

$$\lambda\int_{D_N}v(v-M)_+^{2p-3}\,\mathrm{d}x\geqslant\lambda\int_{D_N}(v-M)_+^{2p-2}\,\mathrm{d}x.\quad(4.64)$$

如果$v\geqslant M$，那么$u=v+z(\vartheta_t\omega)>0,t\in[-1,0]$，故由假设式(4.3)有

$$f(u)\geqslant\alpha_1|u|^{p-1}-\beta_1|u|,\quad x\in D_1^+,$$

由此并结合$|u|^{p-1}\geqslant 2^{2-p}|v|^{p-1}-|z(\vartheta_t\omega)|^{p-1}$得到

$$f(u)\geqslant\alpha_1 2^{2-p}|v|^{p-1}-\alpha_1 2^{2-p}|z(\vartheta_t\omega)|^{p-1}-\beta_1|v|-\beta_1|z(\vartheta_t\omega)|,\quad x\in D_1^+.\quad(4.65)$$

另一方面，

$$|v|^{p-1}\geqslant|v|^{p-2}(v-M)\geqslant M^{p-2}(v-M),\quad x\in D_1^+.\quad(4.66)$$

把式(4.65)右端分为相等的两部分，其中一部分运用式(4.66)产生

$$f(u)\geqslant\alpha_1 2^{1-p}M^{p-2}(v-M)+\alpha_1 2^{1-p}|v|^{p-1}$$
$$-\beta_1|v|-c|z(\vartheta_t\omega)|^{p-1}-\beta_1|z(\vartheta_t\omega)|,\quad(4.67)$$

在D_1^+上成立. 因此，式(4.67)表明

$$\int_{D_1^+}f(u)(v-M)^{2p-3}\mathrm{d}x\geqslant\alpha_1 2^{1-p}M^{p-2}\int_{D_1^+}(v-M)^{2p-2}\mathrm{d}x+$$
$$\alpha_1 2^{1-p}\int_{D_1^+}|v|^{p-1}(v-M)^{2p-3}\mathrm{d}x-\beta_1\int_{D_1^+}v(v-M)^{2p-3}\mathrm{d}x-$$
$$c\int_{D_1^+}|z(\vartheta_t\omega)|^{p-1}(v-M)^{2p-3}\mathrm{d}x-$$
$$\beta_1\int_{D_1^+}|z(\vartheta_t\omega)|(v-M)^{2p-3}\mathrm{d}x,\quad(4.68)$$

这里$t\in[-1,0]$，c是非随机常数. 注意到

$$\alpha_1 2^{1-p}\int_{D_1^+}|v|^{p-1}(v-M)^{2p-3}\mathrm{d}x\geqslant\alpha_1 2^{1-p}\int_{D_1^+}(v-M)^{3p-4}\mathrm{d}x,\quad(4.69)$$

$$\beta_1\int_{D_1^+}v(v-M)^{2p-3}\mathrm{d}x\leqslant\beta_1|v|_{2p-2}^{2p-2},\quad(4.70)$$

$$c\int_{D_1^+}|z(\vartheta_t\omega)|^{p-1}(v-M)^{2p-3}\mathrm{d}x\leqslant\alpha_1 2^{1-p}\int_{D_1^+}(v-M)^{3p-4}\mathrm{d}x+c|z(\vartheta_t\omega)|_{3p-4}^{3p-4},\quad(4.71)$$

$$\beta_1\int_{D_1^+}|z(\vartheta_t\omega)|(v-M)^{2p-3}\mathrm{d}x\leqslant c|v|_{2p-2}^{2p-2}+c|z(\vartheta_t\omega)|_{2p-2}^{2p-2}.\quad(4.72)$$

因此，从式(4.68)至式(4.72)推得

$$\int_{D_1^+}f(u)(v-M)^{2p-3}\mathrm{d}x\geqslant\alpha_1 2^{1-p}M^{p-2}|(v-M)_+|_{2p-2}^{2p-2}-c|v|_{2p-2}^{2p-2}-$$
$$c(|z(\vartheta_t\omega)|_{2p-2}^{2p-2}+|z(\vartheta_t\omega)|_{3p-4}^{3p-4}),\quad(4.73)$$

这里 $t\in[-1,0]$. 同时式(4.62)右边的项估计为

$$\int_{D_N} Az(\vartheta_t\omega)(v-M)_+^{2p-3}\,\mathrm{d}x \leqslant \lambda\int_{D_N}(v-M)_+^{2p-2}\,\mathrm{d}x + c\,|Az(\vartheta_t\omega)|_{2p-2}^{2p-2} \tag{4.74}$$

这里 $t\in[-1,0]$,$c>0$ 为独立于 M 的非随机常数. 现在合并式(4.63)、式(4.64)和式(4.73)、式(4.74)到不等式(4.62)中,得

$$\frac{\mathrm{d}}{\mathrm{d}t}|(v-M)_+|_{2p-2}^{2p-2}+\delta|(v-M)_+|_{2p-2}^{2p-2}\leqslant c\,|v|_{2p-2}^{2p-2}+H_6(\vartheta_t\omega), \tag{4.75}$$

这里 $t\in[-1,0]$,$\delta=\delta(M)=\alpha_1M^{p-2}2^{1-p}$ 随 M 而变化,

$$H_6(\vartheta_t\omega)=c(|z(\vartheta_t\omega)|_{2p-2}^{2p-2}+|z(\vartheta_t\omega)|_{3p-4}^{3p-4}+|Az(\vartheta_t\omega)|_{2p-2}^{2p-2}).$$

在区间$[-1,t]$($t\in[-\frac{1}{2},0]$)上运用引理 1.4 到不等式(4.75)中,发现

$$\begin{aligned}|(v(t)-M)_+|_{2p-2}^{2p-2}&\leqslant \mathrm{e}^{-\delta t}\Big(\frac{1}{t+1}\int_{-1}^{t}\mathrm{e}^{\delta s}|(v(s)-M)_+|_{2p-2}^{2p-2}\mathrm{d}s+\\&\qquad c\int_{-1}^{t}\mathrm{e}^{\delta s}(H_6(\vartheta_s\omega)+|v(s)|_{2p-2}^{2p-2})\mathrm{d}s\Big)\\&\leqslant c\mathrm{e}^{-\delta t}\Big(\int_{-1}^{t}\mathrm{e}^{\delta s}|v(s)|_{2p-2}^{2p-2}\mathrm{d}s+\int_{-1}^{t}\mathrm{e}^{\delta s}H_6(\vartheta_s\omega)\mathrm{d}s\Big).\end{aligned} \tag{4.76}$$

由引理 4.1 知,存在随机常数 $T_1=T_1(D,\omega)<-3$,使得对所有的 $t\in[-1,0]$,

$$|v(t,\omega;\tau,v_0)|_{2p-2}^{2p-2}\leqslant \varrho_3(\omega) \tag{4.77}$$

对所有的初值 $v_0\in D(\vartheta_\tau\omega)$ 和 $\tau\leqslant T_1$ 成立. 因此,由式(4.76)和式(4.77)可得

$$|(v(t,\omega;\tau,v_0)-M)_+|_{2p-2}^{2p-2}\leqslant\frac{c}{\delta}\Big(\varrho_3(\omega)+\max_{-1\leqslant s\leqslant 0}\{H_6(\vartheta_s\omega)\}\Big), \tag{4.78}$$

对所有的初值 $v_0\in D(\vartheta_\tau\omega)$ 和 $\tau\leqslant T_1$ 成立. 由于 $\delta=\alpha_1M^{p-2}2^{1-p}$ 随 $M\to+\infty$ 增加,故我们能选取充分大的 $M=M_1=M_1(\eta,\omega)$,使得

$$\frac{c}{\delta}\Big(\varrho_3(\omega)+\max_{-1\leqslant s\leqslant 0}\{H_6(\vartheta_s\omega)\}\Big)\leqslant\eta,$$

由此和式(4.78)得,对每一个 $t\in[-\frac{1}{2},0]$,

$$|(v(t,\omega;\tau,v_0)-M_1)_+|_{2p-2}^{2p-2}\leqslant\eta, \tag{4.79}$$

对所有的初值 $v_0\in D(\vartheta_\tau\omega)$ 和 $\tau\leqslant T_1$ 成立.

注意:如果 $v(t)\geqslant 2M_1$,则 $v(t)-M_1\geqslant\frac{v(t)}{2}$ 和 $D_1^+\supset D_2^+$. 于是,从式(4.79)可得,对每一个 $t\in[-\frac{1}{2},0]$,$v_0\in D(\vartheta_\tau\omega)$ 和 $\tau\leqslant T_1$,

$$\int_{D_N(v(t)\geqslant 2M_1)}|v(t)|^{2p-2}\mathrm{d}x\leqslant 2^{2p-2}|(v(t)-M_1)_+|_{2p-2}^{2p-2}\leqslant c\eta. \tag{4.80}$$

采取类似于获得式(4.80)同样的技术,用$(v+M)_-^{2p-3}$代替$(v-M)_+^{2p-3}$,这里$(v+M)_-$是 $v+M$ 的负的部分,推得存在充分大的随机正常数 $T_2=T_2(D,\omega)$ 和 $M_2=M_2(\eta,D,\omega)$,使得对每一个 $t\in[-\frac{1}{2},0]$,$v_0\in D(\vartheta_\tau\omega)$ 和 $\tau\leqslant T_1$,

$$\int_{D_N(v(t)\leqslant -2M_2)}|v(t)|^{2p-2}\mathrm{d}x\leqslant c\eta. \tag{4.81}$$

取 $T=\min\{T_1,T_2\}$. 则式(4.80)和式(4.81)对 $\tau\leqslant T$ 同时成立. 记 $M=\max\{M_1,M_2\}$. 则对 $t\in[-\frac{1}{2},0]$,$v_0\in D(\vartheta_\tau\omega)$ 和 $\tau\leqslant T_1$,

$$\int_{D_N(|v(t)|\geqslant 2M)}|v(t)|^{2p-2}\mathrm{d}x=\int_{D_N(v(t)\geqslant 2M)}|v(t)|^{2p-2}\mathrm{d}x+\int_{D_N(v(t)\leqslant -2M)}|v(t)|^{2p-2}\mathrm{d}x$$
$$\leqslant\int_{D_N(v(t)\geqslant 2M_1)}|v(t)|^{2p-2}\mathrm{d}x+\int_{D_N(v(t)\leqslant -2M_2)}|v(t)|^{2p-2}\mathrm{d}x$$
$$\leqslant c\eta,$$

这里的字母 $c>0$ 独立于 η 的非随机常数. 证毕.

定理 4.4　假设 f 满足式(4.3)至式(4.5),$\mathfrak{D}$由式(4.15)给出. 则由方程(4.10)和方程(4.11)生成的随机动力系统 ψ 在 $L^{\varpi}(D_N)$空间上存在唯一的吸引子 $A_{\varpi}=\{A_{\varpi}(\omega);\omega\in\Omega\}$,这里$\varpi\in[2,2p-2]$以及

$$\frac{1}{\varpi}=\frac{\varepsilon}{2}+\frac{1-\varepsilon}{2p-2},\quad \varepsilon\in[0,1].$$

证明　如果$\varpi=2$,那么定理 4.3 已经得到了该结果. 因此,下面证$\varpi\in(2,2p-2]$,其中 $p>2$. 运用 Sobolev 插值和不等式(4.16)和式(4.18)可知,对每一个 $D=\{D(\omega)\}_{\omega\in\Omega}\in\mathfrak{D}$,存在常数 $T=T(\eta,D,\omega)\geqslant 0$ 使得对所有的 $t\geqslant T$,

$$|\psi(t,\vartheta_{-t}\omega,D(\vartheta_{-t}\omega))|_{\varpi}\leqslant(\varrho_1(\omega))^{\frac{\varepsilon}{2}}(\varrho_3(\omega))^{\frac{1-\varepsilon}{2p-2}}:=\varrho(\omega).$$

这暗示了集合

$$K_{\varpi}(\omega)=\{v\in L^{\varpi}(D_N):|v|_{\varpi}\leqslant\varrho(\omega)\},\quad \omega\in\Omega$$

吸收$\mathfrak{D}$中的每一个集.

另一方面根据引理 4.4,对任意的 $\eta>0$ 和每一个 $D=\{D(\omega)\}_{\omega\in\Omega}\in\mathfrak{D}$,存在正常数 $c=c(\omega)$,$M=M(\eta,D,\omega)$和 $T=T(D,\omega)$,使得对所有的 $t\geqslant T$,

$$\sup_{v_0\in D(\vartheta_{-t}\omega)}\int_{D_N(|\psi(t,\vartheta_{-t}\omega,v_0)|\geqslant M)}|\psi(t,\vartheta_{-t}\omega,v_0)|^{2p-2}\mathrm{d}x\leqslant c\eta,\quad \omega\in\Omega.$$

于是 Sobolev 插值可运用到区域$\mathcal{O}=D_N(|\varphi(t,\vartheta_{-t}\omega,v_0)|\geqslant M)$上,再联系到引理 4.3 可得

$$\int_{D_N(|\psi(t,\vartheta_{-t}\omega,v_0)|\geqslant M)}|\psi(t,\vartheta_{-t}\omega,v_0)|^{\varpi}\mathrm{d}x$$
$$\leqslant\left(\int_{D_N(|\psi(t,\vartheta_{-t}\omega,v_0)|\geqslant M)}|\psi(t,\vartheta_{-t}\omega,v_0)|^{2}\mathrm{d}x\right)^{\frac{\varepsilon\varpi}{2}}\times$$
$$\left(\int_{D_N(|\psi(t,\vartheta_{-t}\omega,v_0)|\geqslant M)}|\psi(t,\vartheta_{-t}\omega,v_0)|^{2p-2}\mathrm{d}x\right)^{\frac{(1-\varepsilon)\varpi}{2p-2}}$$
$$\leqslant c\eta,\quad \omega\in\Omega.$$

最后利用定理 2.4 和定理 2.5 得到需要的结论.

注记 4.3　i)对 $\omega\in\Omega$ 和$\varpi\in[2,2p-2]$,$A_0(\omega)=A_{\varpi}(\omega)$,其中 $A_0=\{A_0(\omega);\omega\in\Omega\}$为 $D_0^{1,2}(D_N,\sigma)$空间的$\mathfrak{D}$-吸引子.

ii)根据命题 4.4,由方程(4.1)生成的随机动力系统 φ 存在唯一的随机吸引子$\hat{A}=\{\hat{A}(\omega);\omega\in\Omega\}$,其中$\hat{A}(\omega)=A_{\varpi}(\omega)+z(\omega)$,$\omega\in\Omega$.

4.3　乘法噪声情形

注意随机过程 $\zeta(t)=\zeta(\omega(t))=e^{-\sum_{j=1}^{m}b_j\omega_j(t)}$ 满足

$$\mathrm{d}\zeta(t) = -\sum_{j=1}^{m} b_j \zeta(t) \circ \mathrm{d}\omega_j(t).$$

作变量代换 $v(t)=\zeta(t)u(t)$，其中 $u(t)$ 为方程(4.2)的解，则 $v(t)$ 满足方程

$$\frac{\mathrm{d}v}{\mathrm{d}t} + \lambda v + Av + \zeta f(\zeta^{-1}v) = \zeta g, \tag{4.82}$$

初值条件为

$$v(x,\tau) = v_\tau(x) = \zeta(\tau)u_\tau(x). \tag{4.83}$$

类似于定理4.1的讨论，方程(4.82)和方程(4.83)在 $L^2(D_N)$ 空间适定. 即当 f 满足式(4.3)至式(4.5)，$g\in L^2(D_N)$ 以及 $v_\tau\in L^2(D_N)$，$\tau<T$ 时，

i)方程(4.82)和方程(4.83)存在唯一的弱解

$$v \in C(\tau,T;L^2(D_N)) \cap L^2(\tau,T;D_0^{1,2}(D_N,\sigma)) \cap L^p(\tau,T;L^p(D_N)).$$

ii)如果 $v_\tau\in D_0^{1,2}(D_N,\sigma)$，那么

$$v \in C(\tau,T;D_0^{1,2}(D_N,\sigma)) \cap L^2(\tau,T;D(A)) \cap L^p(\tau,T;L^p(D_N)).$$

iii)映射 $v_\tau \mapsto v(t,\omega;v_\tau)$ 在 $L^2(D_N)$ 空间连续.

于是，定义

$$\varphi(t-\tau,\theta_\tau\omega,u_0) = \zeta^{-1}(t)v(t,\omega;\zeta(\tau)u_\tau), \quad \omega\in\Omega. \tag{4.84}$$

则 φ 是空间 $L^2(D_N)$ 上的连续随机动力系统，因此是 $D_0^{1,2}(D_N,\sigma)$ 空间上的拟连续随机动力系统，且成立

$$\varphi(t,\theta_{-t}\omega,u_0) = u(0,\omega;u_{-t}), \quad t\geqslant 0. \tag{4.85}$$

4.3.1 解的渐近估计

本小节中，如果 D_N 无界，则假定 $\beta_1<\lambda$，这里 β_1 如同式(4.3)，并记 $\gamma=\lambda-\beta_1$. 当 D_N 有界，该假定取消，此时记 $\gamma=\lambda$.

定义吸引域$\mathfrak{D}$为空间 $D_0^{1,2}(D_N,\sigma)$ 中的非空闭子集构成的集合，使得

$$\mathrm{e}^{\gamma\tau}\zeta^2(\tau)d^2(D(\theta_\tau\omega)) \to 0 \quad 当\ \tau\to-\infty, \tag{4.86}$$

这里 $d(D(\theta_\tau\omega)) = \sup\limits_{u\in D(\theta_\tau\omega)} |u|$. 明显地，$D$ 包含闭的.

由于 $\zeta(t)$ 在区间$[-2,0]$上连续，故存在有限常数 $E,F>0$，使得

$$E\leqslant\zeta(t)\leqslant F, \quad -2\leqslant t\leqslant 0. \tag{4.87}$$

下面给出方程(4.82)和方程(4.83)的解分别在区间 $D_0^{1,2}(D_N,\sigma)$，$L^p(D_N)$ 和 $L^{2p-2}(D_N)$ 的有界性估计. 字母 c 为正常数，仅仅依赖于 $\alpha_i(i=1,2)$，$\beta_i(i=1,2,3)$，λ，p，E，F 和范数 $|g|$，$|g|_{2p-2}$.

引理 4.5 假设 $g\in L^2(D_N)\cap L^{2p-2}(D_N)$，$f$ 满足式(4.3)至式(4.5). 则对 $\omega\in\Omega$，方程(4.82)和方程(4.83)的解 $v(t,\omega;\zeta(\tau)u_\tau)$ 满足对所有的 $t\geqslant\tau$，

$$\frac{\mathrm{d}}{\mathrm{d}t}|v|^2 + \lambda|v|^2 + \|v\|_\sigma^2 + \alpha_1\zeta^{2-p}|v|_p^p \leqslant \beta_1|v|^2 + c\zeta^2, \tag{4.88}$$

$$\frac{\mathrm{d}}{\mathrm{d}t}\|v\|_\sigma^2 + \lambda\|v\|_\sigma^2 \leqslant c(\|v\|_\sigma^2 + \zeta^2), \tag{4.89}$$

$$\frac{\mathrm{d}}{\mathrm{d}t}|v|_p^p + 2\lambda|v|_p^p + \alpha_1\zeta^{2-p}|v|_{2p-2}^{2p-2} \leqslant c(|v|_p^p + \zeta^p), \tag{4.90}$$

$$\frac{\mathrm{d}}{\mathrm{d}t}|v|_{2p-2}^{2p-2}+2\lambda|v|_{2p-2}^{2p-2}\leqslant c(|v|_{2p-2}^{2p-2}+\zeta^{2p-2}). \tag{4.91}$$

证明 为估计式(4.88)，对式(4.82)的两端用 v 在 $L^2(D_N)$ 中作内积，发现

$$\frac{1}{2}\frac{\mathrm{d}}{\mathrm{d}t}|v|^2+\lambda|v|^2+\|v\|_\sigma^2+\zeta\int_{D_N}f(\zeta^{-1}v)v\mathrm{d}x=\zeta\int_{D_N}gv\mathrm{d}x, \tag{4.92}$$

这里根据式(4.3)有

$$\zeta\int_{D_N}f(\zeta^{-1}v)v\mathrm{d}x=\zeta^2\int_{D_N}f(u)u\mathrm{d}x\geqslant\alpha_1\zeta^{2-p}|v|_p^p-\beta_1|v|^2, \tag{4.93}$$

利用 ε-Young 不等式得，

$$\zeta\int_{D_N}gv\mathrm{d}x\leqslant\frac{\lambda-\beta_1}{2}|v|^2+c\zeta^2|g|^2. \tag{4.94}$$

合并式(4.92)至式(4.94)可得不等式(4.88).

接下来证明不等式(4.89). 为此，对式(4.82)的两端用 Av 在 $L^2(D_N)$ 中作内积，得

$$\frac{1}{2}\frac{\mathrm{d}}{\mathrm{d}t}\|v\|_\sigma^2+\lambda\|v\|_\sigma^2+|Av|^2+\zeta\int_{D_N}f(\zeta^{-1}v)Av\mathrm{d}x=\zeta\int_{D_N}gAv\mathrm{d}x, \tag{4.95}$$

这里根据式(4.5)可得，

$$\zeta\int_{D_N}f(\zeta^{-1}v)Av\mathrm{d}x=\zeta\int_{D_N}\sigma(x)\frac{\partial f}{\partial u}\nabla u\nabla v\mathrm{d}x\geqslant-\beta_3\|v\|_\sigma^2, \tag{4.96}$$

利用 ε-Young 不等式，

$$\zeta\int_{D_N}gAv\mathrm{d}x\leqslant\frac{1}{2}|Av|^2+c\zeta^2|g|^2. \tag{4.97}$$

则不等式(4.89)由式(4.95)至式(4.97)得出.

为了估计不等式(4.90)，对式(4.82)的两端用 $|v|^{p-2}v$ 在 $L^2(D_N)$ 中作内积，有

$$\frac{1}{p}\frac{\mathrm{d}}{\mathrm{d}t}|v|_p^p+\lambda|v|_p^p+\int_{D_N}Av|v|^{p-2}v\mathrm{d}x+\zeta\int_{D_N}f(\zeta^{-1}v)|v|^{p-2}v\mathrm{d}x=\zeta\int_{D_N}|v|^{p-2}vg\mathrm{d}x. \tag{4.98}$$

易知

$$\int_{D_N}Av|v|^{p-2}v\mathrm{d}x\geqslant 0. \tag{4.99}$$

利用假定式(4.3)，容易得到

$$\zeta f(\zeta^{-1}v)v=\zeta^2f(u)u\geqslant\alpha_1\zeta^2|u|^p-\beta_1\zeta^2|u|^2=\alpha_1\zeta^{2-p}|v|^p-\beta_1|v|^2, \tag{4.100}$$

于是

$$\zeta\int_{D_N}f(\zeta^{-1}v)|v|^{p-2}v\mathrm{d}x\geqslant\alpha_1\zeta^{2-p}\int_{D_N}|v|^{2p-2}\mathrm{d}x-\beta_1\int_{D_N}|v|^p\mathrm{d}x. \tag{4.101}$$

另一方面运用 ε-Young 不等式可推得

$$\zeta\int_{D_N}|v|^{p-2}vg\mathrm{d}x\leqslant\frac{\alpha_1}{2}\int_{D_N}\zeta^{2-p}|v|^{2p-2}\mathrm{d}x+c|g|^2\zeta^p. \tag{4.102}$$

因此，从式(4.98)、式(4.99)和式(4.101)、式(4.102)可得

$$\frac{\mathrm{d}}{\mathrm{d}t}|v|_p^p+\lambda p|v|_p^p+\alpha_1p\zeta^{2-p}\int_{D_N}|v|^{2p-2}\mathrm{d}x\leqslant\beta_1\int_{D_N}|v|^p\mathrm{d}x+c\zeta^p, \tag{4.103}$$

于是，式(4.90)得证.

最后证式(4.91). 对式(4.82)的两端用 v^{2p-3} 在 $L^2(D_N)$ 中作内积，得到

$$\frac{1}{2p-2}\frac{\mathrm{d}}{\mathrm{d}t}|v|_{2p-2}^{2p-2}+\lambda|v|_{2p-2}^{2p-2}+\int_{D_N}Avv^{2p-3}\mathrm{d}x+\zeta\int_{D_N}f(\zeta^{-1}v)v^{2p-3}\mathrm{d}x=\zeta\int_{D_N}gv^{2p-3}\mathrm{d}x, \tag{4.104}$$

其中

$$\int_{D_N}Avv^{2p-3}\mathrm{d}x\geqslant 0, \tag{4.105}$$

$$\zeta\int_{D_N}gv^{2p-3}\mathrm{d}x\leqslant\frac{\lambda}{2}|v|_{2p-2}^{2p-2}+c\zeta^{2p-2}|g|_{2p-2}^{2p-2}. \tag{4.106}$$

利用式(4.100)可得

$$\zeta\int_{D_N}f(\zeta^{-1}v)v^{2p-4}v\mathrm{d}x\geqslant\alpha_1\zeta^{2-p}\int_{D_N}|v|^{3p-4}\mathrm{d}x-\beta_1\int_{D_N}v^{2p-2}\mathrm{d}x. \tag{4.107}$$

因此从式(4.104)至式(4.107)推得

$$\frac{\mathrm{d}}{\mathrm{d}t}|v|_{2p-2}^{2p-2}+2\lambda(p-1)|v|_{2p-2}^{2p-2}\leqslant c(|v|_{2p-2}^{2p-2}+\zeta^{2p-2}),$$

于是,式(4.91)得证.

引理 4.6　假设 $g\in L^2(D_N)\cap L^{2p-2}(D_N)$,$f$ 满足式(4.3)至式(4.5),$\mathfrak{D}$由式(4.86)给出,$D=\{D(\omega);\omega\in\Omega\}\in\mathfrak{D}$,$u_\tau\in D(\theta_\tau\omega)$. 则对 $\omega\in\Omega$,存在 $T=T(D,\omega)<-2$,使得对所有的 $\tau\leqslant T$,方程(4.82)和方程(4.83)的解 $v(t,\omega;\zeta(\tau)u_\tau)$满足,

$$\|u(t,\omega;u_\tau)\|_\sigma^2\leqslant c\varrho_1(\omega),\quad t\in[-2,0], \tag{4.108}$$

$$|v(t,\omega;\zeta(\tau)u_\tau)|_p^p\leqslant c\varrho_2(\omega),\quad t\in[-2,0], \tag{4.109}$$

$$|v(t,\omega;\zeta(\tau)u_\tau)|_{2p-2}^{2p-2}\leqslant c(1+\varrho_2(\omega)),\quad t\in[-1,0], \tag{4.110}$$

这里 $v(t)=\zeta(t)u(t)$.

证明　首先假设 D_N 无界. 则从能量不等式(4.89)和引理 1.4 得出,对 $t\in[-2,0]$和 $\tau<-2$,

$$\begin{aligned}\|v(t)\|_\sigma^2&\leqslant \mathrm{e}^{-\lambda t}\left(\frac{1}{t-\tau}\int_\tau^t\mathrm{e}^{\lambda s}\|v(s)\|_\sigma^2\mathrm{d}s+c\left(\int_\tau^t\mathrm{e}^{\lambda s}\|v(s)\|_\sigma^2\mathrm{d}s+\int_\tau^t\mathrm{e}^{\lambda s}\zeta^2(s)\mathrm{d}s\right)\right)\\&\leqslant c\mathrm{e}^{-\gamma t}\left(\frac{1+\tau}{2+\tau}\int_\tau^t\mathrm{e}^{\gamma s}\|v(s)\|_\sigma^2\mathrm{d}s+\int_\tau^t\mathrm{e}^{\gamma s}\zeta^2(s)\mathrm{d}s\right),\end{aligned} \tag{4.111}$$

这里 $\gamma=\lambda-\beta_1<\lambda$. 为了估计式(4.111)的右端的第一项,把式(4.88)改写为

$$\frac{\mathrm{d}}{\mathrm{d}t}|v|^2+\gamma|v|^2+\|v\|_\sigma^2+\frac{1}{2}\alpha_1\zeta^{2-p}|v|_p^p\leqslant c\zeta^2. \tag{4.112}$$

对式(4.112)的两端同乘以 $\mathrm{e}^{\gamma t}$后在区间$[\tau,t]$上积分可得

$$\begin{aligned}\int_\tau^t\mathrm{e}^{\gamma s}\|v(s)\|_\sigma^2\mathrm{d}s&\leqslant\mathrm{e}^{\gamma\tau}|v_0(\tau)|^2+c\int_\tau^t\mathrm{e}^{\gamma s}\zeta^2(s)\mathrm{d}s\\&=\mathrm{e}^{\gamma\tau}\zeta^2(\tau)|u_0(\tau)|^2+c\int_\tau^t\mathrm{e}^{\gamma s}\zeta^2(s)\mathrm{d}s.\end{aligned} \tag{4.113}$$

从式(4.111)和式(4.113)得到,对 $t\in[-2,0]$和 $\tau<-2$,

$$\begin{aligned}\|v(t)\|_\sigma^2&\leqslant c\mathrm{e}^{-\gamma t}\left(\frac{1+\tau}{2+\tau}\mathrm{e}^{\gamma\tau}\zeta^2(\tau)|u_0(\tau)|^2+\frac{3+2\tau}{2+\tau}\int_\tau^t\mathrm{e}^{\gamma s}\zeta^2(s)\mathrm{d}s\right)\\&\leqslant c\mathrm{e}^{-\gamma t}\left(\frac{1+\tau}{2+\tau}\mathrm{e}^{\gamma\tau}\zeta^2(\tau)|u_0(\tau)|^2+\frac{3+2\tau}{2+\tau}\int_{-\infty}^0\mathrm{e}^{\gamma s}\zeta^2(s)\mathrm{d}s\right).\end{aligned} \tag{4.114}$$

如果 D_N 有界,那么由逆嵌入关系 $L^p(D_N)\hookrightarrow L^2(D)$和逆 ε-Young 不等式得

$$\frac{1}{2}\alpha_1\zeta^{2-p}|v|_p^p \geqslant \frac{1}{2}\eta^p\alpha_1\zeta^{2-p}|v|^p \geqslant \beta_1|v|^2 - c\zeta^2,$$

这里 η 为嵌入常数. 因此,也能够得到式(4.112),此时 $\gamma=\lambda$,并且同样得到式(4.114),只不过 $\gamma=\lambda$. 利用标准的讨论,见文献[31],可知

$$\lim_{\tau\to-\infty}\frac{1}{\tau}\sum_{j=1}^{m}b_j\omega_j(\tau)=0,$$

这说明 $s\mapsto e^{\gamma s}\zeta(s)^2$ 在区间 $(-\infty,0]$ 上可积,而且

$$\lim_{\tau\to-\infty}e^{\gamma\tau}\zeta^2(\tau)\to 0. \tag{4.115}$$

则从式(4.114)和式(4.115)知,对每一个 $u_\tau\in D(\theta_\tau\omega)$,存在 $T_1=T_1(D,\omega)<-2$,使得对所有的 $\tau\leqslant T_1$ 和 $t\in[-2,0]$,

$$\|v(t)\|_\sigma^2\leqslant e^{-\gamma t}\varrho_1(\omega), \tag{4.116}$$

这里

$$\varrho_1(\omega)=c\int_{-\infty}^{0}e^{\gamma s}\zeta^2(s)ds<+\infty.$$

于是

$$\|u(t)\|_\sigma^2=\zeta^{-2}(t)\|v(t)\|_\sigma^2\leqslant e^{-\gamma t}\zeta^{-2}(t)\varrho_1(\omega),\quad t\in[-2,0],$$

式(4.108)得以证明.

为证明式(4.109). 运用引理 1.4 到不等式(4.90),可知 $t\in[-2,0]$ 和 $\tau<-2$,

$$\begin{aligned}|v(t)|_p^p &\leqslant e^{-2\gamma t}\left(\frac{1}{-2-\tau}\int_\tau^t e^{2\gamma s}|v(s)|_p^p ds + c\left(\int_\tau^t e^{2\gamma s}|v(s)|_p^p ds+\int_\tau^t e^{2\gamma s}\zeta^p(s)ds\right)\right)\\ &\leqslant ce^{-2\gamma t}\left(\frac{1+\tau}{2+\tau}\int_\tau^t e^{2\gamma s}|v(s)|_p^p ds+\int_{-\infty}^{0}e^{2\gamma s}\zeta^p(s)ds\right).\end{aligned} \tag{4.117}$$

运用式(4.112)和证明式(4.113)相类似的技术,有

$$\begin{aligned}\int_\tau^t e^{\gamma s}\zeta^{2-p}(s)|v(s)|_p^p ds &\leqslant c\int_\tau^t e^{\gamma s}\zeta^2(s)ds+ce^{\gamma\tau}|v_0(\tau)|^2\\ &\leqslant c\left(\int_{-\infty}^{0}e^{\gamma s}\zeta^2(s)ds+e^{\gamma\tau}\zeta^2(\tau)|u_0(\tau)|^2\right).\end{aligned} \tag{4.118}$$

由 $\zeta(s)$ 的特征,知道存在正常数 $h>0$,使得

$$0<\sup_{-\infty<s\leqslant 0}\{e^{\gamma s}\zeta^{p-2}(s)\}\leqslant h,$$

和式(4.118)一起给出

$$\begin{aligned}\int_\tau^t e^{2\gamma s}|v(s)|_p^p ds &= \int_\tau^t (e^{\gamma s}\zeta^{p-2}(s))e^{\gamma s}\zeta^{2-p}(s)|v(s)|_p^p ds\\ &\leqslant h\int_\tau^t e^{\gamma s}\zeta^{2-p}(s)|v(s)|_p^p ds\\ &\leqslant c\left(\int_{-\infty}^{0}e^{\gamma s}\zeta^2(s)ds+e^{\gamma\tau}\zeta^2(\tau)|u_0(\tau)|^2\right).\end{aligned} \tag{4.119}$$

于是,合并式(4.117)和式(4.119)推知

$$|v(t)|_p^p=ce^{-2\gamma t}\left(\frac{1+\tau}{2+\tau}e^{\gamma\tau}\zeta^2(\tau)|u(\tau)|^2+\frac{1+\tau}{2+\tau}\int_{-\infty}^{0}e^{\gamma s}\zeta^2(s)ds+\int_{-\infty}^{0}e^{2\gamma s}\zeta^p(s)ds\right),$$

表明对 $u_\tau\in D(\theta_\tau\omega)$,存在 $T_2=T_2(D,\omega)<-2$,使得对每一个 $\tau\leqslant T_2$ 和 $t\in[-2,0]$,

$$|v(t)|_p^p\leqslant e^{-2\gamma t}\varrho_2(\omega), \tag{4.120}$$

这里

$$\varrho_2(\omega)=c\left(\int_{-\infty}^{0}e^{\gamma s}\zeta^2(s)ds+\int_{-\infty}^{0}e^{2\gamma s}\zeta^p(s)ds\right)<+\infty.$$

最后，证明式(4.110)成立. 在区间$[-2,t]$，$t\in[-1,0]$上使用引理 1.4 得到

$$\begin{aligned}|v(t)|_{2p-2}^{2p-2}&=ce^{-2\gamma t}\left(\frac{t+3}{t+2}\int_{-2}^{t}e^{2\gamma s}|v(s)|_{2p-2}^{2p-2}ds+\int_{-2}^{t}e^{2\gamma s}\zeta^{2p-2}(s)ds\right)\\&\leqslant ce^{-2\gamma t}\left(\int_{-2}^{0}|v(s)|_{2p-2}^{2p-2}ds+\int_{-2}^{0}\zeta^{2p-2}(s)ds\right).\end{aligned}\tag{4.121}$$

这里用到 $0<\frac{t+3}{t+2}\leqslant 3$，$t\in[-1,0]$和 $0<e^{2\gamma s}\leqslant 1$，$s\in[-2,0]$. 另一方面关于 t 对式(4.90)在区间$[-2,0]$上积分，再结合式(4.120)可得，对所有的 $u_\tau\in D(\theta_\tau\omega)$和 $\tau\leqslant T_2$，

$$\begin{aligned}\alpha_1\int_{-2}^{0}\zeta^{2-p}|v(t)|_{2p-2}^{2p-2}dt&\leqslant c\left(\int_{-2}^{0}|v(t)|_p^p dt+\int_{-2}^{0}\zeta^p(t)dt\right)+|v(-2)|_p^p\\&\leqslant c\left(\int_{-2}^{0}\zeta^p(t)dt+\varrho_2(\omega)\right).\end{aligned}\tag{4.122}$$

因此，根据式(4.87)和式(4.122)得

$$\int_{-2}^{0}|v(t)|_{2p-2}^{2p-2}dt\leqslant c(1+\varrho_2(\omega)).$$

这和式(4.121)一起得

$$|v(t)|_{2p-2}^{2p-2}\leqslant ce^{-2\gamma t}(1+\varrho_2(\omega)),\quad t\in[-1,0],$$

对所有的 $\tau\leqslant T_2$ 成立. 取 $T=\min\{T_1,T_2\}$. 证明完成.

4.3.2　$D_0^{1,2}(D_N,\sigma)$-光滑吸引子

引理 4.7　假设 $g\in L^2(D_N)\cap L^{2p-2}(D_N)$，$f$ 满足式(4.3)至式(4.5)，$\mathfrak{D}$由式(4.86)给出，$D=\{D(\omega);\omega\in\Omega\}\in\mathfrak{D}$，$u_\tau\in D(\theta_\tau\omega)$. 则对 $\omega\in\Omega$ 及任意的 $\eta>0$，存在 $N=N(\omega,\eta)\in Z^+$，$T=T(D,\omega)<-2$，使得对所有的 $\tau\leqslant T$ 和 $m\geqslant N$，方程(4.2)的解 $u(t,\omega;u_\tau)$满足

$$\|(I-P_m)u(0,\omega;u_\tau)\|_\sigma\leqslant\eta.$$

证明　首先，利用式(4.4)有

$$\begin{aligned}\zeta\int_{D_N}f(u)Av_m dx&\leqslant\frac{1}{4}|Av_m|^2+\zeta^2\int_{D_N}|f(u)|^2dx\\&\leqslant\frac{1}{4}|Av_m|^2+2\zeta^2\left(\alpha_2^2\int_{D_N}|u|^{2p-2}dx+\beta_2^2\int_{D_N}|u|^2dx\right)\\&\leqslant\frac{1}{4}|Av_m|^2+c\zeta^2(|u|_{2p-2}^{2p-2}+|u|^2).\end{aligned}\tag{4.123}$$

于是，对式(4.82)的两端用 Av_m 在空间 $L^2(D_N)$中作内积，得

$$\frac{d}{dt}\|v_m\|_\sigma^2+|Av_m|^2\leqslant 2\zeta\int_{D_N}f(u)Av_m dx+c\zeta^2|g|^2.\tag{4.124}$$

因此，式(4.123)和式(4.124)暗示了

$$\frac{d}{dt}\|v_m\|_\sigma^2+\lambda_{m+1}\|v_m\|_\sigma^2\leqslant c(\zeta^{4-2p}|v|_{2p-2}^{2p-2}+|v|^2+\zeta^2).\tag{4.125}$$

对式(4.125)在区间$[-1,0]$上运用引理 1.4 得

$$\|v_m(0)\|_\sigma^2\leqslant\int_{-1}^{0}e^{\lambda_{m+1}s}\|v_m(s)\|_\sigma^2ds+c\left(\int_{-1}^{0}e^{\lambda_{m+1}s}\zeta^{4-2p}(s)|v(s)|_{2p-2}^{2p-2}ds+\int_{-1}^{0}e^{\lambda_{m+1}s}|v(s)|^2ds+\int_{-1}^{0}e^{\lambda_{m+1}s}\zeta^2(s)ds\right).\tag{4.126}$$

根据式(4.108)，存在常数 $T=T(D,\omega)<-2$ 使得对所有的 $\tau\leqslant T$，

$$\int_{-1}^{0} e^{\lambda_{m+1}s}\|v_m(s)\|_\sigma^2 ds\leqslant\int_{-1}^{0} e^{\lambda_{m+1}s}\|v(s)\|_\sigma^2 ds$$

$$\leqslant c\int_{-1}^{0} e^{\lambda_{m+1}s}\varrho_1(\omega)ds\leqslant\frac{c\,\varrho_1(\omega)}{\lambda_{m+1}},\tag{4.127}$$

这里以及接下来的 T 同引理 4.7. 根据式(4.87)和式(4.110)，不等式(4.126)右端的第二项估计为

$$c\int_{-1}^{0} e^{\lambda_{m+1}s}\zeta^{4-2p}(s)|v(s)|_{2p-2}^{2p-2}ds\leqslant cE^{4-2p}\int_{-1}^{0} e^{\lambda_{m+1}s}|v(s)|_{2p-2}^{2p-2}ds$$

$$\leqslant c(1+\varrho_2(\omega))\int_{-1}^{0} e^{\lambda_{m+1}s}ds\leqslant\frac{c(1+\varrho_2(\omega))}{\lambda_{m+1}},\tag{4.128}$$

对所有的 $\tau\leqslant T$ 成立. 进一步由命题 4.1 和式(4.108)、不等式(4.126)右端的第三项估计为

$$c\int_{-1}^{0} e^{\lambda_{m+1}s}|v(s)|^2 ds\leqslant c\int_{-1}^{0} e^{\lambda_{m+1}s}\|v(s)\|_\sigma^2 ds\leqslant c\,\varrho_1(\omega)\int_{-1}^{0} e^{\lambda_{m+1}s}ds\leqslant\frac{c\,\varrho_1(\omega)}{\lambda_{m+1}},$$

对所有的 $\tau\leqslant T$ 成立. 不等式(4.126)右端的最后一项估计为

$$c\int_{-1}^{0} e^{\lambda_{m+1}s}\zeta^2(s)ds\leqslant cF^2\int_{-1}^{0} e^{\lambda_{m+1}s}ds\leqslant\frac{c}{\lambda_{m+1}}.\tag{4.129}$$

因此，从式(4.126)至式(4.129)可知

$$\|v_m(0,\omega;\zeta(\tau)u_\tau)\|_\sigma^2\leqslant\frac{c(1+\varrho_1(\omega)+\varrho_2(\omega))}{\lambda_{m+1}}.$$

由于当 $m\to\infty$ 时，λ_{m+1} 趋于无穷大，所以能选择充分大的 $N=N(\eta,\omega)\in Z^+$，使得对所有的 $m\geqslant N$ 和 $\tau\leqslant T$，

$$\|v_m(0,\omega;\zeta(\tau)u_\tau)\|\sigma\leqslant\eta,$$

因此，对所有的 $u_\tau\in D(\theta_\tau\omega)$，$m\geqslant N$ 及 $\tau\leqslant T$，

$$\|u_m(0,\omega;u_\tau)\|_\sigma=\|v_m(0,\omega;\zeta(\tau)u_\tau)\|_\sigma\leqslant\eta.$$

定理 4.5　假设 $g\in L^2(D_N)\cap L^{2p-2}(D_N)$，$f$ 满足式(4.3)至式(4.5)，$\mathfrak{D}$由式(4.86)给出，则方程(4.2)生成的随机动力系统在空间 $D_0^{1,2}(D_N,\sigma)$ 上存在唯一的$\mathfrak{D}$-随机吸引子 $A_0=\{A_0(\omega);\omega\in\Omega\}$.

证明　由式(4.85)有

$$v(0,\omega;\zeta(-t)u_{-t})=u(0,\omega;u_{-t})=\varphi(t,\theta_{-t}\omega,u_0(\theta_{-t}\omega)).$$

因此，根据式(4.108)推知，对 $u_0(\omega)\in D(\omega)$，存在随机常数 $T_1=T_1(D,\omega)>2$ 使得对所有的$t\geqslant T_1$，

$$\|\varphi(t,\theta_{-t}\omega,u_0(\theta_{-t}\omega))\|_\sigma^2\leqslant\varrho_1(\omega),\tag{4.130}$$

由此可定义一个$\mathfrak{D}$-随机吸收集

$$K_0(\omega)=\{u\in D_0^{1,2}(D_N,\sigma);\|u\|_\sigma^2\leqslant\varrho_1(\omega)\},\omega\in\Omega.$$

需要说明$\varrho_1(\omega)$满足式(4.86). 首先，由命题 4.1 得

$$|\varphi(t,\theta_{-t}\omega,u_0(\theta_{-t}\omega))|^2\leqslant\varrho_1(\omega).\tag{4.131}$$

其次，注意到 $\zeta(t)=\zeta(\omega(t))=e^{-\sum_{j=1}^{m}b_j\omega_j(t)}$，当 $\tau\to-\infty$ 时，有

$$\begin{aligned} e^{\gamma\tau}\zeta^2(\tau)\varrho_1(\theta_\tau\omega) &= ce^{\gamma\tau}e^{-2\sum\limits_{j=1}^{m}b_j\omega_j(\tau)}\int_{-\infty}^{0}e^{\gamma s}e^{-2\sum\limits_{j=1}^{m}b_j\theta_\tau\omega_j(s)}ds \\ &= ce^{\gamma\tau}e^{-2\sum\limits_{j=1}^{m}b_j\omega(\tau)}\int_{-\infty}^{0}e^{\gamma s}e^{-2\sum\limits_{j=1}^{m}b_j(\omega_j(\tau+s)-\omega_j(\tau))}ds \\ &= ce^{\gamma\tau}\int_{-\infty}^{0}e^{\gamma s}e^{-2\sum\limits_{j=1}^{m}b_j\omega_j(\tau+s)}ds \\ &= ce^{\gamma\tau}\int_{-\infty}^{\tau}e^{\gamma(s-\tau)}e^{-2\sum\limits_{j=1}^{m}b_j\omega_j(s)}ds = c\int_{-\infty}^{\tau}e^{\gamma s}\zeta^2(s)ds \to 0. \end{aligned}$$

因此，$K_0=\{K_0(\omega);\omega\in\Omega\}\in\mathfrak{D}$. 且由式(4.130)得

$$\| P_m\varphi(t,\theta_{-t}\omega,u_0(\theta_{-t}\omega))\|_\sigma^2 \leqslant \|\varphi(t,\theta_{-t}\omega,u_0(\theta_{-t}\omega))\|_\sigma^2 \leqslant \varrho_1(\omega), \tag{4.132}$$

这里 P_m 为投影.

另一方面由引理 4.7，对任意的 $\eta>0$，存在随机常数 $N_1=N_1(\eta,\omega)\in Z^+$ 和 $T_2=T_2(D,\omega)>0$，使得对所有的 $t\geqslant T_2$ 和 $m\geqslant N_1$，

$$\|(I-P_m)\varphi(t,\theta_{-t}\omega,u_0(\theta_{-t}\omega))\|_\sigma \leqslant \eta. \tag{4.133}$$

固定 $m=m_0\geqslant N_1$. 则运用 Kuratowski 非紧性测度的可加性，从式(4.132)和式(4.133)得到，当 $\omega\in\Omega, t\geqslant T_2$，

$$\begin{aligned} \kappa\Big(\bigcup_{t\geqslant T}\varphi(t,\theta_{-t}\omega,D(\theta_{-t}\omega))\Big) &\leqslant \kappa\Big(P_{m_0}\bigcup_{t\geqslant T}\varphi(t,\theta_{-t}\omega,D(\theta_{-t}\omega))\Big) + \\ &\quad \kappa\Big((I-P_{m_0})\bigcup_{t\geqslant T}\varphi(t,\theta_{-t}\omega,D(\theta_{-t}\omega))\Big) \\ &\leqslant 0+\kappa(B(0,\eta)) = 2\eta, \end{aligned}$$

这里 $B(0,\eta)$是 0 在空间 $D_0^{1,2}(D_N,\sigma)$中的 η-邻域. 这说明 φ 是$\mathfrak{D}$-omega 极限紧的. 证毕.

4.3.3　$L^{\varpi}(D_N)$-可积吸引子($\varpi\in[2,2p-2]$)

由定理 4.5 和 Sobolev 嵌入 $D_0^{1,2}(D_N,\sigma)\hookrightarrow L^2(D)$，直接得到 $A_0=\{A_0(\omega);\omega\in\Omega\}$是空间 $L^2(D_N)$上的吸引子.

定理 4.6　假设 $g\in L^2(D_N)\cap L^{2p-2}(D_N)$，$f$ 满足式(4.3)至式(4.5)，$\mathfrak{D}$由式(4.86)给出，则 $A_0=\{A_0(\omega);\omega\in\Omega\}$是方程(4.2)生成的随机动力系统 φ 在空间 $L^2(D_N)$上的唯一 D-随机吸引子，这里 $2<p<+\infty$.

接下来，我们考虑 $L^{\varpi}(D_N)$空间上吸引子的存在性问题，这里 $2<\varpi\leqslant 2p-2, p>2$.

引理 4.8　假设 $g\in L^2(D_N)\cap L^{2p-2}(D_N)$，$f$ 满足式(4.3)至式(4.5)，$\mathfrak{D}$由式(4.86)给出，$D=\{D(\omega);\omega\in\Omega\}\in D, u_\tau\in D(\theta_\tau\omega)$. 则对 $\omega\in\Omega$ 及任意的 $\eta>0$，存在 $N=N(\omega,\eta)\in Z^+, T=T(D,\omega)<-2$，使得对所有的 $\tau\leqslant T$ 和 $m\geqslant N$，方程(4.82)和方程(4.83)的解 $v(t,\omega;\zeta(\tau)u_\tau)$满足

$$\int_{D_N(|v(t,\omega;\zeta(\tau)u_\tau)|\geqslant M)}|v(t,\omega;\zeta(\tau)u_\tau)|^{\varpi}dx \leqslant c\eta,\quad t\in[-\frac{1}{2},0], \tag{4.134}$$

这里ϖ由$\dfrac{1}{\varpi}=\dfrac{\varepsilon}{2}+\dfrac{1-\varepsilon}{2p-2}$所确定，$\varepsilon\in[0,1), p>2$.

证明　设 $t\in[-1,0]$和 $M>1$. 为了证明式(4.134)，对式(4.82)的两端用$(v-M)^{\varpi-1}$在 $L^2(D_N)$作内积，得

$$\frac{1}{\varpi}\frac{\mathrm{d}}{\mathrm{d}t}|(v-M)_+|_{\varpi}^{\varpi}+\lambda\int_{D_N}v(v-M)_+^{\varpi-1}\,\mathrm{d}x+\int_{D_N}Av(v-M)_+^{\varpi-1}\,\mathrm{d}x+$$
$$\zeta\int_{D_N}f(u)(v-M)_+^{\varpi-1}\,\mathrm{d}x=\zeta\int_{D_N}g(v-M)_+^{\varpi-1}\,\mathrm{d}x,\quad(4.135)$$

明显地，

$$\int_{D_N}Av(v-M)_+^{\varpi-1}\,\mathrm{d}x=(\varpi-1)\int_{D_N}\sigma(x)(v-M)_+^{\varpi-2}\,|\nabla v|^2\mathrm{d}x\geqslant 0,\quad(4.136)$$

$$\lambda\int_{D_N}v(v-M)_+^{\varpi-1}\,\mathrm{d}x\geqslant\lambda\int_{D_N}(v-M)_+^{\varpi}\,\mathrm{d}x.\quad(4.137)$$

如果 $v\geqslant M$，则由式(4.87)，$u=\zeta^{-1}v\geqslant F^{-1}M>0$，其中 $t\in[-1,0]$，因此由式(4.3)得，

$$f(u)\geqslant\alpha_1|u|^{p-1}-\beta_1u=\alpha_1\zeta^{1-p}|v|^{p-1}-\beta_1\zeta^{-1}v,\quad x\in D_1^+.$$

另一方面，

$$|v|^{p-1}\geqslant|v|^{p-2}(v-M)\geqslant M^{p-2}(v-M),\quad x\in D_1^+.$$

故

$$f(u)\geqslant\alpha_1|u|^{p-1}-\beta_1u\geqslant\alpha_1\zeta^{1-p}M^{p-2}(v-M)-\beta_1\zeta^{-1}v,\quad x\in D_1^+.\quad(4.138)$$

于是从式(4.138)不难发现

$$\zeta\int_{D_1^+}f(u)(v-M)_+^{\varpi-1}\,\mathrm{d}x\geqslant\alpha_1F^{2-p}M^{p-2}\int_{D_1^+}(v-M)^{\varpi}\,\mathrm{d}x-\beta_1\int_{D_1^+}v^{\varpi}\,\mathrm{d}x,\quad(4.139)$$

这里 $t\in[-1,0]$，F 同式(4.87). 式(4.135)右端的项估计为

$$\zeta\int_{D_N}g(v-M)_+^{\varpi-1}\,\mathrm{d}x\leqslant\lambda\int_{D_N}(v-M)_+^{\varpi}\,\mathrm{d}x+c\zeta^{\varpi}\int_{D_1^+}|g|^{\varpi}\,\mathrm{d}x.\quad(4.140)$$

合并式(4.135)至式(4.140)，可得

$$\frac{\mathrm{d}}{\mathrm{d}t}|(v-M)_+|_{\varpi}^{\varpi}+\delta|(v-M)_+|_{\varpi}^{\varpi}\leqslant c(|g|_{\varpi}^{\varpi}+|v|_{\varpi}^{\varpi}),\quad(4.141)$$

这里 $t\in[-1,0]$，$\delta=\delta(M)=\alpha_1M^{p-2}F^{2-p}$. 在区间 $[-1,t]$（$t\in[-\frac{1}{2},0]$）上运用引理 1.4 得

$$|(v(t)-M)_+|_{\varpi}^{\varpi}\leqslant\mathrm{e}^{-\delta t}\left(\frac{1}{t+1}\int_{-1}^{t}\mathrm{e}^{\delta s}|(v(s)-M)_+|_{\varpi}^{\varpi}\,\mathrm{d}s+c\int_{-1}^{t}\mathrm{e}^{\delta s}(|g|_{\varpi}^{\varpi}+|v(s)|_{\varpi}^{\varpi})\mathrm{d}s\right)$$
$$\leqslant c\mathrm{e}^{-\delta t}\left(\int_{-1}^{t}\mathrm{e}^{\delta s}|v(s)|_{\varpi}^{\varpi}\,\mathrm{d}s+|g|_{\varpi}^{\varpi}\int_{-1}^{t}\mathrm{e}^{\delta s}\,\mathrm{d}s\right).\quad(4.142)$$

现在，根据式(4.108)和式(4.110)，运用 Sobolev 插值知，存在随机常数 $\varrho(\omega)$ 和 $T_1=T_1(D,\omega)<-2$，使得对所有的 $t\in[-1,0]$，$u_\tau\in D(\theta_\tau\omega)$ 及 $\tau\leqslant T_1$，

$$|v(t)|_{\varpi}^{\varpi}\leqslant\varrho(\omega).\quad(4.143)$$

进一步由于 $g\in L^2(D_N)\cap L^{2p-2}(D_N)$，利用插值不等式可知 $|g|_{\varpi}^{\varpi}\leqslant C$，这里 C 为正的非随机常数. 因此，合并式(4.142)和式(4.143)发现

$$|(v(t)-M)_+|_{\varpi}^{\varpi}\leqslant\frac{c}{\delta}(\varrho(\omega)+C),\quad(4.144)$$

对所有的 $u_\tau\in D(\theta_\tau\omega)$ 和 $\tau\leqslant T_1$ 成立. 由于 $\delta=\alpha_1M^{p-2}F^{2-p}$ 随 $M\to+\infty$ 增加，我们可以选择充分大的 $M=M_1$，使得对所有的 $t\in[-\frac{1}{2},0]$，$u_\tau\in D(\theta_\tau\omega)$ 及 $\tau\leqslant T_1$，

$$|(v(t)-M_1)_+|_{\varpi}^{\varpi}\leqslant\frac{c}{\delta}(\varrho(\omega)+C)\leqslant\eta.\quad(4.145)$$

如果 $v(t)\geqslant 2M_1$，那么 $v(t)-M_1\geqslant\frac{v(t)}{2}$ 且 $D_1^+\supset D_2^+$. 则从式(4.145)可得对所有的 $t\in[-\frac{1}{2},0]$，$u_\tau\in D(\theta_\tau\omega)$ 及 $\tau\leqslant T_1$，

$$\int_{D_N(v(t)\geqslant 2M_1)} |v(t)|^{\varpi}\,\mathrm{d}x \leqslant 2^{\varpi}\,|(v(t)-M_1)_+|_{\varpi}^{\varpi} \leqslant c\eta. \tag{4.146}$$

类似地，可以证明存在 $T_2=T_2(D,\omega)<-2$ 和充分大的 $M_2=M_2(\eta,D,\omega)$，使得对所有的 $t\in\left[-\frac{1}{2},0\right]$，$u_\tau\in D(\theta_\tau\omega)$ 及 $\tau\leqslant T_2$，

$$\int_{D_N(v(t)\leqslant -2M_2)} |v(t)|^{\varpi}\,\mathrm{d}x \leqslant c\eta. \tag{4.147}$$

取 $T=\min\{T_1,T_2\}$，$M=\max\{M_1,M_2\}$. 则式(4.146)和式(4.147)对所有的 $\tau\leqslant T$ 成立，故对所有的 $u_\tau\in D(\theta_\tau\omega)$ 和 $t\in\left[-\frac{1}{2},0\right]$，

$$\int_{D_N(|v(t)|\geqslant 2M)} |v(t)|^{\varpi}\,\mathrm{d}x \leqslant c\eta.$$

运用定理 4.6 和引理 4.8 直接证得.

定理 4.7　假设 $g\in L^2(D_N)\cap L^{2p-2}(D_N)$，$f$ 满足式(4.3)至式(4.5)，$\mathfrak{D}$由式(4.86)给出，则方程(4.2)生成的随机动力系统 φ 在空间 $L^{\varpi}(D_N)$ 上存在唯一$\mathfrak{D}$-随机吸引子 $A_{\varpi}=\{A_{\varpi}(\omega);\omega\in\Omega\}$，这里$\frac{1}{\varpi}=\frac{\varepsilon}{2}+\frac{1-\varepsilon}{2p-2}$，$\varepsilon\in[0,1)$，$2<p<+\infty$.

注记 4.4　事实上，对 $\omega\in\Omega$ 和 $2\leqslant\varpi\leqslant 2p-2$，$A_0(\omega)=A_{\varpi}(\omega)$，并且它们都为$\mathfrak{D}$-随机吸收集$\{K(\omega)\}_{\omega\in\Omega}$的 Omega-极限集.

第 5 章 随机三维 Camassa-Holm 模型的 H^2-光滑吸引子

三维黏质 Camassa-Holm 方程

$$\frac{\mathrm{d}}{\mathrm{d}t}(\alpha_0^2 u-\alpha_1^2\Delta u)-\nu\Delta(\alpha_0^2 u-\alpha_1^2\Delta u)-u\times(\nabla\times(\alpha_0^2 u-\alpha_1^2\Delta u))+\frac{1}{\rho_0}\nabla p=f(x) \tag{5.1}$$

是流体力学中的重要数学模型，见文献[27-29]. 最近，文献[42]讨论了全局吸引子的存在性及其维数估计. 随机情形下，文献[36]讨论了弱解随系数 α 的收敛性. 类似于方程(5.1)，但具有不同耗散项的所谓第二梯度流体模型，目前文献[18,77,78]分别研究了其长时间特征和全局吸引子等问题.

本章讨论定义在三维周期立体$\mathcal{O}=[0,L]^3\subset\mathbb{R}^3$上的随机 Camassa-Holm 方程的动力性：

$$\mathrm{d}(\alpha_0^2 u-\alpha_1^2\Delta u)-\nu\Delta(\alpha_0^2 u-\alpha_1^2\Delta u)\mathrm{d}t-u\times(\nabla\times(\alpha_0^2 u-a_1^2\Delta u))\mathrm{d}t+\frac{1}{\rho_0}\nabla p\mathrm{d}t$$

$$=f(x)\mathrm{d}t+Q(x)\mathrm{d}W(t), \tag{5.2}$$

$$\nabla\cdot u=0, \tag{5.3}$$

$$u(x,\tau)=u_0(x), \tag{5.4}$$

这里 $t\geqslant\tau,\tau\in\mathbb{R}$，常参数 $\nu,\rho_0,\alpha_0>0,\alpha_1\geqslant0$，其物理意义见文献[42]. 函数 $u=(u_1,u_2,u_3)$定义于$\mathcal{O}\times[\tau,t]$表示不可压缩流体的流速，$\frac{1}{\rho_0}p=\frac{1}{\rho_0}p(x,t)$表示压强，

$$\frac{1}{\rho_0}p=\frac{\pi}{\rho_0}+\alpha_0^2|u|^2-\alpha_1^2(u\cdot\Delta u).$$

$f(x)$和 $Q(x)\mathrm{d}W(t)$表示流体所受外来干扰因素，随机部分 $Q(x)\mathrm{d}W(t)$与 Brownian 运动 $W(t)$的广义偏微分相联系. 这里 $W(t)$为定义在概率空间(Ω,F,P)上双边实值的 Wiener 过程. 其中，概率空间(Ω,F,P)：

$$\Omega=\{\omega\in C(\mathbb{R},\mathbb{R});\omega(0)=0\},$$

F 是由 Ω 的紧拓扑诱导的波雷尔 σ-代数，P 是相应于(Ω,F)的 Wiener 测度. 事实上，

$$W(t)=W(t,\omega)=\omega(t),\quad t\in\mathbb{R}.$$

模型(5.2)至模型(5.4)被看成考虑到了来自环境和模型模拟过程中的随机外力因素对系统的影响的一个流体力学模型. 我们现在研究其在 $H^2(\mathcal{O})^3$ 空间中随机吸引子的存在性. 在 $H^1(\mathcal{O})^3$ 空间中的吸引子可用类似于文献[42]的方法，通过估计 $H^2(\mathcal{O})^3$ 范数的有界性和利用紧嵌入定理而得. 然而该模型的解轨道在 $H^2(\mathcal{O})^3$ 中既不紧也不连续，所以传统的方法不可

行. 这里运用文献[59]和文献[62]中关于随机吸引子的存在性结果来研究上述问题. 特别地，我们运用了拟连续性概念和 Omega-极限紧性概念，这些由文献[62]在随机动力系统的框架下建立. 需要指出的是该紧性与渐近紧性等价，并且在一致凸性空间上，可通过验证 Flattening 条件而得到，见文献[59]的证明. 同时，文献[59]中需要随机动力系统的连续性条件可弱化为文献[62]中的拟连续性条件. 读者可以阅读参考文献[123].

5.1　数学背景和记号

引入积分和散度都分别为零的函数构成的空间，

$$\mathscr{V}=\{\phi;\phi \text{ 是定义在}\mathcal{O}\text{上的向量值函数,使得}\nabla.\phi=0\text{ 和}\int_{\mathcal{O}}\phi(x)\mathrm{d}x=0\}.$$

定义

$H=\mathscr{V}$在 $L^2(\mathcal{O})^3$ 空间中的闭包，具有内积$(.,.)$和范数$|.|=\|.\|_{L^2}$，

$V=\mathscr{V}$在 $H^1(\mathcal{O})^3$ 空间中的闭包，具有范数$\|.\|$，

$V'=V$ 的对偶空间，具有范数$\|.\|_{V'}$，

$H^2=\mathscr{V}$在 $H^2(\mathcal{O})^3$ 空间中的闭包，具有范数$\|.\|_{H^2}$.

记 $A=-\Delta:(H^2(\mathcal{O}))^3\cap V\to H$ 表示 Stokes 算子，定义域为 $D(A)=(H^2(\mathcal{O}))^3\cap V$. 注意到 $A=-\Delta|_{D(A)}$为自伴的正算子，它的逆 A^{-1}是紧的. 因此空间 H 具有正交基$\{e_j\}_{j=1}^{\infty}$，满足 $Ae_j=\lambda_j e_j$，且 $0<\lambda_1\leqslant\lambda_2\leqslant\cdots\leqslant\lambda_j\to\infty$. 同时，成立 Poincaré 不等式

$$\lambda_1\int_{\mathcal{O}}\phi^2\mathrm{d}x\leqslant\int_{\mathcal{O}}|\nabla\phi|^2\mathrm{d}x,\quad \phi\in V. \tag{5.5}$$

于是存在常数 $c>0$，使得

$$c|A\phi|\leqslant\|\phi\|_{H^2}\leqslant c^{-1}|A\phi|,\quad \phi\in D(A), \tag{5.6}$$

$$c|A^{\frac{1}{2}}\phi|\leqslant\|\phi\|_{H^1}\leqslant c^{-1}|A^{\frac{1}{2}}\phi|,\quad \phi\in V. \tag{5.7}$$

由于 $V=D(A^{\frac{1}{2}})$，见文献[89]，分别给出 V 上的等价内积和范数$((.,.))=(A^{\frac{1}{2}}.,A^{\frac{1}{2}}.)$和$\|.\|=|A^{\frac{1}{2}}.|$. 注意到式(5.7)，$V$ 上的内积与 H^1 中的如下内积等价：若 $\alpha_1>0$

$$[\phi,\varpi]=\alpha_0^2(\phi,\varpi)+\alpha_1^2((\phi,\varpi)),\quad \phi,\varpi\in V.$$

由式(5.5)和式(5.6)，$|A.|$为空间 H^2 上的等价范数.

沿用文献[89]的记号，设 $B(\phi,\varpi)=(\phi.\nabla)\varpi$，则由式(5.3)得

$$(B(\phi,\varpi),u)=-(B(\phi,u),\varpi),\quad \phi,\varpi,u\in V. \tag{5.8}$$

又令 $\widetilde{B}(\phi,\varpi)=-(\phi\times(\nabla\times\varpi))$，$\phi,\varpi\in V$，则根据卷积的定义和分部积分法

$$(\widetilde{B}(\phi,\varpi),u)=(B(\phi,\varpi),u)-(B(u,\varpi),\phi),\quad \phi,\varpi,u\in V. \tag{5.9}$$

于是，方程式(5.2)具有以下简约形式：

$$\mathrm{d}\varpi+\nu A\varpi\,\mathrm{d}t+\widetilde{B}(u,\varpi)\mathrm{d}t=f(x)\mathrm{d}t+Q(x)\mathrm{d}W(t), \tag{5.10}$$

其中$\varpi=\alpha_0^2u+\alpha_1^2Au$. 本文中一直假定 $Q\in D(A^2)$.

回顾一些需要的不等式. $\mathbb{R}^3$中的 Agmon 不等式：

$$\|\phi\|_{L^\infty}\leqslant c|A^{\frac{1}{2}}\phi|^{\frac{1}{2}}|A\phi|^{\frac{1}{2}}\leqslant\beta_0|A\phi|,\quad \phi\in H^2, \tag{5.11}$$

和 Gagliardo-Nirenberg 不等式：

$$\|\phi\|_{L^p}\leqslant c|\phi|^{1-\delta}|A^{\frac{1}{2}}\phi|^{\delta},\quad \phi\in H^1(\mathcal{O})^3, \tag{5.12}$$

其中 c 仅仅依赖 p 和 δ，以及

$$\frac{1}{p}=\frac{1}{2}-\frac{\delta}{3},0\leqslant\delta\leqslant1,1\leqslant p\leqslant+\infty. \tag{5.13}$$

为解初值问题(5.2)至问题(5.4)，需要定义一个流变换

$$\vartheta_t\omega(s)=\omega(s+t)-\omega(t),\quad \omega\in\Omega,t,s\in\mathbb{R}, \tag{5.14}$$

可以验证 $\{\vartheta_t\}_{t\in\mathbb{R}}$ 是 (Ω,F,P) 上的保测变换，从而 $(\Omega,F,P,\{\vartheta_t\})_{t\in\mathbb{R}})$ 为一遍历的距离动力系统.

设

$$y(t)=y(\omega)(t)=\int_{-\infty}^{t}\mathrm{e}^{-\mu(t-s)}\mathrm{d}\omega(s),\quad t\in\mathbb{R}, \tag{5.15}$$

则其为以下微分方程的解：

$$\mathrm{d}y+\mu y\mathrm{d}t=\mathrm{d}W(t),$$

这里 μ 为满足下式(5.21)的正常数. 由式(5.14)和式(5.15)可推得，对所有的 $s,t\in\mathbb{R}$ 和 $\omega\in\Omega$，

$$y(\vartheta_s\omega)(t)=y(\omega)(t+s). \tag{5.16}$$

特别地，$y(\vartheta_s\omega)(0)=y(\omega)(s)$. 并且由式(5.15)和 $\lim\limits_{|t|\to\infty}\dfrac{W(t)}{t}=0$，可得到 $t\mapsto y(\omega)(t)$ 次线性增长，即

$$\frac{|y(t)(\omega)|}{t}\to 0,\text{当}|t|\to\infty. \tag{5.17}$$

令

$$z(t)=z(\omega)(t)=(\alpha_0^2+\alpha_1^2A)^{-1}Qy(\omega)(t),$$

其中 $Q\in D(A^2)$. 则

$$\alpha_0^2\mathrm{d}z+\alpha_1^2\mathrm{d}Az+\mu(\alpha_0^2z+\alpha_1^2Az)\mathrm{d}t=Q\mathrm{d}W(t). \tag{5.18}$$

由于 $Q\in D(A^2)$，于是结合式(5.11)可推之

$$\begin{aligned}\|z(t)\|_{L^\infty}+\|\nabla z(t)\|_{L^\infty}&\leqslant\beta_0(|Az(t)|+|A^{\frac{3}{2}}z(t)|)\\&\leqslant\frac{\beta_0}{\alpha_0^2}(|AQ|+|A^{\frac{3}{2}}Q|)|y(t)|:=\beta_1|y(t)|,\end{aligned} \tag{5.19}$$

其中 $\beta_1=\dfrac{\beta_0}{\alpha_0^2}(|AQ|+|A^{\frac{3}{2}}Q|)$ 和 β_0 如式(5.11). 记

$$\beta=\frac{16\beta_1^2(\sqrt{\lambda_1}+1)^2}{\nu\lambda_1} \tag{5.20}$$

根据这些记号，现在假定 μ 满足

$$\mu\geqslant\frac{2\beta}{\nu\lambda_1} \tag{5.21}$$

作变量代换：$v(t)=u(t)-z(\omega)(t)$，这里 u 是初值问题(5.2)至问题(5.4)的解. 则由式(5.18)知，v 满足

$$\frac{\mathrm{d}}{\mathrm{d}t}\bar{v}+\nu A\bar{v}+\widetilde{B}(v+z,\bar{v}+\bar{z})=\mu\bar{z}-\nu A\bar{z}+f(x), \tag{5.22}$$

$$\operatorname{div} v=0, \tag{5.23}$$

$$v(x,\tau)=v_0(x)=u_0-z(\omega)(\tau), \tag{5.24}$$

其中 $\bar{v}=(\alpha_0^2 v+\alpha_1^2 Av)$，$\bar{z}=\alpha_0^2 z+\alpha_1^2 Az$，$\varpi=\bar{v}+\bar{z}=\alpha_0^2 u+a_1^2 Au$，$u=v+z(\omega)(t)$.

类似于文献[42]的方法，可以证明如果 $f\in V'$，那么对 $\omega\in\Omega$ 及所有的 $\tau\in\mathbb{R}$和每一个 $v_0\in V$，方程(5.22)至方程(5.24)存在唯一解

$$v\in C([\tau,\infty);V)\cap L_{loc}^2((\tau,\infty);D(A)).$$

有时，用 $v(t,\omega;\tau,v_0)$表示具有初值 $v_0=v(\tau,\omega;\tau,v_0)$的解 $v(t)$. 更进一步 $v_0\mapsto v(t,\omega;\tau,v_0)$在 V 中连续. 则 $u(t,\omega;\tau,u_0)=v(t,\omega;\tau,u_0-z(\omega)(\tau))+z(\omega)(t)$是初值问题(5.2)至问题(5.4)的唯一解，且依初值连续.

定义

$$\varphi(t-\tau,\vartheta_\tau\omega)u_0=u(t,\omega;\tau,u_0)=v(t,\omega;\tau,u_0-z(\omega)(\tau))+z(\omega)(t). \tag{5.25}$$

则 φ 是 V 上的连续随机动力系统，根据文献[62]的思想，φ 是 H^2 上的拟连续随机动力系统. 明显地，

$$\varphi(t,\vartheta_{-t}\omega,u_0)=u(0,\omega;-t,u_0(\vartheta_{-t}\omega)),\quad t\geqslant 0. \tag{5.26}$$

定义$\mathfrak{D}$为 H^2 空间的一些子集 $D=\{D(\omega);\omega\in\Omega\}$为元素构成的集合，使得对 $\omega\in\Omega$，

$$e^{\frac{1}{2}\mu\lambda_1\tau}d(D(\vartheta_\tau\omega)\to 0,\text{当 }\tau\to-\infty, \tag{5.27}$$

其中 $d(D(\vartheta_\tau\omega))=\sup\limits_{u\in D(\vartheta_\tau\omega)}\{\|u\|\}$. 显然$\mathfrak{D}$包含 H^2 中确定的有界子集，因而包含了确定的紧集.

5.2　一致先验估计

如下讨论中出现的字母 c 为通用常数，与 $v(t)$，$u(t)$，$z(t)$和 λ_{k+1}，$k=1,2,\cdots$无关. 而且假定 $\alpha_1>0$.

引理 5.1　假设 $f\in V'$，$\mathfrak{D}$如式(5.27)定义，且设 $D=\{D(\omega);\omega\in\Omega\}\in\mathfrak{D}$和 $\tau\in\mathbb{R}$. 则对 $\omega\in\Omega$，存在随机半径$\varrho_1(\omega)$和$\varrho_2(\omega)$以及 $T=T(D,\omega)<-1$，使得对所有的 $\tau\leqslant T$，初值问题(5.2)至问题(5.4)的解 $u(t,\omega;\tau,u_0)$满足：对 $t\in[-1,0]$，

$$|u(t,\omega;\tau,u_0)|^2+\|u(t,\omega;\tau,u_0)\|^2\leqslant\varrho_1(\omega),\quad u_0\in D(\vartheta_\tau\omega),$$

$$\int_{-1}^0\left(\alpha_0^2\|v(s,\omega;\tau,u_0-z(\tau))\|^2+\alpha_1^2|Av(s,\omega;\tau,u_0-z(\tau))|^2\right)ds\leqslant\varrho_2(\omega),\quad u_0\in D(\vartheta_\tau\omega),$$ 这里 $v(t,\omega;\tau,u_0-z(\tau))=u(t,\omega;\tau,u_0)-z(\omega)(t)$是初值问题(5.22)至问题(5.24)的解.

证明　用 v 在式(5.22)的两端在空间 H 上作内积，得

$$\frac{1}{2}\frac{d}{dt}(\alpha_0^2|v|^2+\alpha_1^2\|v\|^2)+\nu(\alpha_0^2\|v\|^2+\alpha_1^2|Av|^2)=(-\widetilde{B}(u,\varpi),v)+(\mu\bar{z}-A\bar{z}+f,v), \tag{5.28}$$

这里$\bar{z}=\alpha_0^2 z+\alpha_1^2 Az$ 和$\varpi=\alpha_0^2 u+a_1^2 Au$. 根据式(5.8)和式(5.9)，同时运用 Hölder 不等式，则上式右端的第一项满足

$$|(\widetilde{B}(u,\varpi),v)|=|(\widetilde{B}(u,\varpi),z)|$$

$$\begin{aligned}
&\leqslant \left|\int_{\mathcal{O}}((u.\nabla)\varpi).z\mathrm{d}x\right|+\left|\int_{\mathcal{O}}((z.\nabla)\varpi).u\mathrm{d}x\right| \\
&=\left|\int_{\mathcal{O}}((u.\nabla)z).\varpi\,\mathrm{d}x\right|+\left|\int_{\mathcal{O}}((z.\nabla)u).\varpi\,\mathrm{d}x\right| \\
&\leqslant \|\nabla z\|_{L^\infty}|u||\varpi|+\|z\|_{L^\infty}\|u\||\varpi| \\
&\leqslant \beta_1|y(t)|(|u|+\|u\|)|\varpi|\leqslant \beta_1|y(t)|\left(\frac{1}{\sqrt{\lambda_1}}+1\right)\|u\||\varpi| \\
&\leqslant \beta_1\left(\frac{1}{\sqrt{\lambda_1}}+1\right)|y(t)|(\alpha_0^2\|u\||u|+\alpha_1^2\|u\||Au|) \\
&\leqslant \beta_1\left(\frac{1}{\sqrt{\lambda_1}}+1\right)|y(t)|\alpha_0^2\|u\||u|+\beta_1\left(\frac{1}{\sqrt{\lambda_1}}+1\right)|y(t)|\alpha_1^2\|u\||Au|,
\end{aligned} \tag{5.29}$$

其中 β_1 如式(5.19)．运用 ε-Young 不等式，可发现

$$\begin{aligned}
\beta_1\left(\frac{1}{\sqrt{\lambda_1}}+1\right)|y(t)|\alpha_0^2\|u\||u| &\leqslant \frac{\nu\alpha_0^2}{8}\|u\|^2+\frac{8\alpha_0^2}{\nu}\beta_1^2\frac{(\sqrt{\lambda_1}+1)^2}{\lambda_1}|y(t)|^2|u|^2 \\
&\leqslant \frac{\nu\alpha_0^2}{4}\|v\|^2+\frac{\nu\alpha_0^2}{4}\|z\|^2+\frac{16\alpha_0^2}{\nu}\beta_1^2\frac{(\sqrt{\lambda_1}+1)^2}{\lambda_1}|y(t)|^2|v|^2+ \\
&\quad \frac{16\alpha_0^2}{\nu}\beta_1^2\frac{(\sqrt{\lambda_1}+1)^2}{\lambda_1}|y(t)|^2|z|^2 \\
&\leqslant \frac{\nu\alpha_0^2}{4}\|v\|^2+\beta|y(t)|^2\alpha_0^2|v^2|+c(|y(t)|^2+|y(t)|^4),
\end{aligned} \tag{5.30}$$

$$\begin{aligned}
\beta_1\left(\frac{1}{\sqrt{\lambda_1}}+1\right)|y(t)|\alpha_1^2\|u\||Au| &\leqslant \frac{\nu\alpha_1^2}{8}|Au|^2+\frac{8\alpha_1^2}{\nu}\beta_1^2\frac{(\sqrt{\lambda_1}+1)^2}{\lambda_1}|y(t)|^2\|u\|^2 \\
&\leqslant \frac{\nu\alpha_1^2}{4}|Av|^2+\frac{\nu\alpha_1^2}{4}|Az|^2+\frac{16\alpha_1^2}{\nu}\beta_1^2\frac{(\sqrt{\lambda_1}+1)^2}{\lambda_1}|y(t)|^2 \\
&\quad \|v\|^2+\frac{16\alpha_1^2}{\nu}\beta_1^2\frac{(\sqrt{\lambda_1}+1)^2}{\lambda_1}|y(t)|^2\|z\|^2 \\
&\leqslant \frac{\nu\alpha_1^2}{4}\|Av\|^2+\beta|y(t)|^2\alpha_1^2\|v\|^2+c(|y(t)|^2+|y(t)|^4),
\end{aligned} \tag{5.31}$$

其中 β 如式(5.20)．于是，合并式(5.29)至式(5.31)可得

$$|(\widetilde{B}(u,\varpi),v)|\leqslant \frac{\nu}{4}(\alpha_0^2\|v\|^2+\alpha_1^2|Av|^2)+\beta|y(t)|^2(\alpha_0^2|v|^2+\alpha_1^2\|v\|^2)+c(|y(t)|^2+|y(t)|^4). \tag{5.32}$$

同时，运用 ε-Young 不等式得

$$|\mu(\bar{z},v)|=|\mu(\alpha_0^2z+\alpha_1^2Az,v)|\leqslant \frac{\nu\alpha_0^2}{8}\|v\|^2+c|y(t)|^2, \tag{5.33}$$

$$|\nu(A\bar{z},v)|=|\nu(A(\alpha_0^2z+\alpha_1^2Az),v)|=|\nu(\alpha_0^2z+\alpha_1^2Az,Av)|\leqslant \frac{\nu\alpha_1^2}{4}|Av|^2+c|y(t)|^2, \tag{5.34}$$

$$|(f,v)|\leqslant \frac{\nu\alpha_0^2}{8}\|v\|^2+c\|f\|_{V'}^2. \tag{5.35}$$

把式(5.32)至式(5.35)代入式(5.28)可得

$$\frac{\mathrm{d}}{\mathrm{d}t}(\alpha_0^2|v|^2+\alpha_1^2\|v\|^2)+\nu(\alpha_0^2\|v\|^2+\alpha_1^2|Av|^2)$$
$$\leqslant 2\beta|y(t)|^2(\alpha_0^2|v|^2+\alpha_1^2\|v\|^2)+c(|y(t)|^2+|y(t)|^4)+c\|f\|_{V'}^2. \tag{5.36}$$

利用 Poincaré 不等式(5.5)有

$$\alpha_0^2\|v\|^2+\alpha_1^2|Av|^2\geqslant\lambda_1(\alpha_0^2|v|^2+\alpha_1^2\|v\|^2).$$

于是,由式(5.36)得

$$\frac{\mathrm{d}}{\mathrm{d}t}(\alpha_0^2|v|^2+\alpha_1^2\|v\|^2)\leqslant(-\nu\lambda_1+2\beta|y(t)|^2)(\alpha_0^2|v|^2+\alpha_1^2\|v\|^2)+c(|y(t)|^2+|y(t)|^4)+$$
$$c\|f\|_{V'}^2. \tag{5.37}$$

在式(5.37)的两端乘以 $\mathrm{e}^{\int_\tau^t(\nu\lambda_1-2\beta|y(s)|^2)\mathrm{d}s}$,然后在区间$(\tau,t)$ 积分,发现

$$\alpha_0^2|v(t,\omega;\tau,v_0)|^2+\alpha_1^2\|v(t,\omega;\tau,v_0)\|^2\leqslant\mathrm{e}^{-\nu\lambda_1(t-\tau)+2\beta\int_\tau^t|y(s)|^2\mathrm{d}s}(\alpha_0^2|v_0|^2+\alpha_1^2\|v_0\|^2)+$$
$$c\int_\tau^t(|y(s)|^2+|y(s)|^4+\|f\|_{V'}^2)e^{-\nu\lambda_1(t-s)+2\beta\int_s^t|y(\sigma)|^2\mathrm{d}\sigma}\mathrm{d}s$$
$$=\mathrm{e}^{-\nu\lambda_1t+2\beta\int_0^t|y(s)|^2\mathrm{d}s}\Big(\mathrm{e}^{\nu\lambda_1\tau+2\beta\int_\tau^0|y(s)|^2\mathrm{d}s}(\alpha_0^2|v_0|^2+\alpha_1^2\|v_0\|^2)+$$
$$c\int_\tau^t(|y(s)|^2+|y(s)|^4+\|f\|_{V'}^2)\mathrm{e}^{\nu\lambda_1s+2\beta\int_s^0|y(\sigma)|^2\mathrm{d}\sigma}\mathrm{d}s\Big) \tag{5.38}$$

根据 Ornstein-Uhlenbeck 的特征,知

$$\frac{1}{-\tau}\int_\tau^0|y(s)|^2\mathrm{d}s\to\mathbb{E}|y(0)|^2=\frac{1}{2\mu},\text{当 }\tau\to-\infty.$$

则由式(5.21)可推知,存在 $T_0=T_0(\omega)<-1$,使得对所有的 $\tau\leqslant T_0$,

$$\nu\lambda_1\tau+2\beta\int_\tau^0|y(s)|^2\mathrm{d}s\leqslant\frac{\nu\lambda_1}{2}\tau,$$

由此再结合式(5.38)可得,对所有的 $\tau\leqslant T_0$ 及 $t\in[-1,0]$,

$$\alpha_0^2|v(t,\omega;\tau,v_0)|^2+\alpha_1^2\|v(t,\omega;\tau,v_0)\|^2$$
$$\leqslant\mathrm{e}^{-\nu\lambda_1t+2\beta\int_0^t|y(s)|^2\mathrm{d}s}\Big(\mathrm{e}^{\frac{\nu\lambda_1}{2}\tau}(\alpha_0^2|v_0|^2+\alpha_1^2\|v_0\|^2)+$$
$$c\int_{-\infty}^0(|y(s)|^2+|y(s)|^4+\|f\|_{V'}^2)\mathrm{e}^{\nu\lambda_1s+2\beta\int_s^0|y(\sigma)|^2\mathrm{d}\sigma}\mathrm{d}s\Big)$$
$$\leqslant\mathrm{e}^{-\nu\lambda_1t+2\beta\int_0^t|y(s)|^2\mathrm{d}s}\Big(e^{\frac{\nu\lambda_1}{2}\tau}(\alpha_0^2|u_0|^2+\alpha_1^2\|u_0\|^2)+\mathrm{e}^{\frac{\nu\lambda_1}{2}\tau}(\alpha_0^2|z(\tau)|^2+\alpha_1^2\|z(\tau)\|^2)+$$
$$c\int_{-\infty}^0(|y(s)|^2+|y(s)|^4+\|f\|_{V'}^2)\mathrm{e}^{\nu\lambda_1s+2\beta\int_s^0|y(\sigma)|^2\mathrm{d}\sigma}\mathrm{d}s\Big). \tag{5.39}$$

注意到 $u_0\in D(\vartheta_\tau\omega)$,$|z(\omega)(\tau)|^2$ 和 $\|z(\omega)(\tau)\|^2$ 至多按二次多项式增长,可推知存在 $T=T(D,\omega)\leqslant T_0<-1$,使得对所有的 $\tau\leqslant T$,

$$\mathrm{e}^{\frac{\nu\lambda_1}{2}\tau}(\alpha_0^2|u_0|^2+\alpha_1^2\|u_0\|^2)+\mathrm{e}^{\frac{\nu\lambda_1}{2}\tau}(\alpha_0^2|z(\tau)|^2+\alpha_1^2\|z(\tau)\|^2)+$$
$$c\int_{-\infty}^0(|y(s)|^2+|y(s)|^4+\|f\|_{V'}^2)\mathrm{e}^{\nu\lambda_1s+2\beta\int_s^0|y(\sigma)|^2\mathrm{d}\sigma}\mathrm{d}s\leqslant r(\omega), \tag{5.40}$$

这里

$$r(\omega)=1+c\int_{-\infty}^0(|y(s)|^2+|y(s)|^4+\|f\|_{V'}^2)\mathrm{e}^{\nu\lambda_1s+2\beta\int_s^0|y(\sigma)|^2\mathrm{d}\sigma}\mathrm{d}s.$$

从式(5.17)可知，$r(\omega)$是有限的，$\omega\in\Omega$. 于是，从式(5.39)和式(5.40)可以发现，对所有的$\tau\leqslant T$及$t\in[-1,0]$，

$$\alpha_0^2|v(t,\omega;\tau,u_0-z(\tau))|^2+\alpha_1^2\|v(t,\omega;\tau,u_0-z(\tau))\|^2\leqslant e^{-\nu\lambda_1 t}r(\omega),\tag{5.41}$$

从而暗示了对所有的$\tau\leqslant T$及$t\in[-1,0]$，

$$\begin{aligned}|u(t,\omega;\tau,u_0)|^2+\|u(t,\omega;\tau,u_0)\|^2&\leqslant c(e^{-\nu\lambda_1 t}r(\omega)+|y(\omega)(t)|^2)\\&\leqslant c\Big(r(\omega)+\sup_{-1\leqslant t\leqslant 0}\{|y(\omega)(t)|^2\}\Big):=\varrho_1(\omega).\end{aligned}\tag{5.42}$$

对式(5.36)在区间$[-1,0]$积分，得

$$\begin{aligned}\int_{-1}^0\Big(\alpha_0^2\|v(s)\|^2+\alpha_1^2|Av(s)|^2\Big)ds\leqslant c\int_{-1}^0\Big(&|y(s)|^2(\alpha_0^2|v(s)|^2+\alpha_1^2\|v(s)\|^2)+\\&|y(s)|^2+|y(s)|^4\Big)ds+\alpha_0^2|v(-1)|^2+\alpha_1^2\\&\|v(-1)\|^2+c\|f\|_{V'}^2.\end{aligned}$$

联系式(5.41)可知

$$\begin{aligned}\int_{-1}^0\Big(\alpha_0^2\|v(s)\|^2+\alpha_1^2|Av(s)|^2\Big)ds&\leqslant cr(\omega)e^{\nu\lambda_1}\int_{-1}^0|y(s)|^2ds+c\int_{-1}^0(|y(s)|^2+\\&\quad|y(s)|^4)ds+e^{\nu\lambda_1}r(\omega)+c\|f\|_{V'}^2\\&\leqslant cr(\omega)\Big(1+\sup_{-1\leqslant s\leqslant 0}\{|y(s)|^2\}\Big)+c\sup_{-1\leqslant s\leqslant 0}\{|y(s)|^2+\\&\quad|y(s)|^4\}+c\|f\|_{V'}^2:=\varrho_2(\omega).\end{aligned}\tag{5.43}$$

证明完成.

引理 5.2　假设$f\in V'$，$\mathfrak{D}$如式(5.27)定义，且设$D=\{D(\omega);\omega\in\Omega\}\in\mathfrak{D}$和$\tau\in\mathbb{R}$. 则对$\omega\in\Omega$，存在随机半径$R(\omega)$及$T=T(D,\omega)<-1$，使得对所有的$\tau\leqslant T$，初值问题(5.2)至问题(5.4)的解$u(t,\omega;\tau,u_0)$满足：对$t\in[-1,0]$，

$$|Au(t,\omega;\tau,u_0)|\leqslant R(\omega),\quad u_0\in D(\vartheta_\tau\omega).$$

证明　用Av对式(5.22)在空间H中作内积，可得

$$\begin{aligned}&\frac{1}{2}\frac{d}{dt}(\alpha_0^2\|v\|^2+\alpha_1^2|Av|^2)+\nu(\alpha_0^2|Av|^2+\alpha_1^2|A^{\frac{3}{2}}v|^2)\\&=-(\widetilde{B}(u,\varpi),Av)+\mu(\bar{z},Av)-\nu(A\bar{z},Av)+(f,Av),\end{aligned}\tag{5.44}$$

其中$\bar{z}=\alpha_0^2z+\alpha_1^2Az$和$\varpi=\alpha_0^2u+\alpha_1^2Au$. 现在估计式(5.44)右端所有的项. 首先，

$$\begin{aligned}(\widetilde{B}(u,\varpi),Av)&=(\widetilde{B}(u,\varpi),Au)-(\widetilde{B}(u,\varpi),Az)\\&=-(\widetilde{B}(Au,\varpi),u)-(\widetilde{B}(u,\varpi),Az).\end{aligned}\tag{5.45}$$

根据式(5.13)，如果$p=6$，那么$\delta=1$，或者如果$p=3$，那么$\delta=\frac{1}{2}$，所以运用Hölder不等式和式(5.12)，可得

$$\begin{aligned}|(\widetilde{B}(Au,\varpi),u)|&=\Big|\int_{\mathcal{O}}Au\times(\nabla\times\varpi).u\,dx\Big|\\&\leqslant c|u|_{L^6}|\nabla\varpi|\,\|Au\|_{L^3}\\&\leqslant c\|u\|\,|\nabla\varpi|\,|Au|^{\frac{1}{2}}|A^{\frac{3}{2}}u|^{\frac{1}{2}}\\&\leqslant c\|u\|(\alpha_0^2\|u\|+\alpha_1^2|A^{\frac{3}{2}}u|)|Au|^{\frac{1}{2}}|A^{\frac{3}{2}}u|^{\frac{1}{2}}\end{aligned}$$

$$\leqslant c\|u\|(\alpha_0^2\lambda_1^{-1}+\alpha_1^2)|A^{\frac{3}{2}}u|^{\frac{3}{2}}|Au|^{\frac{1}{2}}$$

$$\leqslant\frac{\upsilon\alpha_1^2}{16}|A^{\frac{3}{2}}u|^2+c\|u\|^4|Au|^2, \tag{5.46}$$

又结合式(5.11)和假定 $Q\in D(A^2)$，可以发现

$$|(\widetilde{B}(u,\varpi),Az)|\leqslant c\|Az\|_{L^\infty}|u||\nabla\varpi|$$

$$\leqslant c|A^2z||u|(\alpha_0^2\lambda_1^{-1}+\alpha_1^2)|A^{\frac{3}{2}}u|$$

$$\leqslant\frac{\upsilon\alpha_1^2}{16}|A^{\frac{3}{2}}u|^2+c|u|^2|A^2z|^2$$

$$\leqslant\frac{\upsilon\alpha_1^2}{16}|A^{\frac{3}{2}}u|^2+c|y(t)|^2|u|^2. \tag{5.47}$$

合并式(5.45)至式(5.47)，得

$$(\widetilde{B}(u,\varpi),Av)|\leqslant\frac{\upsilon\alpha_1^2}{8}|A^{\frac{3}{2}}u|^2+c(\|u\|^4|Au|^2+|y(t)|^2|u|^2)$$

$$\leqslant\frac{\nu\alpha_1^2}{4}|A^{\frac{3}{2}}v|^2+\frac{\nu\alpha_1^2}{4}|A^{\frac{3}{2}}z|^2+c(\|u\|^4|Au|^2+|y(t)|^2|u|^2)$$

$$\leqslant\frac{\nu\alpha_1^2}{4}|A^{\frac{3}{2}}v|^2+c(\|u\|^4|Au|^2+|y(t)|^2|u|^2+|y(t)|^2).$$

另一方面，

$$|\mu(\alpha_0^2z+\alpha_1^2Az,Av)|\leqslant\frac{\nu\alpha_0^2}{4}|Av|^2+c|y(t)|^2,$$

$$|\nu(A(\alpha_0^2z+\alpha_1^2Az),Av)|\leqslant\frac{\nu\alpha_0^2}{4}|Av|^2+c|y(t)|^2,$$

$$|(f,Av)|\leqslant\frac{\nu\alpha_1^2}{4}|A^{\frac{3}{2}}v|^2+c\|f\|_{V'}^2.$$

于是最终获得

$$\frac{\mathrm{d}}{\mathrm{d}t}(\alpha_0^2\|v\|^2+\alpha_1^2|Av|^2)+\nu(\alpha_0^2|Av|^2+\alpha_1^2|A^{\frac{3}{2}}v|^2)$$
$$\leqslant c(\|u\|^4|Au|^2+|y(t)|^2|u|^2+|y(t)|^2+\|f\|_{V'}^2), \tag{5.48}$$

再运用 Poincaré 不等式到式(5.48)的左端的第二项，可得

$$\frac{\mathrm{d}}{\mathrm{d}t}(\alpha_0^2\|v\|^2+\alpha_1^2|Av|^2)+\nu\lambda_1(\alpha_0^2\|v\|^2+\alpha_1^2|Av|^2)$$
$$\leqslant c(\|u\|^4|Au|^2+|y(t)|^2|u|^2+|y(t)|^2+\|f\|_{V'}^2). \tag{5.49}$$

对式(5.49)在区间$[s,t]$上积分，其中 $0\leqslant t\leqslant s\leqslant -1$，则根据引理 5.1，存在 $T=T(D,\omega)<-1$，使得对所有的 $\tau\leqslant T$ 及 $t\in[-1,0]$，

$$\alpha_0^2\|v(t)\|^2+\alpha_1^2|Av(t)|^2\leqslant c\int_{-1}^0\Big(\|u(\zeta)\|^4|Au(\zeta)|^2+|y(\zeta)|^2|u(\zeta)|^2+|y(\zeta)|^2+$$
$$\|f\|_{V'}^2\Big)\mathrm{d}\zeta+\int_{-1}^0(\alpha_0^2\|v(s)\|^2+\alpha_1^2|Av(s)|^2)\mathrm{d}s$$
$$\leqslant c(\varrho_1(\omega))^2\int_{-1}^0(|Av(\zeta)|^2+|Az(\zeta)|^2)\mathrm{d}\zeta+c(\varrho_1(\omega)+1)$$
$$\int_{-1}^0|y(\varsigma)|^2\mathrm{d}\varsigma+\|f\|_{V'}^2+\varrho_2(\omega)$$

$$\leqslant c(\varrho_1(\omega))^2\varrho_2(\omega)+c\Big((\varrho_1(\omega))^2+\varrho_1(\omega)+1\Big)$$

$$\sup_{-1\leqslant\varsigma\leqslant 0}\{|y(\varsigma)|^2\}+\varrho_2(\omega)+\|f\|_{V'}^2. \tag{5.50}$$

于是由式(5.50)可得,对所有的 $\tau\leqslant T$ 及 $t\in[-1,0]$,

$$|Au(t)|^2=|Av(t)+Az(t)|^2\leqslant 2|Av(t)|^2+2|Az(t)|^2$$
$$\leqslant 2|Av(t)|^2+c|y(t)|^2\leqslant 2|Av(t)|^2+c\sup_{-1\leqslant t\leqslant 0}|y(t)|^2,$$
$$\leqslant c\Big((\varrho_1(\omega))^2+1\Big)\varrho_2(\omega)+c\Big((\varrho_1(\omega))^2+\varrho_1(\omega)+1\Big)\sup_{-1\leqslant\varsigma\leqslant 0}\{|y(\varsigma)|^2\}+\|f\|_{V'}^2, \tag{5.51}$$

这就给出了 $R(\omega)$ 的表达式,这里 $\varrho_1(\omega)$ 和 $\varrho_2(\omega)$ 分别如式(5.72)和式(5.43).

为了获得 Flattening 条件,需要分解空间 H^2. 基于算子 A 的特征向量 $\{e_j\}_{j=1}^{\infty}$,定义 k 维子空间 $H_k=\mathrm{span}\{e_1,e_2,\cdots,e_k\}\subset H^2$ 和投影算子 $P_k:H^2\mapsto H_k$ 使得对每一个 $v\in H^2$. v 有唯一分解:$v=v_1+v_2$,其中 $v_1=P_kv=\sum_{j=1}^{k}(v,e_j)e_j\in H_k$ 和 $v_2=(I-P_k)v=\sum_{j=k+1}^{\infty}(v,e_j)e_j\in H_k^{\perp}$. 也就是 $H^2=H_k\oplus H_k^{\perp}$.

引理 5.3 假定 $f\in V'$,$\mathfrak{D}$ 如式(5.27),且设 $D=\{D(\omega);\omega\in\Omega\}\in\mathfrak{D}$ 和 $\tau\in\mathbb{R}$. 则对 $\omega\in\Omega$ 及每一个 $\eta>0$,存在 $N=N(\omega,\eta)$ 和 $T=T(D,\omega)<-1$,使得对所有的 $\tau\leqslant T$ 及 $k\geqslant N$,初值问题(5.2)至问题(5.4)的解 $u(.,\omega;\tau,u_0)$ 满足

$$\|u_2(0,\omega;\tau,u_0)\|^2+|Au_2(0,\omega;\tau,u_0)|^2<\eta,\quad u_0\in D(\vartheta_\tau\omega),$$

这里 $u_2=(I-P_k)u$.

证明 用 Av_2 对式(5.22)的两端作内积,得

$$\frac{1}{2}\frac{\mathrm{d}}{\mathrm{d}t}(\alpha_0^2\|v_2\|^2+\alpha_1^2|Av_2|^2)+\nu(\alpha_0^2|Av_2|^2+\alpha_1^2|A^{\frac{3}{2}}v_2|^2)$$
$$=-(\widetilde{B}(u,\varpi),Av_2)+\mu(\bar{z},Av_2)-\nu A(\bar{z},Av_2)+(f,Av_2), \tag{5.52}$$

这里 $\varpi,\bar{z}$ 如式(5.22). 首先,

$$(\widetilde{B}(u,\varpi),Av_2)=\int_{\mathcal{O}}((u.\nabla)\varpi).Av_2\,\mathrm{d}x-\int_{\mathcal{O}}((Av_2.\nabla)\varpi).u\,\mathrm{d}x$$
$$=-\int_{\mathcal{O}}((u.\nabla)Av_2).\varpi\,\mathrm{d}x+\int_{\mathcal{O}}((Av_2.\nabla)u).\varpi\,\mathrm{d}x, \tag{5.53}$$

其中

$$\left|\int_{\mathcal{O}}((u.\nabla)Av_2).\varpi\,\mathrm{d}x\right|\leqslant c\|u\|_{L^\infty}|A^{\frac{3}{2}}v_2||\varpi|\leqslant c|Au||A^{\frac{3}{2}}v_2||\varpi|$$
$$\leqslant\frac{\nu\alpha_1^2}{4}|A^{\frac{3}{2}}v_2|^2+c|Au|^2(\alpha_0^2|u|^2+\alpha_1^2|Au|^2)$$
$$\leqslant\frac{\nu\alpha_1^2}{4}|A^{\frac{3}{2}}v_2|^2+c|Au|^2(|u|^2+|Au|^2), \tag{5.54}$$

$$\left|\int_{\mathcal{O}}((v_2.\nabla)u).\varpi\,\mathrm{d}x\right|\leqslant c\|v_2\|_{L^\infty}|\nabla u||\varpi|\leqslant c|Av_2|\|u\||\varpi|$$
$$\leqslant\frac{\nu\alpha_0^2}{4}|Av_2|^2+c|Au|^2(\alpha_0^2|u|^2+\alpha_1^2|Au|^2)$$
$$\leqslant\frac{\nu\alpha_0^2}{4}|Av_2|^2+c|Au|^2(|u|^2+|Au|^2). \tag{5.55}$$

合并式(5.53)至式(5.55)可得以下估计：

$$|(\widetilde{B}(u,\varpi),Av_2)|\leqslant\frac{\nu\alpha_0^2}{4}|Av_2|^2+\frac{\nu\alpha_1^2}{4}|A^{\frac{3}{2}}v_2|^2+c|Au|^2(|u|^2+|Au|^2). \tag{5.56}$$

另一方面式(5.52)右端其他各项估计为：

$$|\mu(\alpha_0^2z+\alpha_1^2Az,Av_2)|\leqslant\frac{\nu\alpha_0^2}{4}|Av_2|^2+c|y(t)|^2, \tag{5.57}$$

$$|\nu A(\alpha_0^2z+\alpha_1^2Az,Av_2)|=|\nu\nabla(\alpha_0^2z+\alpha_1^2Az,\nabla Av_2)|\leqslant\frac{\nu\alpha_1^2}{8}|A^{\frac{3}{2}}v_2|^2+c|y(t)|^2, \tag{5.58}$$

$$|(f,Av_2)|\leqslant\frac{\nu\alpha_1^2}{8}|A^{\frac{3}{2}}v_2|^2+c\|f\|_{V'}^2. \tag{5.59}$$

把式(5.56)至式(5.59)代入式(5.52)，可得

$$\begin{aligned}&\frac{\mathrm{d}}{\mathrm{d}t}(\alpha_0^2\|v_2\|^2+\alpha_1^2|Av_2|^2)+\nu(\alpha_0^2|Av_2|^2+\alpha_1^2|A^{\frac{3}{2}}v_2|^2)\\&\qquad\leqslant c|Au|^2(|u|^2+|Au|^2)+c(|y(t)|^2+\|f\|_{V'}^2).\end{aligned}$$

于是，运用 Poincaré 不等式，得

$$\begin{aligned}&\frac{\mathrm{d}}{\mathrm{d}t}(\alpha_0^2\|v_2\|^2+\alpha_1^2|Av_2|^2)+\gamma(\alpha_0^2\|v_2\|^2+\alpha_1^2|Av_2|^2)\\&\qquad\leqslant c|Au|^2(|u|^2+|Au|^2)+c(|y(t)|^2+\|f\|_{V'}^2),\end{aligned} \tag{5.60}$$

这里引入记号 $\gamma=\nu\lambda_{k+1}$。用 $\mathrm{e}^{\gamma t}$ 乘以式(5.60)，然后在区间 $[s,0]$ $(s\in[-1,0])$ 上积分，有

$$\begin{aligned}&\alpha_0^2\|v_2(0)\|^2+\alpha_1^2|Av_2(0)|^2\leqslant c\int_{-1}^0\mathrm{e}^{\gamma t}|Au(t)|^2(|u(t)|^2+|Au(t)|^2)\mathrm{d}t+\\&c\int_{-1}^0\mathrm{e}^{\gamma t}(|y(t)|^2+\|f\|_{V'}^2)\mathrm{d}t+\int_{-1}^0\mathrm{e}^{\gamma s}(\alpha_0^2\|v_2(s)\|^2+\alpha_1^2|Av_2(s)|^2)\mathrm{d}s.\end{aligned} \tag{5.61}$$

根据引理 5.1 和引理 5.2 可知，存在 $T=T(D,\omega)<-1$，使得对所有的 $t\leqslant T$，

$$\begin{aligned}c\int_{-1}^0\mathrm{e}^{\gamma t}|Au(t)|^2(|u(t)|^2+|Au(t)|^2)\mathrm{d}t&\leqslant c\Big((R(\omega))^2(\varrho_1(\omega)+(R(\omega))^2)\Big)\int_{-1}^0\mathrm{e}^{\gamma t}\mathrm{d}t\\&\leqslant\frac{c}{\gamma}\Big((R(\omega))^2(\varrho_1(\omega)+(R(\omega))^2\Big),\end{aligned} \tag{5.62}$$

$$\begin{aligned}&\int_{-1}^0\mathrm{e}^{\gamma s}(\alpha_0^2\|v_2(s)\|^2+\alpha_1^2|Av_2(s)|^2)\mathrm{d}s\leqslant c\int_{-1}^0\mathrm{e}^{\gamma s}(\|v(s)\|^2+|Av(s)|^2)\mathrm{d}s\\&\leqslant c\int_{-1}^0\mathrm{e}^{\gamma s}(\|u(s)\|^2+|Au(s)|^2)\mathrm{d}s+c\int_{-1}^0\mathrm{e}^{\gamma s}(\|z(s)\|^2+|Az(s)|^2)\mathrm{d}s\\&\leqslant c(\varrho_1(\omega)+(R(\omega))^2)\int_{-1}^0\mathrm{e}^{\gamma s}\mathrm{d}s+c\int_{-1}^0\mathrm{e}^{\gamma s}|y(s)|^2\mathrm{d}s\\&\leqslant\frac{c}{\gamma}\Big(\varrho_1(\omega)+(R(\omega))^2+\sup_{-1\leqslant t\leqslant 0}\{|y(s)|^2\}\Big).\end{aligned} \tag{5.63}$$

同时，

$$c\int_{-1}^0\mathrm{e}^{\gamma t}(|y(t)|^2+\|f\|_{V'}^2)\mathrm{d}t\leqslant\frac{c}{\gamma}\Big(\sup_{-1\leqslant t\leqslant 0}\{|y(t)|^2\}+\|f\|_{V'}^2\Big), \tag{5.64}$$

这里的正常数 c 不依赖 λ_{k+1}。当 $k\to\infty$，则 $\gamma=\mu\lambda_{k+1}\to\infty$。故结合式(5.61)至式(5.64)得

$$\|v_2(0)\|^2+|Av_2(0)|^2\to 0,\text{当 }k\to\infty. \tag{5.65}$$

由于

$$\|u_2(0)\|^2+|Au_2(0)|^2\leqslant 2(\|v_2(0)\|^2+|Av_2(0)|^2)+2(\|z_2(0)\|^2+|Az_2(0)|^2)$$

$$\leqslant 2(\|v_2(0)\|^2+|Av_2(0)|^2)+\frac{2}{\lambda_{k+1}}(|Az_2(0)|^2+|A^{\frac{3}{2}}z_2(0)|^2)$$

$$\leqslant 2(\|v_2(0)\|^2+|Av_2(0)|^2)+\frac{2}{\lambda_{k+1}}(|Az(0)|^2+|A^{\frac{3}{2}}z(0)|^2),$$

所以结合式(5.65)可得

$$\|u_2(0)\|^2+|Au_2(0)|^2\to 0,\text{当 } k\to\infty.$$

5.3 H^2-光滑吸引子

定理 5.1　假设 $f\in V'$,$\mathfrak{D}$如式(5.27),则与初值问题(5.2)至问题(5.4)相应的随机动力系统 φ 在空间 H^2 上存在唯一随机吸引子 $A=\{A(\omega);\omega\in\Omega\}$. 并且 A 吸引$\mathfrak{D}$中的每个集.

证明　根据引理 5.2,对 $\omega\in\Omega$ 及每一个 $D=\{D(\omega);\omega\in\Omega\}\in\mathfrak{D}$,都存在 $T=T(D,\omega)<-1$,使得对所有的 $\tau\leqslant T$,初值问题(5.2)至问题(5.4)的解满足

$$|Au(0,\omega;\tau,u_0)|\leqslant R(\omega),\tag{5.66}$$

其中 $R(\omega)$ 由式(5.51)给出. 下面说明 $R(\omega)$ 满足

$$e^{2\ell\tau}R^2(\vartheta_\tau\omega)\to 0,\text{当 } \tau\to-\infty,\tag{5.67}$$

其中 $\ell=\frac{1}{2}\mu\lambda_1$;也就是证明:当 $\tau\to-\infty$,

$$e^{2\ell\tau}\Big[(c(\varrho_1(\vartheta_\tau\omega))^2+1)\varrho_2(\vartheta_\tau\omega)+c\Big((\varrho_1(\vartheta_\tau\omega))^2+\varrho_1(\vartheta_\tau\omega)+1\Big)\sup_{-1\leqslant\varsigma\leqslant 0}\{|y(\vartheta_\tau\omega)(\varsigma)|^2\}+\|f\|_{V'}^2\Big]\to 0.\tag{5.68}$$

事实上,根据式(5.16)以及利用一些参数变换,可以发现,当 $\tau\to-\infty$时,

$$e^{\frac{\ell}{2}\tau}\int_{-\infty}^0(|y(\vartheta_\tau\omega)(s)|^2+|y(\vartheta_\tau\omega)(s)|^4+\|f\|_{V'}^2)e^{2\ell s+2\beta\int_s^0|y(\vartheta_\tau\omega)(\sigma)|^2d\sigma}ds$$

$$=e^{\frac{\ell}{2}\tau}\int_{-\infty}^0(|y(\omega)(s+\tau)|^2+|y(\omega)(s+\tau)|^4+\|f\|_{V'}^2)e^{2\ell s+2\beta\int_s^0|y(\omega)(\sigma+\tau)|^2d\sigma}ds$$

$$=e^{\frac{\ell}{2}\tau}\int_{-\infty}^{\tau}(|y(s)|^2+|y(s)|^4+\|f\|_{V'}^2)e^{2\ell(s-\tau)+2\beta\int_s^{\tau}|y(\sigma)|^2d\sigma}ds$$

$$\leqslant e^{\frac{\ell}{2}\tau}\int_{-\infty}^{\tau}(|y(s)|^2+|y(s)|^4+\|f\|_{V'}^2)e^{\frac{\ell}{4}(s-\tau)+2\beta\int_s^{\tau}|y(\sigma)|^2d\sigma}ds$$

$$\leqslant e^{\frac{\ell}{2}\tau}\int_{-\infty}^0(|y(s)|^2+|y(s)|^4+\|f\|_{V'}^2)e^{\frac{\ell}{4}(s-\tau)+2\beta\int_s^0|y(\sigma)|^2d\sigma}ds$$

$$=e^{\frac{\ell}{4}\tau}\int_{-\infty}^0(|y(s)|^2+|y(s)|^4+\|f\|_{V'}^2)e^{\frac{\ell}{4}s+2\beta\int_s^0|y(\sigma)|^2d\sigma}ds\to 0.$$

结合式(5.17),当 $\tau\to-\infty$时,

$$\sup_{-1\leqslant\varsigma\leqslant 0}\{|y(\vartheta_\tau\omega)(\varsigma)|^2\}=\sup_{-1\leqslant\varsigma\leqslant 0}\{|y(\varsigma+\tau)|^2\}\leqslant(1-\tau)^2,$$

故当 $\tau\to-\infty$时,

$$e^{\frac{\ell}{2}\tau}\varrho_1(\vartheta_\tau\omega)=ce^{\frac{\ell}{2}\tau}\Big(r(\vartheta_\tau\omega)+\sup_{-1\leqslant t\leqslant 0}\{|y(\vartheta_\tau\omega)(t)|^2\}\Big)\to 0.\tag{5.69}$$

类似的讨论可得,当 $\tau\to-\infty$时,

$$e^{\frac{\ell}{2}\tau}\varrho_2(\vartheta_\tau\omega)\to 0. \tag{5.70}$$

这里ϱ_1,ϱ_2 分别如式(5.42)和式(5.43). 于是,由式(5.69)和式(5.70)可得到式(5.67). 对 $\omega\in\Omega$,令

$$K(\omega)=\{u\in H^2;|Au|\leqslant R(\omega)\}. \tag{5.71}$$

则 $K=\{K(\omega);\omega\in\Omega\}\in\mathfrak{D}$,再结合式(5.66)可得 K 是随机动力系统 φ 在 H^2 中的随机吸收集,吸收$\mathfrak{D}$中的每个集.

另一方面根据引理 5.3,对 $\omega\in\Omega$ 及每一个 $D=\{D(\omega);\omega\in\Omega\}\in\mathfrak{D}$,存在 $T=T(D,\omega)<-1$和 $N=N(\omega,\eta)$,使得对所有的 $\tau\leqslant T$,

$$\|(I-P_N)u(0,\omega;\tau,u_0)\|_{H^2}<\eta,\quad u_0\in D(\vartheta_\tau\omega).$$

由式(5.66)对所有的 $t\leqslant T$,

$$\|P_Nu(0,\omega;\tau,u_0)\|_{H^2}\leqslant R(\omega),\quad u_0\in D(\vartheta_\tau\omega).$$

于是 Flattening 条件在 H^2 中成立. 因此,根据定理 2.1 和定理 2.3,该定理得证.

第 6 章

随机 Boussinesq 模型的吸引子

Boussinesq 偏微分方程组是一类重要的热流体动力学模型，由一个二维 Navier-Stokes 方程和流体温度转移方程构成. 该模型描述了受温度影响的黏性不可压缩流体的运动规律，在流体的分解和燃烧、流体-结构相互作用、新型潜艇推进装置的设计和核反应堆模型中有广泛的应用. 文献[1,46-48,61,83,89]中研究了全局解的存在性，包括谱分解法的运用等.

为了简化计算，设流体所占区域是单位面积为 1 的平面区域$\mathcal{O}=(0,1)\times(0,1)\subset\mathbb{R}^2$. 本章讨论定义在$\mathcal{O}$上的具有可加噪声的如下随机 Boussinesq 模型：

$$\mathrm{d}v+[(v.\nabla)v-\nu\Delta v+\nabla p]\mathrm{d}t=\mathrm{e}_2(T-\varepsilon_1)\mathrm{d}t+\sum_{j=1}^{m}\phi_j\mathrm{d}w_j(t), \tag{6.1}$$

$$\mathrm{d}T+[(v.\nabla)T]\mathrm{d}t-\kappa\Delta T=0, \tag{6.2}$$

$$\mathrm{div}\ v=0, \tag{6.3}$$

初始条件：

$$v(x,0)=v_0(x),T(x,0)=T_0(x),\quad x\in\mathcal{O}, \tag{6.4}$$

这里 $\mathrm{e}_2\in\mathbb{R}^2$是重力加速度方向的单位向量；$v(x,t)=(v_1(x,t),v_2(x,t))$，$p(x,t)$，$T(x,t)$分别代表流体的速度、压强、温度域；$\kappa$ 为常数，表示热传导系数；$\nu>0$ 表示运动黏度系数；ε_1 为在顶部 $x_2=1$ 处的温度，而 $\varepsilon_0=\varepsilon_1+1$ 为在底部 $x_2=0$ 处的温度；$\phi_j(x)=(\phi_{j1}(x),\phi_{j2}(x))$为定义在$\mathcal{O}$上的函数，属于某 Hilbert 空间；$w(t)=\{w_1(t),w_2(t),\cdots,w_m(t)\}$为双边实值的 Wiener 过程. 方程组(6.1)至方程组(6.4)赋予非齐次边界条件：

$$v=0,当\ x_2=0,x_2=1; \tag{6.5}$$

$$T=\varepsilon_0,当\ x_2=0,及\ T=\varepsilon_1=\varepsilon_0-1,当\ x_2=1; \tag{6.6}$$

$$\psi|_{x_1=0}=\psi|_{x_1=1},其中\ \psi=v,T,P,\frac{\partial v}{\partial x_1},\frac{\partial T}{\partial x_1}. \tag{6.7}$$

随机情形，文献[23]讨论了具有空间值可加噪声和动力边界条件的 Boussines 模型，证明了随机吸引子的存在性. 文献[65]获得了当速度方程在具有乘法噪声扰动下，Boussinesq 方程组的随机吸引子的存在性结果. 文献[126]考虑了速度方程和温度方程都具有加法噪声情形，证明了当参数 $\min\{\nu,\kappa\}>1$ 时吸引子的存在性结果. 注意到边界条件(6.5)和条件(6.7)的非齐次性，在估计方程组(6.1)至方程组(6.4)的解时，著名的 Poincaré 不等式失效. 文献[89]引入了最大原理克服了这一问题，获得了全局吸引子的存在性. 这里需要借用这一思路来获得解的渐近估计. 读者可参阅文献[126].

6.1　数学背景

引入 Hilbert 乘积空间 $H=H_1\times H_2$,其中 $H_2=L^2(\mathcal{O})$和

$$H_1=\{\xi=(\xi_1,\xi_2)\in L^2(\mathcal{O})^2;\operatorname{div}\xi=0,\xi_i|_{x_i=0}=\xi_i|_{x_i=1},i=1,2\}.$$

我们用(.,.)表示 H_1,H_2,H 空间中的内积,$\|.\|$ 表示相对应的范数,这在上下文不会引起混乱.

同时引入乘积空间 $V=V_1\times V_2$,其中 V_2 为 Sobolev 空间 $H^1(\mathcal{O})$中的函数,在 $x_2=0$ 和 $x_2=1$处为零,而在 x_1 方向上是周期的. 在 V_2 上成立 Poincaré 不等式,即存在正常数 $c_0=1$,

$$\|\eta\|\leqslant\|\nabla\eta\|,\quad \eta\in V_2. \tag{6.8}$$

并且 V_2 为 Hilbert 空间,内积为

$$((\eta_1,\eta_2))=\int_{\mathcal{O}}\nabla\eta_1\cdot\nabla\eta_2\mathrm{d}x,\quad \eta_1,\eta_2\in V_2.$$

根据式(6.8),V_2 具有等价范数

$$\|\nabla\eta\|=((\eta,\eta))^{\frac{1}{2}}=\left(\int_{\mathcal{O}}\left(\frac{\partial\eta}{\partial x_1}\right)^2\mathrm{d}x+\int_{\mathcal{O}}\left(\frac{\partial\eta}{\partial x_2}\right)^2\mathrm{d}x\right)^{\frac{1}{2}},\quad \eta\in V_2.$$

空间 V_1 为

$$V_1=\{\xi=(\xi_1,\xi_2)\in V_2^2;\operatorname{div}\xi=0\},$$

内积为((.,.)),等价范数为

$$\|\nabla\xi\|=\left(\sum_{i,j=1}^{2}\left\|\frac{\partial\xi_i}{\partial x_j}\right\|^2\right)^{\frac{1}{2}},\quad \xi=(\xi_1,\xi_2)\in V_1.$$

设

$$b(u,v,\varpi)=\int_{\mathcal{O}}(u.\nabla)v.\varpi\,\mathrm{d}x=\sum_{i,j=1}^{2}\int_{\mathcal{O}}u_i\frac{\partial v_j}{\partial x_i}\varpi_j\mathrm{d}x$$

无论如何该积分是有意义的. 事实上 b 在 $H^1(\mathcal{O})^2$ 上,特别地在 V_1 上是三线性连续的. 定义从空间 $V_1\times V_1$ 对偶空间 V_1'的双线性算子 Λ:

$$b(u,v,\varpi)=(\Lambda(u,v),\varpi),\quad u,v,\varpi\in V_1. \tag{6.9}$$

则 $\Lambda(u,v)=(u.\nabla)v$. 容易证明 $b(u,v,\omega)$和 $\Lambda(u,v)$有以下基本特征:

$$b(u,v,v)=0,b(u,v,\varpi)=-b(u,\varpi,v),\quad u,v,\varpi\in V_1, \tag{6.10}$$

及

$$\|\Lambda(u,v)\|\leqslant 2^{\frac{3}{4}}\|u\|_4\|\nabla v\|_4,\quad u,v\in H_0^1(\mathcal{O})^2, \tag{6.11}$$

这里 $\|.\|_p$ 表示空间 $L^p(\mathcal{O})^2$ 上的范数. 更多有关 $b(u,v,\varpi)$和 $\Lambda(u,v)$的结果,读者可参阅文献[89].

类似于文献[89],作参数变换简化方程组(6.1)至方程组(6.4)的形式和边界条件(6.5)与条件(6.7). 设 $\eta=T-\varepsilon_0+x_2$,用 $p+x_2-x_2^2/2$ 代替方程中的 p,则有

$$\mathrm{d}v+[(v.\nabla)v-\nu\Delta v+\nabla p]\mathrm{d}t=\mathrm{e}_2\eta\mathrm{d}t+\sum_{j=1}^{m}\phi_j\mathrm{d}w_j(t), \tag{6.12}$$

$$\mathrm{d}\eta+[(v.\nabla)\eta-\kappa\Delta\eta]\mathrm{d}t=v_2\mathrm{d}t, \tag{6.13}$$

$$\operatorname{div} v=0, \tag{6.14}$$

初值条件：

$$v_0=v(x,0),\eta_0=T_0(x)-\varepsilon_0+x_2,$$

边界条件：

$$v|_{x_2=0}=v|_{x_2=1}=0; \tag{6.15}$$

$$\eta|_{x_2=0}=\eta|_{x_2=1}=0; \tag{6.16}$$

$$\psi|_{x_1=0}=\psi|_{x_1=1},\text{其中 }\psi=v,\eta,p,\frac{\partial v}{\partial x_1},\frac{\partial \eta}{\partial x_1}. \tag{6.17}$$

我们将假设 $j=1,2,\cdots,m,\phi_j\in V_1\cap H^3(\mathcal{O})^2$ 以及存在正常数 C,使得

$$|(\Lambda(u,\phi_j),u)|\leqslant C\|u\|^2,\text{对所有的 }u\in H_1. \tag{6.18}$$

和通常一样,设

$$\Omega=\{\omega=(\omega_1,\omega_2,\cdots,\omega_m)\in C(\mathbb{R},\mathbb{R}^m);\omega(0)=0\},$$

以及

$$\vartheta_t\omega(.)=\omega(.+t)-\omega(t),\text{对所有的 }\omega\in\Omega,t\in\mathbb{R}.$$

则$(\Omega,F,P,\{\vartheta_t\}_{t\in\mathbb{R}})$为遍历的距离动力系统.

设

$$y_j(t)=y_j(\vartheta_t\omega_j)=-\lambda\int_{-\infty}^0 e^{\lambda s}(\vartheta_t\omega_j)(s)\mathrm{d}s, \tag{6.19}$$

及 $z(\vartheta_t\omega)=\sum_{j=1}^m\phi_j y_j(\vartheta_t\omega_j)$,则有

$$\mathrm{d}z+\lambda z\mathrm{d}t=\sum_{j=1}^m\phi_j\mathrm{d}w_j(t). \tag{6.20}$$

令 $\xi(t)=v(t)-z(\vartheta_t\omega)$,其中 $\xi(t)=(\xi_1(t),\xi_2(t))$ 和 $z(\vartheta_t\omega)=(z_1(\vartheta_t\omega),z_2(\vartheta_t\omega))$. 则得到以下不含白噪声项的偏微分方程组：

$$\frac{\mathrm{d}\xi}{\mathrm{d}t}+\Lambda(v,v)-\nu\Delta\xi+\nabla p=e_2\eta+\lambda z(\vartheta_t\omega)+\nu\Delta z(\vartheta_t\omega), \tag{6.21}$$

$$\frac{\mathrm{d}\eta}{\mathrm{d}t}+(v.\nabla)\eta-\kappa\Delta\eta=\xi_2+z_2(\vartheta_t\omega), \tag{6.22}$$

$$\operatorname{div}\xi=0, \tag{6.23}$$

初始条件：

$$\xi_0=v_0-z(\omega),\eta_0=T_0-\varepsilon_0+x_2,$$

边界条件：

$$\xi|_{x_2=0}=\xi|_{x_2=1}=0; \tag{6.24}$$

$$\eta|_{x_2=0}=\eta|_{x_2=1}=0; \tag{6.25}$$

$$\psi|_{x_1=0}=\psi|_{x_1=1},\text{其中 }\psi=\xi,\eta,p,\frac{\partial \xi}{\partial x_1},\frac{\partial \eta}{\partial x_1}. \tag{6.26}$$

记

$$v(t,\omega,v_0)=\xi(t,\omega,v_0-z(\omega))+z(\vartheta_t\omega), \tag{6.27}$$

$$T(t,\omega,T_0)=\eta(t,\omega,\eta_0)+\varepsilon_0-x_2. \tag{6.28}$$

定义映射 φ: $\mathbb{R}^+\times\Omega\times H\to H$：

$$\varphi(t,\omega,(v_0,T_0))=(v(t,\omega,v_0),T(t,\omega,T_0))\ \forall(t,\omega,(v_0,T_0))\in\mathbb{R}^+\times\Omega\times H,\tag{6.29}$$

则 φ 是方程组(6.1)至方程组(6.7)对应的在乘积空间 H 上的连续随机动力系统.

以下证明 φ 在空间 H 中存在$\mathfrak{D}$-随机吸引子，这里$\mathfrak{D}$定义如下：

$$\mathfrak{D}=\{B=\{B(\omega);\omega\in\Omega\};B(\omega)\subseteq H \text{ 和} \lim_{t\to\infty} e^{-\frac{1}{8}\delta t}d^2(B(\vartheta_{-t}\omega)\to 0,\}\tag{6.30}$$

其中 $\delta=\min\{\nu,\kappa\}$，$d(B(\vartheta_{-t}\omega)=\sup\limits_{u\in B(\vartheta_{-t}\omega)}\|u\|_H$.

6.2 一致先验估计

本节中，字母 c 和 c_i，$i=1,2,\cdots$，为通用正常数，在不同行甚至同一行可以取不同的值. 运用$\mathbb{R}^2$空间中的 Agmon 不等式(见文献[89])，得到一个重要的不等式：

$$\|\phi\|_\infty\leqslant\beta_0\|\phi\|_{H^2},\phi\in H^2(\mathcal{O})^2,\tag{6.31}$$

这里的 β_0 为固定的正常数. 我们也引入了一些经典记号. 设 u 为定义在$\mathcal{O}$上的实函数，记

$$u_+(x)=\max\{u(x),0\},u_-(x)=\max\{-u(x),0\},x\in\mathcal{O},$$

$$u=u_+-u_-,|u|=u_++u_-.$$

如果 $u\in L^2(\mathcal{O})$，明显地，$u_+,u_-\in L^2(\mathcal{O})$，及

$$\|u_+\|\leqslant\|u\|,\|u_-\|\leqslant\|u\|.\tag{6.32}$$

首先在空间 $L^2(\mathcal{O})$范数下估计 η. 由于在方程(6.21)和方程(6.22)中的 η 和 ξ 相互交叉作用，当 ν 和 κ 取小值时，特别是当 $\nu,\kappa<1$ 时，似乎不可能直接获得 η 的估计. 为克服这一困难，通常用文献[89]中的思路去处理.

引理 6.1 假设式(6.18)成立，取 $\delta=\min\{\nu,\kappa\}$. 则对所有的 $s\geqslant0$ 和 $\omega\in\Omega$，

$$\|\eta(s,\omega,\eta_0(\omega))\|\leqslant3\|\eta_0(\omega)\|e^{-\frac{\delta}{2}s}+3|\mathcal{O}|^{\frac{1}{2}},$$

这里的$|\mathcal{O}|$为区域$\mathcal{O}$的测度.

证明 根据文献[89]第 137 页的公式(3.108)可知，对每一个 $s\geqslant0$，

$$\|\eta(s)\|\leqslant|\mathcal{O}|^{\frac{1}{2}}+(\|(\eta-1)_+(0)\|+\|(\eta-1)_-(0)\|)e^{-\kappa s}.$$

于是由式(6.32)得

$$\begin{aligned}\|\eta(s)\|&\leqslant|\mathcal{O}|^{\frac{1}{2}}+(\|(\eta-1)(0)\|+\|(\eta-1)(0)\|)e^{-\kappa s}\\&=|\mathcal{O}|^{\frac{1}{2}}+(\|\eta(0)-1\|+\|\eta(0)-1\|)e^{-\kappa s}\\&\leqslant3\|\eta_0(\omega)\|e^{-\frac{\delta}{2}s}+3|\mathcal{O}|^{\frac{1}{2}}.\end{aligned}$$

证毕.

引理 6.2 假设式(6.18)成立，取 $\delta=\min\{\nu,\kappa\}$. 则对所有的 $t\geqslant0$，$l\in[t,t+1]$，

$$\begin{aligned}&\|\xi(l,\vartheta_{-t-1}\omega,\xi_0(\vartheta_{-t-1}\omega))\|^2\leqslant c_1e^{\int_{-t-1}^0p_0(\vartheta_\tau\omega)d\tau}(\|v_0(\vartheta_{-t-1}\omega)\|^2+\|T_0(\vartheta_{-t-1}\omega)\|^2)+\\&c_2\|z(\vartheta_{-t-1}\omega)\|^2e^{\int_{-t-1}^0p_0(\vartheta_\tau\omega)d\tau}+c_3e^{\int_{-t-1}^0p_0(\vartheta_\tau\omega)d\tau}+c_4\int_0^le^{\int_{s-t-1}^0p_0(\vartheta_\tau\omega)d\tau}ds+\\&c_5\int_{-\infty}^0p_1(\vartheta_s\omega)e^{\int_s^0p_0(\vartheta_\tau\omega)d\tau}ds,\end{aligned}\tag{6.33}$$

其中

$$p_0(\vartheta_t\omega)=-\frac{\delta}{2}+4C\sum_{j=1}^{m}|y_j(\vartheta_t\omega_j)|,$$

$$p_1(\vartheta_t\omega)=c_0\sum_{j=1}^{m}(|y_j(\vartheta_t\omega_j)|^2+|y_j(\vartheta_t\omega_j)|^4).$$

证明 用 ξ 对式(6.21)在空间 H_1 中作内积. 利用散度为零,可知 ∇p 所在的项消失了,且

$$\frac{1}{2}\frac{\mathrm{d}}{\mathrm{d}t}\|\xi\|^2+\nu\|\nabla\xi\|^2=-(\Lambda(v,v),\xi)+(\mathrm{e}_2\eta,\xi)+\lambda(z(\vartheta_t\omega),\xi)+\nu(\Delta z(\vartheta_t\omega),\xi)$$

$$=-(\Lambda(v,z(\vartheta_t\omega)),v)+(\mathrm{e}_2\eta,\xi)+\lambda(z(\vartheta_t\omega),\xi)-\nu(\nabla z(\vartheta_t\omega),\nabla\xi),\tag{6.34}$$

这里使用了关系式(6.10)和 $v=\xi+z(\vartheta_t\omega)$. 由假设(6.18)和 $z(\vartheta_t\omega)$ 的定义,我们发现

$$(\Lambda(v,z(\vartheta_t\omega)),v)=\sum_{j=1}^{m}(\Lambda(v,\phi_j),v)y_j(\vartheta_t\omega_j)\leqslant C\|v\|^2\sum_{j=1}^{m}|y_j(\vartheta_t\omega_j)|$$

$$\leqslant 2C\|\xi\|^2\sum_{j=1}^{m}|y_j(\vartheta_t\omega_j)|+2C\|z(\vartheta_t\omega)\|^2\sum_{j=1}^{m}|y_j(\vartheta_t\omega_j)|.\tag{6.35}$$

由 Young 不等式和 Poincaré 不等式(6.8),有

$$\|\xi\|\ \|\eta\|\leqslant\frac{\nu}{8}\|\xi\|^2+\frac{2}{\nu}\|\eta\|^2\leqslant\frac{\nu}{8}\|\nabla\xi\|^2+\frac{2}{\nu}\|\eta\|^2,\tag{6.36}$$

$$\lambda\|z(\vartheta_t\omega)\|\ \|\xi\|\leqslant\frac{\nu}{8}\|\xi\|^2+\frac{2\lambda^2}{\nu}\|z(\vartheta_t\omega)\|^2\leqslant\frac{\nu}{8}\|\nabla\xi\|^2+\frac{2\lambda^2}{\nu}\|z(\vartheta_t\omega)\|^2,\tag{6.37}$$

$$\nu\|\nabla z(\vartheta_t\omega)\|\ \|\nabla\xi\|\leqslant\frac{\nu}{2}\|\nabla\xi\|^2+\frac{\nu}{2}\|\nabla z(\vartheta_t\omega)\|^2.\tag{6.38}$$

因此,从式(6.34)至式(6.38)得到

$$\frac{1}{2}\frac{\mathrm{d}}{\mathrm{d}t}\|\xi\|^2+\frac{\nu}{4}\|\nabla\xi\|^2\leqslant 2C\|\xi\|^2\sum_{j=1}^{m}|y_j(\vartheta_t\omega_j)|+2C\|z(\vartheta_t\omega)\|^2\sum_{j=1}^{m}|y_j(\vartheta_t\omega_j)|+$$

$$\frac{2}{\nu}\|\eta\|^2+\frac{2\lambda^2}{\nu}\|z(\vartheta_t\omega)\|^2+\frac{\nu}{2}\|\nabla z(\vartheta_t\omega)\|^2.\tag{6.39}$$

注意,$z(\vartheta_t\omega)=\sum_{j=1}^{m}\phi_j y_j(\vartheta_t\omega_j)$ 和 $\phi_j\in V_1$,通过形式的计算可推得

$$2C\|z(\vartheta_t\omega)\|^2\sum_{j=1}^{m}|y_j(\vartheta_t\omega_j)|+\frac{2\lambda^2}{\nu}\|z(\vartheta_t\omega)\|^2+\frac{\nu}{2}\|\nabla z(\vartheta_t\omega)\|^2$$

$$\leqslant c_1\sum_{j=1}^{m}(|y_j(\vartheta_t\omega_j)|^2+|y_j(\vartheta_t\omega_j)|^4)=p_1(\vartheta_t\omega),\tag{6.40}$$

这里 c_1 为仅依赖 m,C,λ,ν 的正常数. 由式(6.39)至式(6.40)和 $\delta\leqslant\nu$ 有

$$\frac{\mathrm{d}}{\mathrm{d}t}\|\xi\|^2+\frac{\delta}{2}\|\nabla\xi\|^2\leqslant 4C\|\xi\|^2\sum_{j=1}^{m}|y_j(\vartheta_t\omega_j)|+\frac{4}{\nu}\|\eta\|^2+2p_1(\vartheta_t\omega).\tag{6.41}$$

再次运用式(6.8)得

$$\frac{\mathrm{d}}{\mathrm{d}t}\|\xi\|^2\leqslant p_0(\vartheta_t\omega)\|\xi\|^2+\frac{4}{\nu}\|\eta\|^2+2p_1(\vartheta_t\omega).\tag{6.42}$$

这里 $p_0(\vartheta_t\omega)=-\frac{\delta}{2}+4C\sum_{j=1}^{m}|y_j(\vartheta_t\omega_j)|$. 运用 Gronwall 引理到式(6.42),得到对所有的 $l\geqslant 0$,

$$\|\xi(l,\omega,\xi_0(\omega))\|^2\leqslant \mathrm{e}^{\int_0^l p_0(\vartheta_\tau\omega)\mathrm{d}\tau}\|\xi_0(\omega)\|^2+\frac{4}{\nu}\int_0^l\|\eta(s,\omega,\eta_0(\omega))\|^2\mathrm{e}^{\int_s^l p_0(\vartheta_\tau\omega)\mathrm{d}\tau}\mathrm{d}s+$$

$$2\int_0^l p_1(\vartheta_s\omega)\mathrm{e}^{\int_s^l p_0(\vartheta_\tau\omega)\mathrm{d}\tau}\mathrm{d}s \tag{6.43}$$

现固定 $t>0$ 和 $l\in[t,t+1]$，用 $\vartheta_{-t-1}\omega$ 代替 ω，给出了当 $t\geqslant 0$，

$$\begin{aligned}
&\|\xi(l,\vartheta_{-t-1}\omega,\xi_0(\vartheta_{-t-1}\omega))\|^2\\
&\leqslant \mathrm{e}^{\int_0^l p_0(\vartheta_{\tau-t-1}\omega)\mathrm{d}\tau}\|\xi_0(\vartheta_{-t-1}\omega)\|^2+\frac{4}{\nu}\int_0^l\|\eta(s,\vartheta_{-t-1}\omega,\eta_0(\vartheta_{-t-1}\omega))\|^2\mathrm{e}^{\int_s^l p_0(\vartheta_{\tau-t-1}\omega)\mathrm{d}\tau}\mathrm{d}s+\\
&\quad 2\int_0^l p_1(\vartheta_{s-t-1}\omega)\mathrm{e}^{\int_s^l p_0(\vartheta_{\tau-t-1}\omega)\mathrm{d}\tau}\mathrm{d}s\\
&=\mathrm{e}^{\int_{-t-1}^{l-t-1} p_0(\vartheta_\tau\omega)\mathrm{d}\tau}\|\xi_0(\vartheta_{-t-1}\omega)\|^2+\frac{4}{\nu}\int_0^l\|\eta(s,\vartheta_{-t-1}\omega,\eta_0(\vartheta_{-t-1}\omega))\|^2\mathrm{e}^{\int_s^l p_0(\vartheta_{\tau-t-1}\omega)\mathrm{d}\tau}\mathrm{d}s+\\
&\quad 2\int_0^l p_1(\vartheta_{s-t-1}\omega)\mathrm{e}^{\int_{s-t-1}^{l-t-1} p_0(\vartheta_\tau\omega)\mathrm{d}\tau}\mathrm{d}s.\\
&\leqslant \mathrm{e}^{\int_{-t-1}^{l-t-1} p_0(\vartheta_\tau\omega)\mathrm{d}\tau}\|\xi_0(\vartheta_{-t-1}\omega)\|^2+\frac{4}{\nu}\int_0^l\|\eta(s,\vartheta_{-t-1}\omega,\eta_0(\vartheta_{-t-1}\omega))\|^2\mathrm{e}^{\int_s^l p_0(\vartheta_{\tau-t-1}\omega)\mathrm{d}\tau}\mathrm{d}s+\\
&\quad 2\int_{-t-1}^0 p_1(\vartheta_s\omega)\mathrm{e}^{\int_s^{l-t-1} p_0(\vartheta_\tau\omega)\mathrm{d}\tau}\mathrm{d}s.
\end{aligned}\tag{6.44}$$

注意当 $l\in[t,t+1]$，$l-t-1\in[-1,0]$. 则得到对所有的 $s\in[-t-1,0]$，

$$\begin{aligned}
\mathrm{e}^{\int_s^{l-t-1} p_0(\vartheta_\tau\omega)\mathrm{d}\tau}&=\mathrm{e}^{-\frac{\delta}{2}(l-t-1)+\frac{\delta}{2}s}\mathrm{e}^{\int_s^{l-t-1}4C\sum_{j=1}^m|y_j(\vartheta_\tau\omega_j)|\mathrm{d}\tau}\\
&\leqslant \mathrm{e}^{\frac{\delta}{2}+\frac{\delta}{2}s}\mathrm{e}^{\int_s^0 4C\sum_{j=1}^m|y_j(\vartheta_\tau\omega_j)|\mathrm{d}\tau}\\
&\leqslant c_1\mathrm{e}^{\int_s^0 p_0(\vartheta_\tau\omega)\mathrm{d}\tau},
\end{aligned}\tag{6.45}$$

这里 $c_1=\mathrm{e}^{\frac{\delta}{2}}$. 从式(6.45)发现

$$\int_{-t-1}^0 p_1(\vartheta_s\omega)\mathrm{e}^{\int_s^{l-t-1} p_0(\vartheta_\tau\omega)\mathrm{d}\tau}\mathrm{d}s\leqslant c_1\int_{-t-1}^0 p_1(\vartheta_s\omega)\mathrm{e}^{\int_s^0 p_0(\vartheta_\tau\omega)\mathrm{d}\tau}\mathrm{d}s, \tag{6.46}$$

和

$$\mathrm{e}^{\int_{-t-1}^{l-t-1} p_0(\vartheta_\tau\omega)\mathrm{d}\tau}\|\xi_0(\vartheta_{-t-1}\omega)\|^2\leqslant \mathrm{e}^{\int_{-t-1}^0 p_0(\vartheta_\tau\omega)\mathrm{d}\tau}\|\xi_0(\vartheta_{-t-1}\omega)\|^2. \tag{6.47}$$

另一方面根据引理 6.1，对所有的 $s,t\geqslant 0$，

$$\|\eta(s,\vartheta_{-t-1}\omega,\eta_0(\vartheta_{-t-1}\omega))\|^2\leqslant 18\|\eta_0(\vartheta_{-t-1}\omega)\|^2\mathrm{e}^{-\delta s}+18|\mathcal{O}|, \tag{6.48}$$

这里的指数函数独立于 t. 利用式(6.45)和式(6.48)，在式(6.44)中的最后一个不等式右端的第二项估计为

$$\begin{aligned}
&\frac{4}{\nu}\int_0^l\|\eta(s,\vartheta_{-t-1}\omega,\eta_0(\vartheta_{-t-1}\omega))\|^2\mathrm{e}^{\int_s^l p_0(\vartheta_{\tau-t-1}\omega)\mathrm{d}\tau}\mathrm{d}s\\
&\leqslant\frac{72}{\nu}\int_0^l\|\eta_0(\vartheta_{-t-1}\omega)\|^2\mathrm{e}^{-\delta s}\mathrm{e}^{\int_s^l p_0(\vartheta_{\tau-t-1}\omega)\mathrm{d}\tau}\mathrm{d}s+\frac{72|\mathcal{O}|}{\nu}\int_0^l\mathrm{e}^{\int_s^l p_0(\vartheta_{\tau-t-1}\omega)\mathrm{d}\tau}\mathrm{d}s\\
&=\frac{72}{\nu}\|\eta_0(\vartheta_{-t-1}\omega)\|^2\int_0^l\mathrm{e}^{-\delta s}\mathrm{e}^{\int_{s-t-1}^{l-t-1} p_0(\vartheta_\tau\omega)\mathrm{d}\tau}\mathrm{d}s+\frac{72|\mathcal{O}|}{\nu}\int_0^l\mathrm{e}^{\int_{s-t-1}^{l-t-1} p_0(\vartheta_\tau\omega)\mathrm{d}\tau}\mathrm{d}s\\
&\leqslant\frac{72c_1}{\nu}\|\eta_0(\vartheta_{-t-1}\omega)\|^2\int_0^l\mathrm{e}^{-\delta s}\mathrm{e}^{\int_{s-t-1}^0 p_0(\vartheta_\tau\omega)\mathrm{d}\tau}\mathrm{d}s+\frac{72|\mathcal{O}|c_1}{\nu}\int_0^l\mathrm{e}^{\int_{s-t-1}^0 p_0(\vartheta_\tau\omega)\mathrm{d}\tau}\mathrm{d}s\\
&\leqslant\frac{72c_1}{\nu}\|\eta_0(\vartheta_{-t-1}\omega)\|^2\int_0^l\mathrm{e}^{-\frac{\delta}{2}s-\frac{\delta}{2}(t+1)}\mathrm{e}^{\int_{-t-1}^0 4C\sum_{j=1}^m|y_j(\vartheta_\tau\omega_j)|\mathrm{d}\tau}\mathrm{d}s+\frac{72|\mathcal{O}|c_1}{\nu}\int_0^l\mathrm{e}^{\int_{s-t-1}^0 p_0(\vartheta_\tau\omega)\mathrm{d}\tau}\mathrm{d}s\\
&\leqslant\frac{144c_1}{\delta\nu}\|\eta_0(\vartheta_{-t-1}\omega)\|^2\mathrm{e}^{\int_{-t-1}^0 p_0(\vartheta_\tau\omega)\mathrm{d}\tau}+\frac{72|\mathcal{O}|c_1}{\nu}\int_0^l\mathrm{e}^{\int_{s-t-1}^0 p_0(\vartheta_\tau\omega)\mathrm{d}\tau}\mathrm{d}s.
\end{aligned}\tag{6.49}$$

因此，由式(6.44)、式(6.46)至式(6.47)和式(6.49)，结合式(6.27)和式(6.28)得，对所有的$t\geqslant 0$和$l\in[t,t+1]$，

$$\begin{aligned}\|\xi(l,\vartheta_{-t-1}\omega,\xi_0(\vartheta_{-t-1}\omega))\|^2 &\leqslant c_1 e^{\int_{-t-1}^0 p_0(\vartheta_\tau\omega)d\tau}(\|\xi_0(\vartheta_{-t-1}\omega)\|^2+\|\eta_0(\vartheta_{-t-1}\omega)\|^2)+\\ &\quad c_2\int_0^l e^{\int_{s-t-1}^0 p_0(\vartheta_\tau\omega)d\tau}ds+c_3\int_{-\infty}^0 p_1(\vartheta_s\omega)e^{\int_s^0 p_0(\vartheta_\tau\omega)d\tau}ds\\ &\leqslant c_1 e^{\int_{-t-1}^0 p_0(\vartheta_\tau\omega)d\tau}(\|v_0(\vartheta_{-t-1}\omega)\|^2+\|T_0(\vartheta_{-t-1}\omega)\|^2)+\\ &\quad c_2\|z(\vartheta_{-t-1}\omega)\|^2 e^{\int_{-t-1}^0 p_0(\vartheta_\tau\omega)d\tau}+c_3 e^{\int_{-t-1}^0 p_0(\vartheta_\tau\omega)d\tau}+\\ &\quad c_4\int_0^l e^{\int_{s-t-1}^0 p_0(\vartheta_\tau\omega)d\tau}ds+c_5\int_{-\infty}^0 p_1(\vartheta_s\omega)e^{\int_s^0 p_0(\vartheta_\tau\omega)d\tau}ds,\end{aligned}\tag{6.50}$$

这里$c_1,\cdots,c_5$为确定的正常数. 证毕.

引理 6.3 假设式(6.18)成立，$\mathfrak{D}$由式(6.30)给出. 则存在$K=\{K(\omega);\omega\in\Omega\}\in\mathfrak{D}$，使得$K$为随机动力系统$\varphi$的$\mathfrak{D}$-吸收集，即对每一个$B\in\mathfrak{D}$和$\omega\in\Omega$，存在$t(B,\omega)>0$，使得对所有的$t\geqslant t(B,\omega)$，

$$\varphi(t,\vartheta_{-t}\omega,B(\vartheta_{-t}\omega))\subseteq K(\omega).$$

证明 由引理 6.1 和式(6.28)，我们有

$$\begin{aligned}\|\eta(t,\vartheta_{-t}\omega,\eta_0(\vartheta_{-t}\omega))\| &\leqslant 3\|\eta_0(\vartheta_{-t}\omega)\|e^{-\frac{\delta}{8}t}+3|\mathcal{O}|^{\frac{1}{2}}\\ &=3\|T_0(\vartheta_{-t}\omega)-\varepsilon_0+x_2\|e^{-\frac{\delta}{8}t}+3|\mathcal{O}|^{\frac{1}{2}}\\ &\leqslant 3\|T_0(\vartheta_{-t}\omega)\|e^{-\frac{\delta}{8}t}+3(\varepsilon_0+1)|\mathcal{O}|^{\frac{1}{2}}e^{-\frac{\delta}{8}t}+3|\mathcal{O}|^{\frac{1}{2}}\\ &\leqslant 3\|T_0(\vartheta_{-t}\omega)\|e^{-\frac{\delta}{8}t}+3(\varepsilon_0+1)|\mathcal{O}|^{\frac{1}{2}}+3|\mathcal{O}|^{\frac{1}{2}}.\end{aligned}\tag{6.51}$$

于是再次利用式(6.28)有

$$\begin{aligned}\|T(t,\vartheta_{-t}\omega,T_0(\vartheta_{-t}\omega))\| &\leqslant \|\eta(t,\vartheta_{-t}\omega,\eta_0(\vartheta_{-t}\omega))\|+(\varepsilon_0+1)|\mathcal{O}|^{\frac{1}{2}}\\ &\leqslant 3\|T_0(\vartheta_{-t}\omega)\|e^{-\frac{\delta}{8}t}+c_0,\end{aligned}\tag{6.52}$$

这里$c_0=4(\varepsilon_0+1)|\mathcal{O}|^{\frac{1}{2}}+3|\mathcal{O}|^{\frac{1}{2}}$. 另一方面在式(6.33)中，用$t$代替$t+1$和令$l=t$，我们发现对所有的$t\geqslant 0$，

$$\begin{aligned}\|\xi(t,\vartheta_{-t}\omega,\xi_0(\vartheta_{-t}\omega))\|^2 &\leqslant c_1 e^{\int_{-t}^0 p_0(\vartheta_\tau\omega)d\tau}(\|v_0(\vartheta_{-t}\omega)\|^2+\|T_0(\vartheta_{-t}\omega)\|^2)+\\ &\quad c_2\|z(\vartheta_{-t}\omega)\|^2 e^{\int_{-t}^0 p_0(\vartheta_\tau\omega)d\tau}+c_3 e^{\int_{-t}^0 p_0(\vartheta_\tau\omega)d\tau}+\\ &\quad c_4\int_0^t e^{\int_{s-t}^0 p_0(\vartheta_\tau\omega)d\tau}ds+c_5\int_{-\infty}^0 p_1(\vartheta_\tau\omega)e^{\int_s^0 p_0(\vartheta_\tau\omega)d\tau}ds.\end{aligned}\tag{6.53}$$

注意由式(6.29)，

$$\begin{aligned}\varphi(t,\omega,(v_0(\omega),T_0(\omega))) &=(v(t,\omega,v_0(\omega)),T(t,\omega,T_0(\omega)))\\ &=(\xi(t,\omega,v_0(\omega)-z(\omega))+z(\vartheta_t\omega),T(t,\omega,T_0(\omega))),\end{aligned}$$

于是结合式(6.52)和式(6.53)得，对所有的$t\geqslant 0$，

$$\begin{aligned}&\|\varphi(t,\vartheta_{-t}\omega,(v_0(\vartheta_{-t}\omega),T_0(\vartheta_{-t}\omega)))\|^2\\ &=\|\xi(t,\vartheta_{-t}\omega,\xi_0(\vartheta_{-t}\omega))+z(\omega)\|^2+\|T(t,\vartheta_{-t}\omega,T_0(\vartheta_{-t}\omega))\|^2\\ &\leqslant 2\|\xi(t,\vartheta_{-t}\omega,\xi_0(\vartheta_{-t}\omega))\|^2+2\|z(\omega)\|^2+\|T(t,\vartheta_{-t}\omega,T_0(\vartheta_{-t}\omega))\|^2\\ &\leqslant c_1 e^{\int_{-t}^0 p_0(\vartheta_\tau\omega)d\tau}(\|v_0(\vartheta_{-t}\omega)\|^2+\|T_0(\vartheta_{-t}\omega)\|^2)+18\|T_0(\vartheta_{-t}\omega)\|^2 e^{-\frac{\delta}{4}t}+2c_0^2+\\ &\quad c_2\|z(\vartheta_{-t}\omega)\|e^{\int_{-t}^0 p_0(\vartheta_\tau\omega)d\tau}+c_3 e^{\int_{-t}^0 p_0(\vartheta_\tau\omega)d\tau}+c_4\int_0^t e^{\int_{s-t}^0 p_0(\vartheta_\tau\omega)d\tau}ds+\end{aligned}$$

$$c_5\int_{-\infty}^{0} p_1(\vartheta_s\omega)\mathrm{e}^{\int_s^0 p_0(\vartheta_\tau\omega)\mathrm{d}\tau}\mathrm{d}s+2\|z(\omega)\|^2. \tag{6.54}$$

根据 Ornstein-Uhlenbeck 过程的特征，可选取充分大的 λ，使得期望 $E|y_j(\omega_j)|$ 满足

$$E|y_j(\omega_j)|\leqslant(E|y_j(\omega_j)|^2)^{\frac{1}{2}}\leqslant\frac{1}{\sqrt{2\lambda}}\leqslant\frac{\delta}{128Cm},\quad j=1,2,\cdots,m. \tag{6.55}$$

回忆 $|y_j(\omega_j)|(j=1,2,\cdots,m)$ 是稳定和遍历的（见文献[14]）. 则根据遍历定理，再结合式(6.55)推得

$$\lim_{t\to\infty}\frac{1}{t}\int_{-t}^{0}p_0(\vartheta_\tau\omega)\mathrm{d}\tau=Ep_0(\omega)=-\frac{\delta}{2}+4C\sum_{j=1}^{m}E\mid y_j(\omega_j)\mid\leqslant-\frac{\delta}{4}. \tag{6.56}$$

因此从式(6.56)推知，存在 $t_0(\omega)>0$，使得对所有的 $t\geqslant t_0(\omega)$，

$$\int_{-t}^{0}p_0(\vartheta_\tau\omega)\mathrm{d}\tau\leqslant-\frac{\delta}{4}t. \tag{6.57}$$

特别地，根据式(6.56)存在 $t_1(\omega)>0$，使得对所有的 $s\in[0,t]$ 和 $t\geqslant t_1(\omega)$，

$$\int_{s-t}^{0}p_0(\vartheta_\tau\omega)\mathrm{d}\tau\leqslant-\frac{\delta}{4}(t-s). \tag{6.58}$$

故

$$\int_{0}^{t}\mathrm{e}^{\int_{s-t}^{0}p_0(\vartheta_\tau\omega)\mathrm{d}\tau}\mathrm{d}s\leqslant\frac{4}{\delta}. \tag{6.59}$$

根据式(6.54)和式(6.57)至式(6.59)，发现对所有的 $t\geqslant\max\{t_0,t_1\}$，

$$\begin{aligned}&\|\varphi(t,\vartheta_{-t}\omega,(v_0(\vartheta_{-t}\omega),T_0(\vartheta_{-t}\omega)))\|^2\\&\leqslant c_1\mathrm{e}^{-\frac{\delta}{4}t}(\|v_0(\vartheta_{-t}\omega)\|^2+\|T_0(\vartheta_{-t}\omega)\|^2)+c_2\|z(\vartheta_{-t}\omega)\|^2\mathrm{e}^{-\frac{\delta}{4}t}+\\&\quad c_3\int_{-\infty}^{0}p_1(\vartheta_s\omega)\mathrm{e}^{\int_s^0 p_0(\vartheta_\tau\omega)\mathrm{d}\tau}\mathrm{d}s+2\|z(\omega)\|^2+c_4.\end{aligned} \tag{6.60}$$

注意 $p_1(\vartheta_s\omega)$ 在 $s\to-\infty$ 时，最多多项式增长，于是从式(6.57)可知，下列积分收敛：

$$\varrho_0(\omega)=3c_3\int_{-\infty}^{0}p_1(\vartheta_s\omega)\mathrm{e}^{\int_s^0 p_0(\vartheta_\tau\omega)\mathrm{d}\tau}\mathrm{d}s. \tag{6.61}$$

因为 $|y_j(\omega_j)|$ 是速降的，所以 $\|z(\omega)\|$ 也是速降的，因此存在 $t_2(\omega)>0$，使得对所有的 $t\geqslant t_2(\omega)$，

$$c_2\|z(\vartheta_{-t}\omega)\|^2\mathrm{e}^{-\frac{\delta}{4}t}\leqslant\frac{\varrho_0(\omega)}{3}. \tag{6.62}$$

由于 $B\in\mathfrak{D}$，则存在 $t_3(B,\omega)>0$ 使得对所有的 $t\geqslant t_3(B,\omega)$，

$$c_1\mathrm{e}^{-\frac{\delta}{4}t}(\|v_0(\vartheta_{-t}\omega)\|^2+\|T_0(\vartheta_{-t}\omega)\|^2)\leqslant\frac{\varrho_0(\omega)}{3}. \tag{6.63}$$

取 $t_4=\max\{t_0,t_1,t_2,t_3\}$. 则从式(6.60)至式(6.63)推得，对所有的 $t\geqslant t_4$，

$$\|\varphi(t,\vartheta_{-t}\omega,(v_0(\vartheta_{-t}\omega),T_0(\vartheta_{-t}\omega)))\|^2\leqslant\varrho_1(\omega)=:\varrho_0(\omega)+2\|z(\omega)\|^2+c_4. \tag{6.64}$$

接下来，证明 $\varrho_1(\omega)=\varrho_0(\omega)+2\|z(\omega)\|^2+c_4$ 满足

$$\lim_{t\to\infty}\mathrm{e}^{-\frac{1}{8}t}\varrho_1(\vartheta_{-t}\omega)=0. \tag{6.65}$$

由 $\|z(\omega)\|$ 的速降性，得

$$2\mathrm{e}^{-\frac{1}{8}t}(\|z(\vartheta_{-t}\omega)\|^2+c_4)\to0,\text{当 }t\to\infty. \tag{6.66}$$

在式(6.61)中用 $\vartheta_{-t}\omega$ 代替 ω，得

$$\begin{aligned}\varrho_0(\vartheta_{-t}\omega) &= 3c_3\int_{-\infty}^{0} p_1(\vartheta_{s-t}\omega)\mathrm{e}^{\int_s^0 p_0(\vartheta_{\tau-t}\omega)\mathrm{d}\tau}\mathrm{d}s \\ &= 3c_3\int_{-\infty}^{-t} p_1(\vartheta_s\omega)\mathrm{e}^{\int_s^{-t} p_0(\vartheta_\tau\omega)\mathrm{d}\tau}\mathrm{d}s \\ &= 3c_3\int_{-\infty}^{-t} p_1(\vartheta_s\omega)\mathrm{e}^{\frac{\delta}{2}(t+s)+\int_s^{-t}4C\sum_{j=1}^{m}|y_j(\vartheta_\tau\omega_j)|\mathrm{d}\tau}\mathrm{d}s \\ &\leqslant 3c_3\int_{-\infty}^{-t} p_1(\vartheta_s\omega)\mathrm{e}^{\frac{\delta}{16}(t+s)+\int_s^{-t}4C\sum_{j=1}^{m}|y_j(\vartheta_\tau\omega_j)|\mathrm{d}\tau}\mathrm{d}s \\ &\leqslant 3c_3\mathrm{e}^{\frac{\delta}{16}t}\int_{-\infty}^{0} p_1(\vartheta_s\omega)\mathrm{e}^{\frac{\delta}{16}s+\int_s^{0}4C\sum_{j=1}^{m}|y_j(\vartheta_\tau\omega_j)|\mathrm{d}\tau}\mathrm{d}s \end{aligned}\tag{6.67}$$

运用式(6.55),类似于获得式(6.56)和式(6.57)的方法,可推得当$|s|$充分大时,

$$\frac{\delta}{16}s+4C\int_s^0\sum_{j=1}^{m}|y_j(\vartheta_\tau\omega_j)|\mathrm{d}\tau\leqslant\frac{\delta}{32}s,$$

因此,式(6.67)中的积分收敛. 则由式(6.66)和式(6.67)发现

$$\begin{aligned}\mathrm{e}^{-\frac{\delta}{8}t}\varrho_1(\vartheta_{-t}\omega) &= \mathrm{e}^{-\frac{\delta}{8}t}\varrho_0(\vartheta_{-t}\omega)+\mathrm{e}^{-\frac{\delta}{8}t}(2\|z(\vartheta_{-t}\omega)\|^2+c_4) \\ &= 3c_3\mathrm{e}^{-\frac{\delta}{16}t}\int_{-\infty}^{0} p_1(\vartheta_s\omega)\mathrm{e}^{\frac{\delta}{16}s+\int_s^0 4C\sum_{j=1}^{m}|y_j(\vartheta_\tau\omega_j)|\mathrm{d}\tau}\mathrm{d}s+ \\ &\quad \mathrm{e}^{-\frac{\delta}{8}t}(2\|z(\vartheta_{-t}\omega)\|^2+c_4)\to 0,\text{当 } t\to\infty,\end{aligned}$$

这给出了式(6.65). 给定$\omega\in\Omega$,记

$$K(\omega)=\{(v,T)\in H;\ \|(v,T)\|^2\leqslant\varrho_1(\omega)=\varrho_0(\omega)+2\|z(\omega)\|^2+c_4\}.$$

则从式(6.65)可知,$K=\{K(\omega);\omega\in\Omega\}\in\mathfrak{D}$. 换句话说,$K$为随机动力系统$\varphi$在空间$H$中的$\mathfrak{D}$-吸收集. 证毕.

引理 6.4 假设式(6.18)成立,$\mathfrak{D}$由式(6.30)给出. 给定$\omega\in\Omega$和$B\in\mathfrak{D}$,则存在随机半径$\varrho(\omega)>0$,使得对所有的$(v_0(\omega),T_0(\omega))\in B(\omega)$,存在$t(B,\omega)>0$,使得当$t\geqslant t(B,\omega)$和$l\in[t,t+1]$时,

$$\|\eta(l,\vartheta_{-t-1}\omega,\eta_0(\vartheta_{-t-1}\omega))\|^2\leqslant\varrho(\omega),\quad \|\xi(l,\vartheta_{-t-1}\omega,\xi_0(\vartheta_{-t-1}\omega))\|^2\leqslant\varrho(\omega),$$

$$\int_t^{t+1}(\|\nabla\xi(s,\vartheta_{-t-1}\omega,\xi_0(\vartheta_{-t-1}\omega))\|^2+\|\nabla\eta(s,\vartheta_{-t-1}\omega,\eta_0(\vartheta_{-t-1}\omega))\|^2)\mathrm{d}s\leqslant\varrho(\omega),$$

这里$v_0(\omega)=\xi_0(\omega)+z(\omega)$,$T_0(\omega)=\eta_0(\omega)+\varepsilon_0-x_2$.

证明 由引理6.1,当$l\in[t,t+1]$时,我们有

$$\begin{aligned}\|\eta(l,\vartheta_{-t-1}\omega,\eta_0(\vartheta_{-t-1}\omega))\| &\leqslant 3\|\eta_0(\vartheta_{-t-1}\omega)\|\mathrm{e}^{-\frac{\delta}{8}t}+3|\mathcal{O}|^{\frac{1}{2}} \\ &= 3\|T_0(\vartheta_{-t-1}\omega)-\varepsilon_0+x_2\|\mathrm{e}^{-\frac{\delta}{8}t}+3|\mathcal{O}|^{\frac{1}{2}} \\ &\leqslant 3\|T_0(\vartheta_{-t-1}\omega)\|\mathrm{e}^{-\frac{\delta}{8}t}+3(\varepsilon_0+1)|\mathcal{O}|^{\frac{1}{2}}\mathrm{e}^{-\frac{\delta}{8}t}+3|\mathcal{O}|^{\frac{1}{2}} \\ &\leqslant 3\|T_0(\vartheta_{-t-1}\omega)\|\mathrm{e}^{-\frac{\delta}{8}t}+3(\varepsilon_0+2)|\mathcal{O}|^{\frac{1}{2}}.\end{aligned}$$

所以对$(v_0(\omega),T_0(\omega))\in B(\omega)$,存在$t_1(B,\omega)$,使得对所有的$t\geqslant t_1(B,\omega)$,$l\in[t,t+1]$,

$$\begin{aligned}\|\eta(l,\vartheta_{-t-1}\omega,\eta_0(\vartheta_{-t-1}\omega))\|^2 &\leqslant 18\|T_0(\vartheta_{-t-1}\omega)\|\mathrm{e}^{-\frac{\delta}{4}t}+18(\varepsilon_0+2)|\mathcal{O}| \\ &\leqslant 18|\mathcal{O}|+18(\varepsilon_0+2)|\mathcal{O}|:=c_0,\end{aligned}\tag{6.68}$$

这里$\eta_0(\omega)=T_0(\omega)-\varepsilon_0+x_2$. 由引理6.2,当$t\geqslant 0$和$l\in[t,t+1]$时,

$$\|\xi(l,\vartheta_{-t-1}\omega,\xi_0(\vartheta_{-t-1}\omega))\|^2\leqslant c_1\mathrm{e}^{\int_{-t-1}^0 p_0(\vartheta_\tau\omega)\mathrm{d}\tau}(\|v_0(\vartheta_{-t-1}\omega)\|^2+\|T_0(\vartheta_{-t-1}\omega)\|^2)+$$

$$c_2\|z(\vartheta_{-t-1}\omega)\|^2 e^{\int_{-t-1}^0 p_0(\vartheta_\tau\omega)d\tau}+c_3 e^{\int_{-t-1}^0 p_0(\vartheta_\tau\omega)d\tau}+$$
$$c_4\int_0^l e^{\int_{s-t-1}^0 p_0(\vartheta_\tau\omega)d\tau}ds+c_5\int_{-\infty}^0 p_1(\vartheta_s\omega)e^{\int_s^0 p_0(\vartheta_\tau\omega)d\tau}ds.$$

类似于式(6.64)的证明方法，可推知对$(v_0(\omega),T_0(\omega))\in B(\omega)$，存在$t_2(B,\omega)$使得对所有的$t\geqslant t_2(B,\omega)$和$l\in[t,t+1]$，

$$\|\xi(l,\vartheta_{-t-1}\omega,\xi_0(\vartheta_{-t-1}\omega))\|^2\leqslant\varrho_0(\omega),\tag{6.69}$$

这里$\varrho_0(\omega)$为随机变量. 现在设

$$t(B,\omega)=\max\{t_1(B,\omega),t_2(B,\omega)\},\tag{6.70}$$

并让$t\geqslant t(B,\omega)$. 在式(6.41)中，用s代替t，然后关于s从t到$t+1$积分，产生

$$\begin{aligned}&\int_t^{t+1}\|\nabla\xi(s,\omega,\xi_0(\omega))\|^2ds\\&\leqslant c_1\int_t^{t+1}\sum_{j=1}^m|y_j(\vartheta_s\omega_j)|\ \|\xi(s,\omega,\xi_0(\omega))\|^2ds+c_2\int_t^{t+1}\|\eta(s,\omega,\eta_0(\omega))\|^2ds+\\&\quad c_3\int_t^{t+1}p_1(\vartheta_s\omega)ds+\|\xi(t,\omega,\xi_0(\omega))\|^2\\&=c_1\int_t^{t+1}\left(p_0(\vartheta_s\omega)+\frac{\delta}{2}\right)\|\xi(s,\omega,\xi_0(\omega))\|^2ds+c_2\int_t^{t+1}\|\eta(s,\omega,\eta_0(\omega))\|^2ds+\\&\quad c_3\int_t^{t+1}p_1(\vartheta_s\omega)ds+\|\xi(t,\omega,\xi_0(\omega))\|^2,\end{aligned}\tag{6.71}$$

这里使用的记号$p_0(\vartheta_t\omega)=-\frac{\delta}{2}+4C\sum_{j=1}^m|y_j(\vartheta_t\omega_j)|$取自式(6.42). 在式(6.71)中，用$\vartheta_{-t-1}\omega$代替$\omega$，然后用式(6.68)和式(6.69)可以发现，对所有的$t\geqslant t(B,\omega)$，

$$\begin{aligned}&\int_t^{t+1}\|\nabla\xi(s,\vartheta_{-t-1}\omega,\xi_0(\vartheta_{-t-1}\omega))\|^2ds\\&=c_1\int_t^{t+1}(p_0(\vartheta_{s-t-1}\omega)+\frac{\delta}{2})\|\xi(s,\vartheta_{-t-1}\omega,\xi_0(\vartheta_{-t-1}\omega))\|^2ds+\\&\quad c_2\int_t^{t+1}\|\eta(s,\vartheta_{-t-1}\omega,\eta_0(\vartheta_{-t-1}\omega))\|^2ds+c_3\int_t^{t+1}p_1(\vartheta_{s-t-1}\omega)ds+\\&\quad\|\xi(t,\vartheta_{-t-1}\omega,\xi_0(\vartheta_{-t-1}\omega))\|^2\\&\leqslant\varrho_0(\omega)\left(c_1\int_t^{t+1}\left(p_0(\vartheta_{s-t-1}\omega)+\frac{\delta}{2}\right)ds\right)+c_2+c_3\int_t^{t+1}p_1(\vartheta_{s-t-1}\omega)ds+\varrho_0(\omega)\\&=\varrho_0(\omega)\left(c_1\int_{-1}^0 p_0(\vartheta_s\omega)ds+\frac{\delta}{2}c_1+1\right)+c_3\int_{-1}^0 p_1(\vartheta_s\omega)ds+c_2.\end{aligned}\tag{6.72}$$

现在估计$\nabla\eta$. 用η乘以式(6.22)的两边，并在$\mathcal{O}$上积分. 由于式(6.23)中的散度为零，故涉及$(v.\nabla)\eta$的项积分为零. 于是

$$\begin{aligned}\frac{1}{2}\frac{d}{dt}\|\eta\|^2+\kappa\|\nabla\eta\|^2&=(\xi_2,\eta)+(z_2(\vartheta_t\omega),\eta)\\&\leqslant\|\xi_2\|\ \|\eta\|+\|z_2(\vartheta_t\omega)\|\ \|\eta\|\\&\leqslant\|\xi\|\ \|\nabla\eta\|+\|z(\vartheta_t\omega)\|\ \|\nabla\eta\|\\&\leqslant\frac{\kappa}{2}\|\nabla\eta\|^2+c_1\|\xi\|^2+c_2\|z(\vartheta_t\omega)\|^2,\end{aligned}\tag{6.73}$$

这里已使用了式(6.8). 因此

$$\frac{\mathrm{d}}{\mathrm{d}t}\|\eta\|^2+\kappa\|\nabla\eta\|^2\leqslant c_1\|\xi\|^2+c_2\|z(\vartheta_t\omega)\|^2. \tag{6.74}$$

对式(6.74)从 t 到 $t+1$ 积分,得

$$\kappa\int_t^{t+1}\|\nabla\eta(s,\omega,\eta_0(\omega))\|^2\mathrm{d}s$$
$$\leqslant c_1\int_t^{t+1}\|\xi(s,\omega,\xi_0(\omega))\|^2\mathrm{d}s+c_2\int_t^{t+1}\|z(\vartheta_s\omega)\|^2\mathrm{d}s+\|\eta(t,\omega,\eta_0(\omega))\|^2 \tag{5.75}$$

用 $\vartheta_{-t-1}\omega$ 代替 ω,然后使用式(6.68)和式(6.69)可得,对所有的 $t\geqslant t(B,\omega)$,这里的 $t(B,\omega)$ 同式(6.70),

$$\kappa\int_t^{t+1}\|\nabla\eta(s,\vartheta_{-t-1}\omega,\eta_0(\vartheta_{-t-1}\omega))\|^2\mathrm{d}s$$
$$\leqslant c_1\int_t^{t+1}\|\xi(s,\vartheta_{-t-1}\omega,\xi_0(\vartheta_{-t-1}\omega))\|^2\mathrm{d}s+c_2\int_t^{t+1}\|z(\vartheta_{s-t-1}\omega)\|^2\mathrm{d}s+$$
$$\|\eta(t,\vartheta_{-t-1}\omega,\eta_0(\vartheta_{-t-1}\omega))\|^2$$
$$\leqslant c_1\varrho_0(\omega)+c_2\int_{-1}^0\|z(\vartheta_s\omega)\|^2\mathrm{d}s+c_3.$$

证毕.

引理 6.5　假设式(6.18)成立,$\mathfrak{D}$由式(6.30)给出.给定 $\omega\in\Omega$ 和 $B\in\mathfrak{D}$,则存在随机半径 $\varrho(\omega)>0$,使得对所有的$(v_0(\omega),T_0(\omega))\in B(\omega)$,存在 $t(B,\omega)>0$,使得当 $t\geqslant t(B,\omega)$时

$$\|\nabla\xi(t,\vartheta_{-t}\omega,\xi_0(\vartheta_{-t}\omega))\|^2+\|\nabla\eta(t,\vartheta_{-t}\omega,\eta_0(\vartheta_{-t}\omega))\|^2\leqslant\varrho^2(\omega),$$

这里 $\xi_0(\omega)=v_0(\omega)-z(\omega)$ 和 $\eta_0(\omega)=T_0(\omega)-\varepsilon_0+x_2$.

证明　用 $-\Delta\xi$ 对式(6.21)的两边在空间 H_1 中作内积,发现

$$\frac{1}{2}\frac{\mathrm{d}}{\mathrm{d}t}\|\nabla\xi\|^2+\nu\|\Delta\xi\|^2=(\Lambda(v,v),\Delta\xi)-(\mathrm{e}_2\eta,\Delta\xi)-(\lambda z(\vartheta_t\omega)+\nu\Delta z((\vartheta_t\omega),\Delta\xi). \tag{6.76}$$

现在估计式(6.76)中的每一项.由 $\Lambda(v,v)$的线性性质,式(6.76)右端的第一项改写为

$$(\Lambda(v,v),\Delta\xi)=((\xi.\nabla)\xi,\Delta\xi)+((\xi.\nabla)z(\vartheta_t\omega),\Delta\xi)+$$
$$((z(\vartheta_t\omega).\nabla)\xi,\Delta\xi)+((z(\vartheta_t\omega).\nabla)z(\vartheta_t\omega),\Delta\xi). \tag{6.77}$$

由$\mathbb{R}^2$上的 Gagliardo-Nirenberg 不等式(见文献[69,105]),

$$\|v\|_4\leqslant c\|v\|^{\frac{1}{2}}\|\nabla v\|^{\frac{1}{2}},v\in H^1(\mathcal{O})^2, \tag{6.78}$$

于是,利用式(6.11)和式(6.78),式(6.77)右端的第一项估计为

$$\|(\xi.\nabla)\xi\|\ \|\Delta\xi\|\leqslant2^{\frac{3}{4}}\|\xi\|_4\|\nabla\xi\|_4\|\Delta\xi\|\leqslant c\|\xi\|^{\frac{1}{2}}\|\nabla\xi\|\ \|\Delta\xi\|^{\frac{3}{2}}$$
$$\leqslant c\|\xi\|^2\|\nabla\xi\|^2\|\nabla\xi\|^2+\frac{\nu}{6}\|\Delta\xi\|^2. \tag{6.79}$$

由式(6.31)可知,式(6.77)中的其余项分别估计为

$$\|\nabla z(\vartheta_t\omega)\|_\infty\|\xi\|\ \|\Delta\xi\|\leqslant c\|z(\vartheta_t\omega)\|_{H^3}^2\|\xi\|^2+\frac{\nu}{6}\|\Delta\xi\|^2, \tag{6.80}$$

$$\|z(\vartheta_t\omega)\|_\infty\|\nabla\xi\|\ \|\Delta\xi\|\leqslant c\|z(\vartheta_t\omega)\|_{H^2}^2\|\nabla\xi\|^2+\frac{\nu}{6}\|\Delta\xi\|^2, \tag{6.81}$$

$$\|z(\vartheta_t\omega)\|_\infty\|\nabla z(\vartheta_t\omega)\|\ \|\Delta\xi\|\leqslant c\|z(\vartheta_t\omega)\|_{H^2}^2\|\nabla z(\vartheta_t\omega)\|^2+\frac{\nu}{6}\|\Delta\xi\|^2. \tag{6.82}$$

另一方面式(6.76)右边的第二项估计为

$$(e_2\eta,\Delta\xi)\leqslant\|\eta\|\ \|\Delta\xi\|\leqslant c\|\eta\|^2+\frac{\nu}{6}\|\Delta\xi\|^2, \tag{6.83}$$

式(6.76)右边的其余项估计为

$$(\lambda z(\vartheta_t\omega)+\nu\Delta z(\vartheta_t\omega),\Delta\xi)\leqslant c(\|z(\vartheta_t\omega)\|^2+\|\Delta z(\vartheta_t\omega)\|^2)+\frac{\nu}{6}\|\Delta\xi\|^2. \tag{6.84}$$

于是,合并式(6.76)和式(6.77)与式(6.79)至式(6.84)得

$$\frac{\mathrm{d}}{\mathrm{d}t}\|\nabla\xi\|^2\leqslant M(t,\omega)\|\nabla\xi\|^2+N(t,\omega), \tag{6.85}$$

其中

$$M(t,\omega)=c(\|\xi\|^2\|\nabla\xi\|^2+\|z(\vartheta_t\omega)\|_{H^2}^2),$$

和

$$N(t,\omega)=c(\|z(\vartheta_t\omega)\|_{H^3}^2\|\xi\|^2+\|z(\vartheta_t\omega)\|_{H^2}^2\|\nabla z(\vartheta_t\omega)\|^2+\|\eta\|^2+\|z(\vartheta_t\omega)\|^2+\|\Delta z(\vartheta_t\omega)\|^2).$$

在式(6.85)中,在区间$[s,t+1]$上运用 Gronwall 引理,其中 $s\geqslant t\geqslant t(B,\omega)$,$t(B,\omega)$同引理 6.4 或者式(6.70),推知

$$\|\nabla\xi(t+1,\omega,\xi_0(\omega))\|^2\leqslant \mathrm{e}^{\int_t^{t+1}M(\tau,\omega)\mathrm{d}\tau}\left(\|\nabla\xi(s,\omega,\xi_0(\omega))\|^2+\int_t^{t+1}N(\tau,\omega)\mathrm{d}\tau\right). \tag{6.86}$$

在式(6.86)中,用 $\vartheta_{-t-1}\omega$ 代替 ω,然后关于 s 在区间$[t,t+1]$上积分,得到当 $t\geqslant t(B,\omega)$时

$$\begin{aligned}&\|\nabla\xi(t+1,\vartheta_{-t-1}\omega,\xi_0(\vartheta_{-t-1}\omega))\|^2\\&\leqslant \mathrm{e}^{\int_t^{t+1}M(\tau,\vartheta_{-t-1}\omega)\mathrm{d}\tau}\left(\int_t^{t+1}\|\nabla\xi(s,\vartheta_{-t-1}\omega,\xi_0(\vartheta_{-t-1}\omega))\|^2\mathrm{d}s+\int_t^{t+1}N(\tau,\vartheta_{-t-1}\omega)\mathrm{d}\tau\right)\\&\leqslant \mathrm{e}^{\int_t^{t+1}M(\tau,\vartheta_{-t-1}\omega)\mathrm{d}\tau}\left(\varrho(\omega)+\int_t^{t+1}N(\tau,\vartheta_{-t-1}\omega)\mathrm{d}\tau\right),\end{aligned} \tag{6.87}$$

这里使用了引理 6.4. 并且根据引理 6.4 可知,当 $t\geqslant t(B,\omega)$,

$$\begin{aligned}\int_t^{t+1}N(\tau,\vartheta_{-t-1}\omega)\mathrm{d}\tau\leqslant{}& c\Big(\varrho(\omega)+\varrho(\omega)\int_{-1}^0\|z(\vartheta_s\omega)\|_{H^3}^2\mathrm{d}s+\\&\int_{-1}^0\|z(\vartheta_s\omega)\|_{H^2}^2\|\nabla z(\vartheta_s\omega)\|^2+\|z(\vartheta_s\omega)\|^2+\|\Delta z(\vartheta_s\omega)\|^2)\mathrm{d}s\Big):=C_1(\omega),\end{aligned} \tag{6.88}$$

和

$$\int_t^{t+1}M(\tau,\vartheta_{-t-1}\omega)\mathrm{d}\tau\leqslant c\left(\varrho^2(\omega)+\int_{-1}^0\|z(\vartheta_s\omega)\|_{H^2}^2\mathrm{d}s\right):=C_2(\omega). \tag{6.89}$$

于是从式(6.87)至式(6.89)可以发现,对所有的 $t\geqslant t(B,\omega)$,

$$\|\nabla\xi(t+1,\vartheta_{-t-1}\omega,\xi_0(\vartheta_{-t-1}\omega))\|^2\leqslant \mathrm{e}^{C_2(\omega)}(\varrho(\omega)+C_1(\omega)). \tag{6.90}$$

为了估计$\|\nabla\eta\|^2$,在式(6.22)的两端用$-\Delta\eta$ 在 H_2 中作内积,得

$$\frac{1}{2}\frac{\mathrm{d}}{\mathrm{d}t}\|\nabla\eta\|^2+\kappa\|\Delta\eta\|^2=\left(\Big[(\xi+z(\vartheta_t\omega)).\nabla\Big]\eta,\Delta\eta\right)-(\xi_2,\Delta\eta)-(z_2(\vartheta_t\omega),\Delta\eta). \tag{6.91}$$

注意到

$$\left(\Big[(\xi+z(\vartheta_t\omega)).\nabla\Big]\eta,\Delta\eta\right)=\Big((\xi.\nabla)\eta,\Delta\eta\Big)+\Big((z(\vartheta_t\omega).\nabla)\eta,\Delta\eta\Big). \tag{6.92}$$

则式(6.92)中的所有项分别估计为

$$\|(\xi.\nabla)\eta\|\ \|\Delta\eta\|\leqslant c\|\xi\|_4\|\nabla\eta\|_4\|\Delta\eta\|$$
$$\leqslant c\|\xi\|^{\frac{1}{2}}\|\nabla\xi\|^{\frac{1}{2}}\|\nabla\eta\|^{\frac{1}{2}}\|\Delta\eta\|^{\frac{3}{2}}$$
$$\leqslant c\|\xi\|^2\|\nabla\xi\|^2\|\nabla\eta\|^2+\frac{\kappa}{4}\|\Delta\eta\|^2, \tag{6.93}$$

$$\left|\left(z(\vartheta_t\omega).\nabla)\eta,\Delta\eta\right)\right|\leqslant c\|z(\vartheta_t\omega)\|_\infty\|\nabla\eta\|\ \|\Delta\eta\|\leqslant c\|z(\vartheta_t\omega)\|_{H^2}^2\|\nabla\eta\|^2+\frac{\kappa}{4}\|\Delta\eta\|^2. \tag{6.94}$$

式(6.91)右端的其余项估计为

$$(\xi_2,\Delta\eta)\leqslant\|\xi_2\|\ \|\Delta\eta\|\leqslant\|\xi\|\ \|\Delta\eta\|\leqslant c\|\xi\|^2+\frac{\kappa}{4}\|\Delta\eta\|^2, \tag{6.95}$$

$$(z_2(\vartheta_t\omega),\Delta\eta)\leqslant\|z_2(\vartheta_t\omega)\|\ \|\Delta\eta\|\leqslant c\|z(\vartheta_t\omega)\|^2+\frac{\kappa}{4}\|\Delta\eta\|^2. \tag{6.96}$$

合并式(6.91)至式(6.96)得

$$\frac{\mathrm{d}}{\mathrm{d}t}\|\nabla\eta\|^2\leqslant P(t,\omega)\|\nabla\eta\|^2+Q(t,\omega), \tag{6.97}$$

这里

$$P(t,\omega)=c(\|\xi\|^2\|\nabla\xi\|^2+\|z(\vartheta_t\omega)\|_{H^2}^2),$$

和

$$Q(t,\omega)=c(\|\xi\|^2+\|z(\vartheta_t\omega)\|^2).$$

在区间$[s,t+1]$上,其中$s\geqslant t\geqslant t(B,\omega)$,运用 Gronwall 引理到式(6.97)得到

$$\|\nabla\eta(t+1,\omega,\eta_0(\omega))\|^2\leqslant \mathrm{e}^{\int_t^{t+1}P(\tau,\omega)\mathrm{d}\tau}\left(\|\nabla\eta(s,\omega,\eta_0(\omega))\|^2+\int_t^{t+1}Q(\tau,\omega)\mathrm{d}\tau\right). \tag{6.98}$$

积分得

$$\|\nabla\eta(t+1,\vartheta_{-t-1}\omega,\eta_0(\vartheta_{-t-1}\omega))\|^2$$
$$\leqslant\mathrm{e}^{\int_t^{t+1}P(\tau,\vartheta_{-t-1}\omega)\mathrm{d}\tau}\left(\int_t^{t+1}\|\nabla\eta(s,\vartheta_{-t-1}\omega,\eta_0(\vartheta_{-t-1}\omega))\|^2\mathrm{d}s+\int_t^{t+1}Q(\tau,\vartheta_{-t-1}\omega)\mathrm{d}\tau\right). \tag{6.99}$$

由引理 6.4 可推知

$$\int_t^{t+1}P(\tau,\vartheta_{-t-1}\omega)\mathrm{d}\tau\leqslant c\left(\varrho^2(\omega)+\int_{-1}^0\|z(\vartheta_t\omega)\|_{H^2}^2\mathrm{d}s\right):=C_3(\omega). \tag{6.100}$$

和

$$\int_t^{t+1}Q(\tau,\vartheta_{-t-1}\omega)\mathrm{d}\tau\leqslant c\left(\varrho(\omega)+\int_{-1}^0\|z(\vartheta_t\omega)\|^2\mathrm{d}s\right):=C_4(\omega). \tag{6.101}$$

根据式(6.99)至式(6.101)得出,对所有的$t\geqslant t(B,\omega)$,

$$\|\nabla\eta(t+1,\vartheta_{-t-1}\omega,\eta_0(\vartheta_{-t-1}\omega))\|^2\leqslant\mathrm{e}^{C_3(\omega)}(\varrho(\omega)+C_4(\omega)). \tag{6.102}$$

从式(6.90)和式(6.102)可知,结果得证.

6.3 主要结论及其证明

根据前面的引理 6.1 至引理 6.5,可得本章的主要结论.

定理 6.1　假设式(6.18)成立，$\mathfrak{D}$由式(6.30)给出，则 Boussinesq 模型(6.1)至模型(6.7)生成的随机动力系统 φ 在空间 $H=H_1\times H_2$ 上存在唯一的$\mathfrak{D}$-随机吸引子 $A=\{A(\omega);\omega\in\Omega\}$，其核段 $A(\omega)$ 为随机吸收集 K 的 Omega-极限集.

证明　根据引理 6.3，φ 在空间 H 中存在闭的可测的$\mathfrak{D}$-随机吸收集 $K=\{K(\omega);\omega\in\Omega\}$. 下面说明 φ 在 H 中是$\mathfrak{D}$-渐近紧的. 由式(6.27)至式(6.28)及引理 6.5 对每一个 $B\in\mathfrak{D}$及 $(v_0(\omega),T_0(\omega))\in B(\omega)$，存在 $t(B,\omega)>0$，使得对所有的 $t\geqslant t(B,\omega)$，

$$\begin{aligned}
&\|\nabla v(t,\vartheta_{-t}\omega,v_0(\vartheta_{-t}\omega))\|^2+\|\nabla T(t,\vartheta_{-t}\omega,T_0(\vartheta_{-t}\omega))\|^2\\
&=\|\nabla\xi(t,\vartheta_{-t}\omega,\xi_0(\vartheta_{-t}\omega))+\nabla z(\omega)\|^2+\|\nabla\eta(t,\vartheta_{-t}\omega,\eta_0(\vartheta_{-t}\omega))-\mathrm{e}_2\|^2\\
&\leqslant 2\|\nabla\xi(t,\vartheta_{-t}\omega,\xi_0(\vartheta_{-t}\omega))\|^2+2\|\nabla\eta(t,\vartheta_{-t}\omega,\eta_0(\vartheta_{-t}\omega))\|^2+2\|\nabla z(\omega)\|^2+2|\mathcal{O}|\\
&\leqslant 2\varrho^2(\omega)+2\|\nabla z(\omega)\|^2+2|\mathcal{O}|<+\infty,
\end{aligned}$$

其中$\varrho(\omega)$如引理 6.4. 于是利用紧嵌入定理，φ 在空间 H 中是$\mathfrak{D}$-渐近紧的. 由定理 2.1 得证.

第 7 章
随机非经典扩散方程的吸引子

本章考虑强度为 ε 的加法噪声扰动下,无界域上的随机非经典扩散方程的动力性:

$$\begin{cases}u_t-\Delta u_t-\Delta u+u+f(x,u)=g(x)+\varepsilon h\dot{W}, & x\in\mathbb{R}^N,\\ u(x,\tau)=u_0(x), & x\in\mathbb{R}^N,\end{cases}\tag{7.1}$$

其中初值 $u_0\in H^1(\mathbb{R}^N)$,$\varepsilon\in(0,1]$为噪声强度,$\dot{W}(t)$为 Wiener 过程 $W(t)$的广义偏导数,$W(t)=W(t,\omega)=\omega(t)$,$t\in\mathbb{R}$.

在式(7.1)中,$g\in L^2(\mathbb{R}^N)$,$f(x,u)=f_1(x,u)+a(x)f_2(u)$,这里

$$a(.)\in L^1(\mathbb{R}^N)\cap L^\infty(\mathbb{R}^N),\tag{7.2}$$

$f_1(x,.)\in C(\mathbb{R},\mathbb{R})$使得对 $x\in\mathbb{R}^N$,

$$f_1(x,s)s\geqslant\alpha_1|s|^p-\psi_1(x),\psi_1\in L^1(\mathbb{R}^N)\cap L^\infty(\mathbb{R}^N),\tag{7.3}$$

$$|f_1(x,s)|\leqslant\beta_1|s|^{p-1}+\psi_2(x),\psi_2\in L^2(\mathbb{R}^N)\cap L^q(\mathbb{R}^N),\tag{7.4}$$

$$(f_1(x,s)-f_1(x,r))(s-r)\geqslant-l(s-r)^2,\tag{7.5}$$

和 $f_2(.)\in C(\mathbb{R},\mathbb{R})$使得

$$f_2(s)s\geqslant\alpha_2|s|^p-\gamma,\tag{7.6}$$

$$|f_2(s)|\leqslant\beta_2|s|^{p-1}+\delta,\tag{7.7}$$

$$(f_2(s)-f_2(r))(s-r)\geqslant-l(s-r)^2,\tag{7.8}$$

其中 $\alpha_i,\beta_i(i=1,2),\gamma,\delta$ 和 l 为正常数.函数 h 满足

$$h\in H^1(\mathbb{R}^N).\tag{7.9}$$

非经典扩散方程,因为考虑了介质的黏性、弹性和压强等因素对系统的影响,见文献[5,6,60],在研究非 Newtonian 流体、固体力学和热传导问题中具有重要的应用.确定情形,即在式(7.1)中 $\varepsilon=0$,有界域上的非经典扩散方程的动力性问题被几位作者所研究,见文献[11,12,84,85,101];具有退化记忆的非经典扩散方程见文献[103,104].通过 Omega-极限紧讨论,文献[51]获得了有界域上具有变延迟的非经典扩散方程的拉回吸引子的存在性结果.

就方程(7.1)在无界域情形而言,成果不多.利用尾部估计和 Omega 紧性讨论,文献[70]在 $H^1(\mathbb{R}^N)$上获得了全局吸引子,其非线性项满足类似式(7.2)至式(7.8)的条件,但附加了可微性假设.非自治情行,文献[110]证明了拉回吸引子在 $H^1(\mathbb{R}^N)$空间上的存在性,这里非线性的增长次数被空间维数 N 控制,使得 Sobolev 嵌入 $H^1\rightarrow L^{2p-2}$连续.然而,遗憾的是,在那里

的引理 3.4 的证明过程中的一些项丢失，此外，文中的公式(3.45)也是错误的. 文献[70]中也出现了类似的错误. 最近，文献[13]获得了在空间 $H^1(\mathbb{R}^N)\cap L^p(\mathbb{R}^N)$上的拉回吸引子，其中非线性项具有任意多项式增长，同时对其原函数给以假设.

考虑无界域上解的渐近紧性时，不像有界域上可以利用 Sobolev 紧嵌入获得. 为了克服这一困难，可以采用能量方程方法(文献[16,17])、尾部估计方法(文献[99,112])或者建立加权空间考虑(文献[72,109])等方法. 利用能量方程法，Z. Brzeźniak et al. 文献[22]获得了带加法噪声的 Navier-Stokes 方程在无界域上的渐近紧性，进而证明了吸引子的存在性. 这里我们借鉴其方法考虑方程(8.1)在 $H^1(\mathbb{R}^N)$上的渐近紧性. 最后证明随机吸引子的上半连续性. 读者可参阅文献[120].

在本章中，$(.,.)$表示 L^2 空间的内积，$\|.\|_p$ 表示 L^p 空间的范数，$1\leqslant p\leqslant\infty$. 特别地，$p=2$，去掉下标 $\|.\|_2=\|.\|$. H^1 表示通常的 Sobolev 空间 $H^1(\mathbb{R}^N)$，记范数为 $\|.\|_{H^1}$，而 H^{-1}为其对偶空间，记范数为 $\|.\|_{H^{-1}}$. $L^p(\mathbb{R}^N,a)$表示范数为 $\|.\|_{a,p}=\left(\int_{\mathbb{R}^N}a(x)|.|^p\mathrm{d}x\right)^{1/p}$ 的空间. $L^p(\tau,T;X)$ 表示从(τ,T) 到 X 的 p 次可积函数的集合，记范数为 $\|.\|_{L^p(\tau,T;X)}=\left(\int_\tau^T\|.\|_X^p\mathrm{d}t\right)^{1/p}$.

7.1　弱解的唯一存在性

引入参数变换 $z(t)=z(\vartheta_t\omega)=(I-\Delta)^{-1}hy(\vartheta_t\omega)$，这里 Δ 为拉普拉斯算子，$y(t)$为 Ornstein-Uhlenbeck(O-U)过程，形式如下：

$$y(t)=y(\vartheta_t\omega)=-\int_{-\infty}^0\mathrm{e}^s(\vartheta_t\omega)(s)\mathrm{d}s,\quad t\in\mathbb{R},$$

这里 $\omega(t)=W(t)$为定义在(Ω,F,P)上的一维 Wiener 过程，其中 $\Omega=\{\omega(t)\in C(\mathbb{R},\mathbb{R});\omega(0)=0\}$. 并且 $y(t)$满足随机方程

$$\mathrm{d}y+y\mathrm{d}t=\mathrm{d}\omega(t).$$

注记 7.1　由于 $y(\omega)$是速降的，据文献[19]或文献[14]可知，存在速降的随机变量 $r(\omega)>0$，使得

$$|y(\omega)|^2+|y(\omega)|^p\leqslant r(\omega),\tag{7.10}$$

$$r(\vartheta_t\omega)\leqslant\mathrm{e}^{\frac{\mu}{2}|t|}r(\omega),\quad t\in\mathbb{R},\tag{7.11}$$

这里选取 $0<\mu<2$. 注意 $I-\Delta$ 的逆为空间 $H^1(\mathbb{R}^N)$上的有界线性算子，则由 Hölder 不等式和运用式(7.9)至式(7.11)可推出，对 $t\in\mathbb{R}$，

$$\|z(\vartheta_t\omega)\|_{H^1}^2+\|z(\vartheta_t\omega)\|_p^p\leqslant\|z(\vartheta_t\omega)\|_{H^1}^2+c_1^p\|z(\vartheta_t\omega)\|_{H_1}^p\leqslant c_2\mathrm{e}^{\frac{\mu}{2}|t|}r(\omega),\tag{7.12}$$

这里 $c_1>0$ 为 $H^1\hookrightarrow L^p$ 的嵌入常数，c_2 为确定常数，仅依赖 $\|h\|_{H^1}$，p，c_1.

容易验证$(I-\Delta)z_t\mathrm{d}t+(I-\Delta)z\mathrm{d}t=h\mathrm{d}W(t)$. 设 $u(t)$是式(7.1)的解. 令 $v(t)=u(t)-\varepsilon z(\vartheta_t\omega)$(这里 $\varepsilon\in(0,1]$)，则 $v(t)$满足

$$v_t-\Delta v_t-\Delta v+v+f(x,v+\varepsilon z(\vartheta_t\omega))=\mathrm{g},\tag{7.13}$$

初始条件

$$v(x,\tau)=v_0(x)=u_0(x)-\varepsilon z(\vartheta_\tau\omega).\tag{7.14}$$

另外，假设当 $N\leqslant 2$ 时，$p\geqslant 2$；当 $N\geqslant 3$ 时，$2\leqslant p\leqslant \frac{N}{N-2}+1$，这里对增长指数 p 的假设保证了需要的 Sobolev 嵌入成立.

根据 Faedo-Galerkin 逼近方法，类似文献[13,15,73]，可证明方程(7.13)和方程(7.14)的解的唯一存在性和连续性.

定义 7.1　对任意的 $\tau\in\mathbb{R}$，随机过程 $v(x,t)$，$t\in[\tau,T]$，$x\in\mathbb{R}^N$ 为式(7.13)的弱解，当且仅当

$$v\in C(\tau,T;H^1(\mathbb{R}^N))\cap L^\infty(\tau,T;H^1(\mathbb{R}^N))\cap L^p(\tau,T;L^p(\mathbb{R}^N)),$$
$$\frac{dv}{dt}\in L^2(\tau,T;H^1(\mathbb{R}^N)),\quad v|_{t=\tau}=v_0,\text{a.e. }x\in\mathbb{R}^N,$$

和

$$\int_\tau^T((v_t,\phi)+(\nabla v_t,\nabla\phi)+(\nabla v,\nabla\phi)+(v,\phi)+$$
$$(f(x,v+\varepsilon z(\vartheta_t\omega)),\phi))dt=\int_\tau^T(g,\phi)dt\tag{7.15}$$

对所有的测试函数 $\phi\in C_0^\infty([\tau,T]\times\mathbb{R}^N)$ 和 $\omega\in\Omega$ 成立.

命题 7.1　假设式(7.2)至式(7.9)成立，$g\in L^2(\mathbb{R}^N)$ 和 $v_0\in H^1(\mathbb{R}^N)$. 则对任意的 $\tau\in\mathbb{R}$，$\tau<T$，

i)方程(7.13)和方程(7.14)存在唯一的弱解 $v(t,\omega;\tau,v_0)$，其初值为 $v_0=v(\tau,\omega;\tau,v_0)$；

ii)映射 $v_0\mapsto v(t,\omega;\tau,v_0)$ 连续，且 $\omega\mapsto v(t,\omega;\tau,v_0)$ 是 $(F,B(H^1(\mathbb{R}^N)\times\mathbb{R}))$-可测的，$t\geqslant\tau$.

注记 7.2　根据式(7.13)，v 满足能量不等式：对 $\tau\in\mathbb{R}$ 及 $\tau\leqslant t$，

$$\|v(t)\|_{H^1}^2=e^{-\mu(t-\tau)}\|v(t)\|_{H^1}^2-(2-\mu)\int_\tau^t e^{-\mu(t-s)}\|v(s)\|_{H^1}^2ds-$$
$$2\int_\tau^t e^{-\mu(t-s)}(f(x,v(s)+\varepsilon z(\vartheta_s\omega)),v(s))ds+2\int_\tau^t e^{-\mu(t-s)}(g,v(s))ds\tag{7.16}$$

这里 $\mu\in(0,2)$.

根据命题 7.1，从 $\mathbb{R}^+\times\Omega\times H^1(\mathbb{R}^N)$ 到 $H^1(\mathbb{R}^N)$ 的映射是可测的. 因此，可定义随机动力系统 (φ,ϑ)：

$$\varphi(t-\tau,\vartheta_\tau\omega)u_0=u(t,\omega;\tau,u_0)=v(t,\omega;\tau,u_0-\varepsilon z(\vartheta_\tau\omega))+\varepsilon z(\vartheta_t\omega),\omega\in\Omega,\tag{7.17}$$

这里 $u_0=u(\tau,\omega;\tau,u_0)$. 并且，$(\varphi,\vartheta)$ 在空间 $H^1(\mathbb{R}^N)$ 上连续(即范数-范数连续).

7.2 弱-弱连续性

虽然从命题 7.1 可知，方程(7.13)和方程(7.14)的解在 $H^1(\mathbb{R}^N)$ 空间上是范数-范数连续，然而这无法获得随机系统的渐近紧性(吸引子存在的关键条件). 这里需要证明解对初值在空间 $H^1(\mathbb{R}^N)$ 上的弱连续性(即弱-弱连续).

引理 7.1　假设式(7.2)至式(7.9)成立，$g\in L^2(\mathbb{R}^N)$. 设序列 $\{v_0^{(n)}\}_{n\geqslant 1}\subset H^1(\mathbb{R}^N)$ 使得

$$v_0^{(n)} \rightharpoonup v_0. \tag{7.18}$$

设 $v^{(n)}(t)$ 和 $v(t)$ 是相应于 $v_0^{(n)}$ 和 v_0 的弱解，则存在子列(再记为 $\{v^{(n)}(t)\}_{n\geqslant 1}$)使得

$$v^{(n)}(t) \rightharpoonup v(t),\quad t>\tau, \tag{7.19}$$

这里"$\rightharpoonup$"表示 $H^1(\mathbb{R}^N)$ 上的弱收敛.

证明　首先估计序列 $v^{(n)}(t)$ 在某些空间上有界.

由于弱收敛序列有界，故存在正常数 C_1 使得对所有的 $n\in\mathbb{Z}^+$，

$$\|v_0^{(n)}\|_{H^1}^2 \leqslant C_1, \tag{7.20}$$

这里和接下来的 $C_i, i=1,\cdots,6$ 为独立于 ε 和 n 的常数.

现在式(7.13)中，用 $v^{(n)}(t)$ 代替 $v(t)$，用 $v^{(n)}(t)$ 在 $L^2(\mathbb{R}^N)$ 空间作内积，并使用假设条件(7.3)、条件(7.4)，条件(7.6)、条件(7.7)和条件(7.9)推知

$$\frac{\mathrm{d}}{\mathrm{d}t}\|v^{(n)}(t)\|_{H^1}^2+\|v^{(n)}(t)\|_{H^1}^2+\alpha_1\|u^{(n)}(t)\|_p^p+\alpha_2\|u^{(n)}(t)\|_{a,p}^p$$
$$\leqslant C_2(\|z(\vartheta_t\omega)\|_{H^1}^2+\|z(\vartheta_t\omega)\|_{H^1}^p)+C_3 \tag{7.21}$$

a. e. $t\geqslant\tau$ 成立. 从 τ 到 t 积分式(7.21)并运用式(7.20)，容易证明下列的界对 n 和 $\varepsilon\in(0,1]$ 一致：

$$v^{(n)}(t)\text{ 在 }L^\infty(\tau,T;H^1(\mathbb{R}^N))\text{ 中一致有界，} \tag{7.22}$$

$$v^{(n)}(t)\text{ 在 }L^2(\tau,T;H^1(\mathbb{R}^N))\text{ 中一致有界，} \tag{7.23}$$

$$u^{(n)}(t)\text{ 在 }L^p(\tau,T;L^p(\mathbb{R}^N))\text{ 中一致有界，} \tag{7.24}$$

$$u^{(n)}(t)\text{ 在 }L^p(\tau,T;L^p(\mathbb{R}^N,a))\text{ 中一致有界，}$$

这里 $u^{(n)}(t)=v^{(n)}(t)+\varepsilon z(\vartheta_t\omega)$. 同时，运用式(7.3)和式(7.7)，以及式(7.24)，推得

$$f_1(.,u^{(n)}(t))\text{ 在 }L^q(\tau,T;L^q(\mathbb{R}^N))\text{ 中一致有界，} \tag{7.25}$$

$$a(.)f_2(u^{(n)}(t))\text{ 在 }L^q(\tau,T;L^q(\mathbb{R}^N))\text{ 中一致有界，} \tag{7.26}$$

这里 q 是 p 的对偶. 另一方面有

$$-\Delta v^{(n)}(t)\text{ 在 }L^2(\tau,T;H^{-1}(\mathbb{R}^N))\text{ 中一致有界.} \tag{7.27}$$

从式(7.23)和式(7.25)至式(7.27)推得

$$v_t^{(n)}(t)-\Delta v_t^{(n)}(t)\text{ 在 }L^2(\tau,T;H^{-1}(\mathbb{R}^N))+L^q(\tau,T;L^q(\mathbb{R}^N))\text{ 中一致有界.} \tag{7.28}$$

更进一步在式(7.13)中，用 $v^{(n)}(t)$ 代替 $v(t)$，两端乘以 $v_t^{(n)}(t)$ 再积分，发现

$$\|v_t^{(n)}(t)\|_{H^1}^2+\frac{\mathrm{d}}{\mathrm{d}t}\|v^{(n)}(t)\|_{H^1}^2\leqslant C_4\|u^{(n)}(t)\|_{H^1}^{2p-2}+\|\psi_2\|^2+\|g\|^2+C_5, \tag{7.29}$$

这里用到嵌入 $H^1\to L^{2p-2}$，p 和 N 满足需要的假设. 则从 τ 到 T 积分式(7.29)，联系式(7.20)和式(7.22)得

$$v_t^{(n)}(t)\text{ 在 }L^2(\tau,T;H^1(\mathbb{R}^N))\text{ 中一致有界，} \tag{7.30}$$

因此和式(7.23)一起暗示了 $v^{(n)}(t)\in C(\tau,T;H^1(\mathbb{R}^N))$，见文献[79]中的推论 7.3.

因此，根据紧理论(如文献[89])，可从 $\{v^{(n)}(t)\}_n$ 中抽出子列(仍记作 $\{v^{(n)}(t)\}_n$)，使得

$$v^{(n)}(t)\rightharpoonup\hat{v}(t)\text{，在 }L^\infty(\tau,T;H^1(\mathbb{R}^N))\text{ 中弱}^*\text{收敛，}$$

$$v^{(n)}(t)\rightharpoonup\hat{v}(t)\text{，在 }L^2(\tau,T;H^1(\mathbb{R}^N))\text{ 中弱收敛，} \tag{7.31}$$

$$v^{(n)}(t)\to\hat{v}(t)\text{，在 }L^2(\tau,T;L^2(B_R))\text{ 中强收敛，} \tag{7.32}$$

这里 $B_R=\{x\in\mathbb{R}^N;|x|\leqslant R\}$，$\forall R>0$. 类似于文献[73]中的方法，不难验证 $\hat{v}(t)$ 在定义 7.1 的意义上满足式(7.13)和式(7.14). 唯一性暗示了 $\hat{v}(t)=v(t)$.

对任意的 $\tau\in\mathbb{R}$，由式(7.31)，对几乎处处的 $t\geqslant\tau$，

$$v^{(n)}(t)\rightharpoonup v(t)\text{，在 } H^1(\mathbb{R}^N)\text{ 中弱收敛}. \tag{7.33}$$

接下来说明式(7.33)对任意的 $t\geqslant\tau$ 成立. 事实上，根据式(7.33)，对任意的 $t\geqslant\tau$，可选取充分小的 $h>0$，使得

$$\lim_{n\to\infty}<v^{(n)}(t+h)-v(t+h),\phi>=0,\quad \forall\phi\in H^{-1}(\mathbb{R}^N), \tag{7.34}$$

这里 $<.,.>$ 表示 H^1 和它的对偶 H^{-1} 之间的配对. 因此，先运用式(7.34)然后运用式(7.30)，可推知对任意的 $t\geqslant\tau$，

$$\begin{aligned}
&\lim_{n\to\infty}|<v^{(n)}(t)-v(t),\phi>|\\
&\leqslant\lim_{n\to\infty}\Big(|<v(t+h)-v(t),\phi>|+|<v^{(n)}(t+h)-v^{(n)}(t),\phi>|\Big)\\
&\leqslant\lim_{n\to\infty}\Big(\Big|<\int_t^{t+h}v_s(s)\mathrm{d}s,\phi>\Big|+\Big|<\int_t^{t+h}v_s^{(n)}(s)\mathrm{d}s,\phi>\Big|\Big)\\
&\leqslant\lim_{n\to\infty}\Big(\|v_s(s)\|_{L^2(t,t+h;H^1)}+\|v_s^{(n)}(s)\|_{L^2(t,t+h;H^1)}\Big)h^{\frac{1}{2}}\|\phi\|_{H^{-1}},
\end{aligned} \tag{7.35}$$

由式(7.30)，$\sup\limits_{s\in[t,t+h]}\|v_s(s)\|_{H^1}$，$\sup\limits_{n\in\mathbb{N},s\in[t,t+h]}\|v_s^{(n)}(s)\|_{H^1}<+\infty$，于是从式(7.35)知式(7.19)成立.

注记 7.3　在式(7.32)中的强收敛性由文献[79]的定理 8.1 得到.

7.3　$H^1(\mathbb{R}^N)$-吸引子

本节中，字母 c 为独立于 $\varepsilon,t,z(\vartheta_t\omega)$ 和 $v(t)$ 的通用常数.

7.3.1　吸收集

引理 7.2　假设式(7.2)至式(7.9)成立，$g\in L^2(\mathbb{R}^N)$，$\varepsilon\in(0,1]$. 则随机动力系统 (φ,ϑ) 在空间 $H^1(\mathbb{R}^N)$ 中存在随机 $\mathfrak{D}_\mu$-吸收集 $K_\mu=\{K_\mu(\omega);\omega\in\Omega\}$，即对任意的 $D\in\mathfrak{D}_\mu$ 和 $\omega\in\Omega$，存在 $T=T(D,\omega)<0$，使得

$$\varphi(-\tau,\vartheta_\tau\omega)D(\vartheta_\tau\omega)\subseteq K_\mu(\omega)\text{，对所有的 }\tau\leqslant T,$$

这里 $\mathfrak{D}_\mu$ 为 $H^1(\mathbb{R}^N)$ 中的非空间闭子集 $D=\{D(\omega);\omega\in\Omega\}$ 构成的集合，使得

$$\lim_{\tau\to-\infty}\Big(e^{\mu\tau}\sup_{u\in D(\vartheta_\tau\omega)}\{\|u\|_{H^1}^2\}\Big)=0, \tag{7.36}$$

其中 $\mu\in(0,2)$，对固定的 μ，$\mathfrak{D}_\mu$ 是包含闭的，且 $K_\mu\in\mathfrak{D}_\mu$.

证明　首先估计式(7.16)右端的每一项. 利用式(7.3)和式(7.4)易得

$$\begin{aligned}
\int_{\mathbb{R}^N}f_1(x,v+\varepsilon z(\vartheta_t\omega))v\mathrm{d}x\geqslant&\frac{\alpha_1}{2}\|u\|_p^p-\varepsilon c(\|z(\vartheta_t\omega)\|_p^p+\|z(\vartheta_t\omega)\|^2)-\\
&c(\|\psi_1\|+\|\psi_2\|^2).
\end{aligned} \tag{7.37}$$

运用式(7.6)和式(7.7)有

$$\int_{\mathbb{R}^N} a(x) f_2(v+\varepsilon z(\vartheta_t\omega)) v \mathrm{d}x = \int_{\mathbb{R}^N} a(x) f_2(u) u \mathrm{d}x - \varepsilon \int_{\mathbb{R}^N} a(x) f_2(u) z(\vartheta_t\omega) \mathrm{d}x$$
$$\geqslant \alpha_2 \int_{\mathbb{R}^N} a(x) |u|^p \mathrm{d}x - \gamma \int_{\mathbb{R}^N} a(x) \mathrm{d}x -$$
$$\varepsilon\beta_2 \int_{\mathbb{R}^N} a(x) |u|^{p-1} |z(\vartheta_t\omega)| \mathrm{d}x - \varepsilon\delta \int_{\mathbb{R}^N} a(x) |z(\vartheta_t\omega)| \mathrm{d}x. \tag{7.38}$$

利用 Young 不等式和式(7.2)，得到

$$\varepsilon\beta_2 \int_{\mathbb{R}^N} a(x) |u|^{p-1} |z(\vartheta_t\omega)| \mathrm{d}x \leqslant \frac{\alpha_2}{2} \int_{\mathbb{R}^N} a(x) |u|^p \mathrm{d}x + \varepsilon c \int_{\mathbb{R}^N} |z(\vartheta_t\omega)|^p \mathrm{d}x, \tag{7.39}$$

$$\varepsilon\delta \int_{\mathbb{R}^N} a(x) |z(\vartheta_t\omega)| \mathrm{d}x \leqslant \varepsilon \| a \|_\infty \int_{\mathbb{R}^N} |z(\vartheta_t\omega)|^2 \mathrm{d}x + \frac{\delta^2}{4} \| a \|_1, \tag{7.40}$$

这里 $c=c(\alpha_2,\beta_2,p,\|a\|_\infty)$. 则从式(7.38)至式(7.40)推得

$$\int_{\mathbb{R}^N} a(x) f_2(v+\varepsilon z(\vartheta_t\omega)) v \mathrm{d}x \geqslant \frac{\alpha_2}{2} \int_{\mathbb{R}^N} a(x) |u|^p \mathrm{d}x - \varepsilon c(\| z(\vartheta_t\omega)\|_p^p + \| z(\vartheta_t\omega)\|^2) - c\| a \|_1. \tag{7.41}$$

也有

$$2\left|\int_{\mathbb{R}^N} g v \mathrm{d}x\right| \leqslant (2-\mu) \| v(t) \|^2 + \frac{1}{2-\mu} \| g \|^2 \leqslant (2-\mu) \| v(t) \|_{H^1}^2 + \frac{1}{2-\mu} \| g \|^2. \tag{7.42}$$

则把式(7.37)、式(7.41)和式(7.42)合并到式(7.16)，产生

$$\| v(t) \|_{H^1}^2 + \int_\tau^t \mathrm{e}^{-\mu(t-s)} (\alpha_1 \| u(s) \|_p^p + \alpha_2 \| u(s) \|_{a,p}^p) \mathrm{d}s$$
$$\leqslant \mathrm{e}^{-\mu(t-\tau)} \| v_0 \|_{H^1}^2 + \varepsilon \mathrm{e}^{-\mu t} \int_\tau^t \mathrm{e}^{\mu s} \varsigma(\vartheta_s\omega) \mathrm{d}s + \frac{c}{\mu}, \tag{7.43}$$

这里

$$\varsigma(\vartheta_t\omega) = c(\| z(\vartheta_t\omega) \|^2 + \| z(\vartheta_t\omega) \|_p^p).$$

现固定 $t\leqslant 0$. 联系式(7.12)有

$$\| v(t) \|_{H^1}^2 \leqslant \mathrm{e}^{-\mu(t-\tau)} \| v_0 \|_{H^1}^2 + \varepsilon \mathrm{e}^{-\mu t} \int_\tau^t \mathrm{e}^{\mu s} \varsigma(\vartheta_s\omega) \mathrm{d}s + c$$
$$\leqslant \mathrm{e}^{-\mu t} \left(2\mathrm{e}^{\mu\tau} \| u_0 \|_{H^1}^2 + 2\varepsilon \mathrm{e}^{\mu\tau} \| z(\vartheta_\tau\omega) \|_{H^1}^2 + \varepsilon \int_\tau^t \mathrm{e}^{\mu s} \varsigma(\vartheta_s\omega) \mathrm{d}s + c \right)$$
$$\leqslant \mathrm{e}^{-\mu t} \left(2\mathrm{e}^{\mu\tau} \| u_0 \|_{H^1}^2 + 2\varepsilon c\, \mathrm{e}^{\mu\tau} \mathrm{e}^{-\frac{\mu}{2}\tau} r(\omega) + \varepsilon c \int_\tau^t \mathrm{e}^{\frac{\mu}{2}s} r(\omega) \mathrm{d}s + c \right)$$
$$\leqslant \mathrm{e}^{-\mu t} \left(2\mathrm{e}^{\mu\tau} \| u_0 \|_{H^1}^2 + 2\varepsilon c\, \mathrm{e}^{\frac{\mu}{2}\tau} r(\omega) + \varepsilon c \frac{2}{\mu} r(\omega) + c \right). \tag{7.44}$$

因此，从式(7.44)推得，对每一个 $D\in\mathfrak{D}_\mu$，存在 $T=T(D,\omega)<t\leqslant 0$，使得

$$\| v(t) \|_{H^1}^2 \leqslant c\mathrm{e}^{-\mu t} (1+\varepsilon r(\omega)) \text{ 对所有的 } \tau \leqslant T. \tag{7.45}$$

注意到 $u(0)=v(0)+\varepsilon z(\omega)$，在式(7.45)中让 $t=0$ 得，对所有的 $\tau\leqslant T$，

$$\| u(0) \|_{H^1}^2 \leqslant 2 \| v(0) \|_{H^1}^2 + 2\varepsilon \| z(\omega) \|_{H^1}^2$$
$$\leqslant 2c(1+\varepsilon r(\omega)) + 2\varepsilon \| z(\omega) \|_{H^1}^2 \leqslant R(\omega) =: c(1+\varepsilon r(\omega)). \tag{7.46}$$

观察到当 $\tau \to -\infty$，

$$e^{\mu\tau}R(\vartheta_\tau\omega)=e^{\mu\tau}+\varepsilon e^{\mu\tau}r(\vartheta_\tau\omega))\leqslant e^{\mu\tau}+\varepsilon e^{\frac{\mu}{2}\tau}r(\omega)\to 0.$$

因此，$K_\mu=\{\|u\|_{H^1};\|u\|_{H^1}^2\leqslant c(1+\varepsilon r(\omega)),\omega\in\Omega\}\in\mathfrak{D}_\mu$. 另一方面从式(7.46)中发现 $R(\omega)$ 可测，故 K_μ 也可测，所以 K_μ 是定义于式(7.17)的随机动力系统(φ,ϑ)的$\mathfrak{D}_\mu$-吸收集.

证毕.

7.3.2 渐近紧性

下面利用引理 7.1 和引理 7.2 去证明(φ,ϑ)在 $H^1(\mathbb{R}^N)$中的$\mathfrak{D}_\mu$-渐近紧性.

引理 7.3 假设式(7.2)至式(7.9)成立，$g\in L^2(\mathbb{R}^N)$，$\varepsilon\in(0,1]$，$\mathfrak{D}_\mu$ 由式(7.36)给出. 则对每一个固定的 $\mu\in(0,2)$，随机动力系统(φ,ϑ)在 $H^1(\mathbb{R}^N)$中是$\mathfrak{D}_\mu$-渐近紧的.

证明 让 $\tau_n\to-\infty$，$x_n\in D(\vartheta_{\tau_n}\omega)$，$D\in\mathfrak{D}_\mu$. 只需证明序列$\{\varphi(-\tau_n,\vartheta_{\tau_n}\omega)x_n\}n$ 在 $H^1(\mathbb{R}^N)$空间是预紧的.

去掉下标，设 $K=\{K(\omega);\omega\in\Omega\}$，这里

$$K=\{\|u\|_{H^1};\|u\|_{H^1}^2\leqslant c(1+r(\omega))\}.$$

则 K 为$\mathfrak{D}_\mu$-吸收集(见引理 7.2)，则当 $\tau_n\to-\infty$，$\varphi(-\tau_n,\vartheta_{\tau_n}\omega)x_n\in K(\omega)$. 因为 K 为有界集，根据弱紧定理，存在 $y_0\in H^1(\mathbb{R}^N)$及子序列，使得

$$\varphi(-\tau_n,\vartheta_{\tau_n}\omega)x_n\rightharpoonup y_0,\text{在 } H^1(\mathbb{R}^N)\text{ 中弱收敛}. \tag{7.47}$$

我们需要证明式(7.47)的弱等价于强. 即存在子列$\{n'\}\subset\{n\}$使得

$$\varphi(-\tau_{n'},\vartheta_{\tau_{n'}}\omega)x_{n'}\to y_0,\text{在 } H^1(\mathbb{R}^N)\text{ 中强收敛}. \tag{7.48}$$

为此只需证明

$$\lim_{\tau_n\to-\infty}\sup\|\varphi(-\tau_n,\vartheta_{\tau_n}\omega)x_n-\varepsilon z(\omega)\|_{H^1}\leqslant\|y_0-\varepsilon z(\omega)\|_{H^1}. \tag{7.49}$$

为证明式(7.49)，首先需要给出 y_0 的等价形式. 固定 $k>\tau_n$. 利用 φ 的 cocycle 特征，有

$$\varphi(-\tau_n,\vartheta_{\tau_n}\omega)x_n=\varphi(-k,\vartheta_k\omega)\varphi(-\tau_n+k,\vartheta_{\tau_n}\omega)x_n, \tag{7.50}$$

再次运用引理 7.2，得

$$\varphi(-\tau_n+k,\vartheta_{\tau_n}\omega)x_n=\varphi(-\tau_n+k,\vartheta_{\tau_n-k}\vartheta_k\omega)x_n\in K(\vartheta_k\omega), \tag{7.51}$$

当 $\tau_n\to-\infty$. 不失一般性，假定 $n\in\mathbb{Z}^+$，存在 $y_k\in K(\vartheta_k\omega)$使得

$$\varphi(-\tau_n+k,\vartheta_{\tau_n}\omega)x_n\rightharpoonup y_k,\text{在 } H^1(\mathbb{R}^N)\text{ 中弱收敛}. \tag{7.52}$$

根据 φ 的定义和 φ 的 cocycle 特征，还有

$$\begin{aligned}\varphi(-\tau_n,\vartheta_{\tau_n}\omega)x_n&=\varphi(-k,\vartheta_k\omega)\varphi(-\tau_n+k,\vartheta_{\tau_n}\omega)x_n\\&=u(0,\omega;k,\varphi(-\tau_n+k,\vartheta_{\tau_n}\omega)x_n)\\&=v(0,\omega;k,\varphi(-\tau_n+k,\vartheta_{\tau_n}\omega)x_n-\varepsilon z(\vartheta_k\omega))+\varepsilon z(\omega),\end{aligned} \tag{7.53}$$

于是，由式(7.52)和式(7.53)推得

$$\begin{aligned}y_0&=\text{w-}\lim_{\tau_n\to-\infty}\varphi(-\tau_n,\vartheta_{\tau_n}\omega)x_n\\&=\text{w-}\lim_{\tau_n\to-\infty}v(0,\omega;k,\varphi(-\tau_n+k,\vartheta_{\tau_n}\omega)x_n-\varepsilon z(\vartheta_k\omega))+\varepsilon z(\omega),\\&=v(0,\omega;k,y_k-\varepsilon z(\vartheta_k\omega))+\varepsilon z(\omega)=u(0,\omega;k,y_k)=\varphi(-k,\vartheta_k\omega)y_k,\end{aligned} \tag{7.54}$$

对 $\varepsilon\in(0,1]$. 另一方面，因为

$$\varphi(-\tau_n+k,\vartheta_{\tau_n}\omega)x_n=u(k,\omega;\tau_n,x_n)=v(k,\omega;\tau_n,x_n-\varepsilon z(\vartheta_{\tau_n}\omega))+\varepsilon z(\vartheta_k\omega), \tag{7.55}$$

所以由式(7.53)和式(7.55)得

$$\varphi(-\tau_n,\vartheta_{\tau_n}\omega)x_n = v(0,\omega;k,v(k,\omega;\tau_n,x_n-\varepsilon z(\vartheta_{\tau_n}\omega))+\varepsilon z(\omega). \tag{7.56}$$

设 $y^{(n)}(k)=v(k,\omega;\tau_n,x_n-\varepsilon z(\vartheta_{\tau_n}\omega))$ 和 $v^{(n)}(t)=v(t,\omega;k,y_k^{(n)})$，$v(t)=v(t,\omega;k,y_k-\varepsilon z(\vartheta_k\omega))$. 则从式(7.52) 可知，$y^{(n)}(k)$ 在空间 $H^1(\mathbb{R}^N)$ 下弱收敛到 $y_k-\varepsilon z(\vartheta_k\omega)$.

现考虑能量等式(7.16). 首先根据式(7.56)和运用式(7.16)，取 $t=0$ 和 $\tau=k$，发现

$$\begin{aligned}
\|\varphi(-\tau_n,\vartheta_{\tau_n}\omega)x_n-\varepsilon z(\omega)\|_{H^1}^2 &= \|v(0,\omega;k,v(k,\omega;\tau_n,x_n-\varepsilon z(\vartheta_{\tau_n}\omega)))\|_{H^1}^2\\
&= e^{\mu k}\|y^{(n)}(k)\|_{H^1}^2 - 2\int_k^0 e^{\mu s}(f_1(x,v^{(n)}(s)+\varepsilon z(\vartheta_s\omega)),v^{(n)}(s))ds-\\
&\quad 2\int_k^0 e^{\mu s}(af_2(v^{(n)}(s)+\varepsilon z(\vartheta_s\omega)),v^{(n)}(s)ds+\\
&\quad 2\int_k^0 e^{\mu s}(g,v^{(n)}(s))ds-(2-\mu)\int_k^0 e^{\mu s}\|v^{(n)}(s)\|_{H^1}^2ds\\
&= I_1+I_2+I_3+I_4+I_5.
\end{aligned} \tag{7.57}$$

先估计 I_1. 在式(7.43)中，取 $t=k$ 和 $\tau=\tau_n$，运用式(7.12)，推得

$$\begin{aligned}
I_1 &= e^{\mu k}\|y^{(n)}(k)\|_{H^1}^2\\
&= e^{\mu k}\|v(k,\omega;\tau_n,x_n-\varepsilon z(\vartheta_{\tau_n}\omega))\|_{H^1}^2\\
&\leqslant 2e^{\mu\tau_n}\|x_n\|_{H^1}^2+2e^{\mu\tau_n}\|z(\vartheta_{\tau_n}\omega)\|_{H^1}^2+\int_{\tau_n}^k e^{\mu s}(\varsigma(\vartheta_s\omega)+c)ds\\
&\leqslant 2e^{\mu\tau_n}\|x_n\|_{H^1}^2+2ce^{\frac{\mu}{2}\tau_n}r(\omega)+ce^{\frac{\mu}{2}k}(1+r(\omega)),
\end{aligned}$$

由于 $x_n\in D(\vartheta_{\tau_n}\omega)$，于是

$$\lim_{\tau_n\to-\infty} I_1 \leqslant ce^{\frac{\mu}{2}k}(1+r(\omega)), \tag{7.58}$$

这里正常数 c 独立于 k. 为了估计 I_2，改写为

$$\begin{aligned}
I_2 &= -2\int_k^0 e^{\mu s}(f_1(x,v^{(n)}(s)+\varepsilon z(\vartheta_s\omega)),v^{(n)}(s))ds\\
&= -2\int_k^0 e^{\mu s}\int_{\mathbb{R}^N(|x|\leqslant R)} f_1(x,v^{(n)}(s)+\varepsilon z(\vartheta_s\omega))v^{(n)}(s)dxds-\\
&\quad 2\int_k^0 e^{\mu s}\int_{\mathbb{R}^N(|x|\geqslant R)} f_1(x,v^{(n)}(s)+\varepsilon z(\vartheta_s\omega))v^{(n)}(s)dxds\\
&= I_2'+I_2'',
\end{aligned} \tag{7.59}$$

这里的 R 充分大. 为了估计 $I_2{}'$，改写为

$$\begin{aligned}
I_2' &= -2\int_k^0 e^{\mu s}\int_{\mathbb{R}^N(|x|\leqslant R)} f_1(x,v^{(n)}(s)+\varepsilon z(\vartheta_s\omega))v^{(n)}(s)dxds\\
&= -2\int_k^0 e^{\mu s}\int_{\mathbb{R}^N(|x|\leqslant R)} f_1(x,u^{(n)}(s))u^{(n)}(s)dxds+\\
&\quad 2\int_k^0 e^{\mu s}\int_{\mathbb{R}^N(|x|\leqslant R)} f_1(x,u^{(n)}(s))z(\vartheta_s\omega)dxds.
\end{aligned} \tag{7.60}$$

从式(7.32)可知，$u^{(n)}(s)\to u(s)$ 对几乎每一对 $(s,x)\in[k,0]\times B_R$ 成立，这里 $B_R=\{x\in\mathbb{R}^N;|x|\leqslant R\}$. 则由 f_1 的连续性有

$$f_1(x,u^{(n)}(s))u^{(n)}(s)\to f_1(x,u(s))u(s),\quad \text{a.e.}\ (s,x)\in[k,0]\times B_R. \tag{7.61}$$

另一方面从式(7.3)可以看出，$f_1(x,u^{(n)}(s))u^{(n)}(s)\geqslant-\psi_1(x)$，$\psi_1\in L^1(\mathbb{R}^N)$，于是，运用 Hölder 不等式得

$$\left|\int_k^0 e^{\mu s}\int_{\mathbb{R}^N(|x|\leqslant R)} f_1(x,u^{(n)}(s))u^{(n)}(s)\mathrm{d}x\mathrm{d}s\right|$$
$$\leqslant\left(\int_k^0 e^{\mu s}\|f_1(x,u^{(n)}(s))\|_q^q\mathrm{d}s\right)^{\frac{1}{q}}\times\left(\int_k^0 e^{\mu s}\|u^{(n)}(s)\|_p^p\mathrm{d}s\right)^{\frac{1}{p}}$$
$$\leqslant M<+\infty, \tag{7.62}$$

这里用到式(7.24)和式(7.25)，正常数M独立于ε，n. 则式(7.61)和式(7.62)一起暗示了我们可以运用 Fatou-Lebesgue 引理到非负序列 $f_1(x,u^{(n)}(s))u^{(n)}(s)+\psi_1(x)$，得到

$$\lim_{\tau_n\to-\infty}\inf\int_k^0 e^{\mu s}\int_{\mathbb{R}^N(|x|\leqslant R)} f_1(x,u^{(n)}(s))u^{(n)}(s)\mathrm{d}x\mathrm{d}s$$
$$\geqslant\int_k^0 e^{\mu s}\int_{\mathbb{R}^N(|x|\leqslant R)}\lim_{\tau_n\to-\infty}\inf f_1(x,u^{(n)}(s))u^{(n)}(s)\mathrm{d}x\mathrm{d}s$$
$$=\int_k^0 e^{\mu s}\int_{\mathbb{R}^N(|x|\leqslant R)} f_1(x,u(s))u(s)\mathrm{d}x\mathrm{d}s. \tag{7.63}$$

另一方面因为 $f_1(x,u^{(n)}(s))\rightharpoonup f_1(x,u(s))$在$L^q(k,0;L^q(B_R))$中弱收敛(见式(7.25))，联系假设式(7.9)，$z(\vartheta_s\omega)\in H^1\hookrightarrow L^p$，则

$$\lim_{\tau_n\to-\infty}\int_k^0 e^{\mu s}\int_{\mathbb{R}^N(|x|\leqslant R)} f_1(x,u^{(n)}(s))z(\vartheta_s\omega)\mathrm{d}x\mathrm{d}s=\int_k^0 e^{\mu s}\int_{\mathbb{R}^N(|x|\leqslant R)} f_1(x,u(s))z(\vartheta_s\omega)\mathrm{d}x\mathrm{d}s. \tag{7.64}$$

因此，在式(7.60)中让$\tau_n\to-\infty$，并使用式(7.63)和式(7.64)可得

$$\lim_{\tau_n\to-\infty}\sup I_2'\leqslant-2\int_k^0 e^{\mu s}\int_{\mathbb{R}^N(|x|\leqslant R)} f_1(x,u(s))v(s)\mathrm{d}x\mathrm{d}s. \tag{7.65}$$

下面估计I_2''. 运用式(7.3)得

$$I_2''=-2\int_k^0 e^{\mu s}\int_{\mathbb{R}^N(|x|\geqslant R)} f_1(x,v^{(n)}(s)+\varepsilon z(\vartheta_s\omega))v^{(n)}(s)\mathrm{d}x\mathrm{d}s$$
$$=-2\int_k^0 e^{\mu s}\int_{\mathbb{R}^N(|x|\geqslant R)} f_1(x,u^{(n)}(s))u^{(n)}(s)\mathrm{d}x\mathrm{d}s+2\int_k^0 e^{\mu s}\int_{\mathbb{R}^N(|x|\geqslant R)} f_1(x,u^{(n)}(s))z(\vartheta_s\omega)\mathrm{d}x\mathrm{d}s$$
$$\leqslant 2\int_k^0 e^{\mu s}\int_{\mathbb{R}^N(|x|\geqslant R)}\psi_1(x)\mathrm{d}x\mathrm{d}s+2\int_k^0\int_{\mathbb{R}^N(|x|\geqslant R)}\left(e^{\frac{1}{q}\mu s}|f_1(x,u^{(n)}(s))|\right)\times\left(e^{\frac{1}{p}\mu s}|z(\vartheta_s\omega)|\right)\mathrm{d}x\mathrm{d}s$$
$$\leqslant 2\int_k^0 e^{\mu s}\int_{\mathbb{R}^N(|x|\geqslant R)}\psi_1(x)\mathrm{d}x\mathrm{d}s+2\left(\int_k^0 e^{\mu s}\int_{\mathbb{R}^N(|x|\geqslant R)}|z(\vartheta_s\omega)|^p\mathrm{d}x\mathrm{d}s\right)^{\frac{1}{p}}\times$$
$$\left(\int_k^0 e^{\mu s}\int_{\mathbb{R}^N}\left|f_1(x,u^{(n)}(s))\right|^q\mathrm{d}x\mathrm{d}s\right)^{\frac{1}{q}}. \tag{7.66}$$

注意$\psi_1\in L^1(\mathbb{R}^N)$，$h\in H^1\hookrightarrow L^p$. 则可选取充分大的半径$R$，使得对任意的$\eta>0$，

$$\int_k^0 e^{\mu s}\int_{\mathbb{R}^N(|x|\geqslant R)}\psi_1(x)\mathrm{d}x\mathrm{d}s\leqslant c\eta,\int_k^0 e^{\mu s}\int_{\mathbb{R}^N(|x|\geqslant R)}|z(\vartheta_s\omega)|^p\mathrm{d}x\mathrm{d}s\leqslant c\eta. \tag{7.67}$$

另一方面由式(7.25)可知，存在独立于n和ε的常数$M>0$，使得

$$\int_k^0 e^{\mu s}\int_{\mathbb{R}^N}|f_1(x,u^{(n)}(s))|^q\mathrm{d}x\mathrm{d}s\leqslant M. \tag{7.68}$$

则从式(7.66)至式(7.68)可以看出

$$\lim_{\tau_n\to-\infty}\sup I_2''\leqslant c\eta, \tag{7.69}$$

这里的$c>0$独立于η.

把式(7.65)和式(7.69)合并到式(7.59)，对充分大的半径R，

$$\lim_{\tau_n\to-\infty}\sup I_2\leqslant c\eta-2\int_k^0 e^{\mu s}\int_{\mathbb{R}^N(|x|\leqslant R)} f_1(x,u(s))v(s)\mathrm{d}x\mathrm{d}s. \tag{7.70}$$

类似的方法可得

$$\lim_{\tau_n\to-\infty}\sup I_3\leqslant c\eta-2\int_k^0 e^{\mu s}\int_{\mathbb{R}^N(|x|\leqslant R)} a(x)f_2(u(s))v(s)\mathrm{d}x\mathrm{d}s. \tag{7.71}$$

利用$\{v^{(n)}(s)\}_n$在空间$L^2(k,0;H^1(\mathbb{R}^N))$中的弱收敛性(见式(7.31)),直接得到

$$\lim_{\tau_n\to-\infty} I_4=\lim_{\tau_n\to-\infty}\int_k^0 e^{\mu s}(g,v^{(n)}(s))\mathrm{d}x\mathrm{d}s=\int_k^0 e^{\mu s}(g,v(s))\mathrm{d}s, \tag{7.72}$$

$$\lim_{\tau_n\to-\infty}\inf I_5=\lim_{\tau_n\to-\infty}\inf\int_k^0 e^{\mu s}\|v^{(n)}(s)\|_{H^1}^2\mathrm{d}s\geqslant\int_k^0 e^{\mu s}\|v(s)\|_{H^1}^2\mathrm{d}s. \tag{7.73}$$

于是把式(7.58)和式(7.70)至式(7.73)合并到式(7.57),让$R\to+\infty$,产生了

$$\begin{aligned}&\lim_{\tau_n\to-\infty}\sup\|\varphi(-\tau_n,\vartheta_{\tau_n}\omega)x_n-z(\omega)\|_{H^1}^2\\&\leqslant 2\int_k^0 e^{\mu s}\int_{\mathbb{R}^N} gv(s)\mathrm{d}x\mathrm{d}s+ce^{\frac{\mu}{2}k}(1+r(\omega))-(2-\mu)\int_k^0 e^{\mu s}\|v(s)\|_{H^1}^2\mathrm{d}s-\\&\quad 2\int_k^0 e^{\mu s}\int_{\mathbb{R}^N} f_1(x,u(s))v(s)\mathrm{d}x\mathrm{d}s-2\int_k^0 e^{\mu s}\int_{\mathbb{R}^N} a(x)f_2(u(s))v(s)\mathrm{d}x\mathrm{d}s.\end{aligned} \tag{7.74}$$

另一方面从能量等式(7.16)得

$$\begin{aligned}&-(2-\mu)\int_k^0 e^{\mu s}\|v(s)\|_{H^1}^2\mathrm{d}s-2\int_k^0 e^{\mu s}\int_{\mathbb{R}^N} f_1(x,u(s))v(s)\mathrm{d}x\mathrm{d}s-\\&\quad 2\int_k^0 e^{\mu s}\int_{\mathbb{R}^N} a(x)f_2(u(s))v(s)\mathrm{d}x\mathrm{d}s+2\int_k^0 e^{\mu s}\int_{\mathbb{R}^N} gv(s)\mathrm{d}x\mathrm{d}s\\&=\|v(0,\omega;k,y_k-z(\vartheta_k\omega))\|_{H^1}^2=\|\varphi(-k,\vartheta_k\omega)y_k-z(\omega)\|_{H^1}^2.\end{aligned} \tag{7.75}$$

则从式(7.74)和式(7.75)可知

$$\begin{aligned}\lim_{\tau_n\to-\infty}\sup\|\varphi(-\tau_n,\vartheta_{\tau_n}\omega)x_n-z(\omega)\|_{H^1}^2&\leqslant ce^{\frac{\mu}{2}k}(1+r(\omega))+\|\varphi(-k,\vartheta_k\omega)y_k-z(\omega)\|_{H^1}^2\\&=ce^{\frac{\mu}{2}k}(1+r(\omega))+\|y_0-z(\omega)\|_{H^1}^2,\end{aligned} \tag{7.76}$$

这里用到式(7.54).在式(7.76)中让$k\to-\infty$,得

$$\lim_{\tau_n\to-\infty}\sup\|\varphi(-\tau_n,\vartheta_{\tau_n}\omega)x_n-z(\omega)\|_{H^1}^2\leqslant\|y_0-z(\omega)\|_{H^1}^2.$$

证毕.

7.3.3　主要结论及证明

现在阐述本节的主要结论.

定理 7.1　假设式(7.2)至式(7.9)成立,$g\in L^2(\mathbb{R}^N)$.则随机非经典扩散方程(7.1)生成的随机动力系统(φ,ϑ)在空间$H^1(\mathbb{R}^N)$中存在唯一的$\mathfrak{D}_\mu$-随机吸引子A_μ,这里$\mathfrak{D}_\mu$由式(7.36)给出.并且,如果$0<\nu\leqslant\mu<2$,那么$A_\nu\subseteq A_\mu$.

证明　由引理 7.2 和引理 7.3,对固定的$\mu\in(0,2)$,$\mathfrak{D}_\mu$-随机吸引子的存在性和唯一性是显然的.由$\mathfrak{D}_\mu$的定义,如果$\nu\leqslant\mu$,那么$\mathfrak{D}_\nu\subseteq\mathfrak{D}_\mu$. N注意A_μ吸引$\mathfrak{D}_\mu$中的每一个元,因此吸引$\mathfrak{D}_\nu$中的每一个元.因为$A_\nu\in\mathfrak{D}_\nu$,所以A_μ吸引A_ν,作为$\mathfrak{D}_\nu$的一元,即对$\omega\in\Omega$,

$$\lim_{\tau\to-\infty} d(\varphi(-\tau,\vartheta_\tau\omega)A_\nu(\vartheta_\tau\omega),A_\mu(\omega))=0,$$

这里d为 Hausdorff 半距离.利用吸引子的不变性,对所有的$\tau<0$和$\omega\in\Omega$,

$$\varphi(-\tau,\vartheta_\nu\omega)A_\nu(\vartheta_\tau\omega)=A_\nu(\omega).$$

于是 $d(A_\nu(\omega),A_\mu(\omega))=0$，这表明对每一个 $\omega\in\Omega$，$A_\nu(\omega)\subseteq A_\mu(\omega)$.
证毕.

7.4 上半连续性

本节考虑方程(7.1)的解对噪声强度 ε 的收敛性，表示解为 u_ε，相应的随机动力系统记为 $(\varphi_\varepsilon,\vartheta)$. 为了简便，取 $\mu=1$. 此时 $\mathfrak{D}_\mu$ 记作 $\mathfrak{D}$.

首先，当 $\varepsilon=0$，系统(7.1)退化为确定方程

$$\begin{cases}u_t-\Delta u_t-\Delta u+u+f(x,u)=g(x), & x\in\mathbb{R}^N,\\ u(x,\tau)=u_0(x), x\in\mathbb{R}^N, & t\geqslant\tau,\end{cases}\tag{7.77}$$

非线性项 $f(x,u)=f_1(x,u)+a(x)f_2(u)$ 满足式(7.2)至式(7.4)，式(7.6)和式(7.7)及附加条件：

$$\frac{\partial}{\partial s}f_1(x,s)\geqslant -l,\left|\frac{\partial}{\partial s}f_1(x,s)\right|\leqslant\alpha_3|s|^{p-2}+\psi_3(x),\quad \psi_3\in L^\infty(\mathbb{R}^N),\tag{7.78}$$

$$\frac{\partial}{\partial s}f_2(s)\geqslant -l,\left|\frac{\partial}{\partial s}f_2(s)\right|\leqslant\alpha_3|s|^{p-2}+\kappa,\tag{7.79}$$

其中 $\alpha_3,l,\kappa\geqslant 0$. 注意条件(7.5)和条件(7.8)分别被上面的式(7.78)和式(7.79)替代.

显然，式(7.77)的解定义了空间 $H^1(\mathbb{R}^N)$ 上的连续动力系统，记作 φ_0. 7.3 节的所有结论对 $\varepsilon=0$ 时仍然成立. 特别地，φ_0 在空间 $H^1(\mathbb{R}^N)$ 中存在唯一全局吸引子，记作 A_0.

首先，验证当 $\varepsilon\to 0^+$，方程(7.1)的解收敛到确定方程(7.77)的解.

引理 7.4 假定 $g\in L^2(\mathbb{R}^N)$，式(7.2)至式(7.4)、式(7.6)至式(7.9)、式(7.78)和式(7.79)成立. 设 $0<\varepsilon\leqslant 1$，u^ε 和 u 分别为方程(7.1)和方程(7.77)的解，初值分别为 u_0^ε 和 u_0. 则对每一个 $\omega\in\Omega$ 和 $\tau\leqslant t\leqslant 0$，有

$$\|u^\varepsilon(t,\omega;\tau,u_0^\varepsilon)-u(t;\tau,u_0)\|_{H^1}^2\leqslant c\mathrm{e}^{-\alpha\tau}\|u_0^\varepsilon-u_0\|_{H_1}^2+c\varepsilon\mathrm{e}^{-c\tau}(\|u_0^\varepsilon\|_{H^1}^2+\|u_0\|_{H^1}^2)+c\varepsilon\mathrm{e}^{-c\tau}(1+r(\omega)),$$

其中 $c>0$ 为独立于 ε 的确定常数，$r(\omega)$ 由式(7.12)给出.

证明 设 $v^\varepsilon=u^\varepsilon(t,\omega;\tau,u_0^\varepsilon)-\varepsilon z(\vartheta_t\omega)$ 和 $U=v^\varepsilon-u$，这里 v^ε 和 u 分别满足式(7.13)和式(7.77). 则 U 是如下方程的解：

$$U_t-\Delta u_t-\Delta U+U+f(x,u^\varepsilon)-f(x,u)=0.\tag{7.80}$$

用 U 乘以式(7.80)并在 $\mathbb{R}^N$ 上积分，得

$$\frac{1}{2}\frac{\mathrm{d}}{\mathrm{d}t}(\|U\|^2+\|\nabla U\|^2)+\|\nabla U\|^2+\|U\|^2=-\int_{\mathbb{R}^N}f(x,u^\varepsilon)U\mathrm{d}x+\int_{\mathbb{R}^N}f(x,u)U\mathrm{d}x.\tag{7.81}$$

注意

$$\begin{aligned}&-\int_{\mathbb{R}^N}f(x,u^\varepsilon)U\mathrm{d}x+\int_{\mathbb{R}^N}f(x,u)U\mathrm{d}x\\ &=-\int_{\mathbb{R}^N}(f_1(x,u^\varepsilon)-f_1(x,u))U\mathrm{d}x-\int_{\mathbb{R}^N}a(x)((f_2(u^\varepsilon)-f_2(u))U\mathrm{d}x\\ &=\int_{\mathbb{R}^N}\frac{\partial}{\partial s}f_1(x,s)(u-u^\varepsilon)U\mathrm{d}x+\int_{\mathbb{R}^N}a(x)\frac{\partial}{\partial s}f_2(s)(u-u^\varepsilon)U\mathrm{d}x\end{aligned}$$

$$=: I_1 + I_2. \tag{7.82}$$

从式(7.78)和式(7.79)得到 I_1 被估计为

$$\begin{aligned}
I_1 &= -\int_{\mathbb{R}^N} \frac{\partial}{\partial s} f_1(x,s) U^2 \mathrm{d}x - \varepsilon \int_{\mathbb{R}^N} \frac{\partial}{\partial s} f_1(x,s) z(\vartheta_t\omega) U \mathrm{d}x \\
&\leqslant l \| U \|^2 + \varepsilon \alpha_3 \int_{\mathbb{R}^N} (|u^\varepsilon| + |u|)^{p-2} |z(\vartheta_t\omega)| |U| \mathrm{d}x + \varepsilon \int_{\mathbb{R}^N} \psi_3(x) |z(\vartheta_t\omega)| |U| \mathrm{d}x \\
&\leqslant l \| U \|^2 + c\varepsilon (\| u^\varepsilon \|_p^p + \| u \|_p^p + \| z(\vartheta_t\omega) \|_p^p + \| U \|_p^p) + (\| U \|^2 + \varepsilon \| \psi_3 \|_\infty^2 \| z(\vartheta_t\omega) \|^2) \\
&\leqslant (l+1) \| U \|^2 + c\varepsilon (\| u^\varepsilon \|_p^p + \| u \|_p^p + \| z(\vartheta_t\omega) \|^2 + \| z(\vartheta_t\omega) \|_p^p),
\end{aligned} \tag{7.83}$$

这里用到 $\| U \|_p^p = \| u^\varepsilon - u - z(\vartheta_t\omega) \|_p^p \leqslant c \| u^\varepsilon \|_p^p + \| u \|_p^p + \| z(\vartheta_t\omega) \|_p^p)$. 类似地,

$$I_2 \leqslant (l+1) \| a \|_\infty \| U \|^2 + c\varepsilon (\| u^\varepsilon \|_p^p + \| u \|_p^p + \| z(\vartheta_t\omega) \|^2 + \| z(\vartheta_t\omega) \|_p^p). \tag{7.84}$$

合并式(7.82)至式(7.84)有

$$\begin{aligned}
-\int_{\mathbb{R}^N} f(x,u^\varepsilon) U \mathrm{d}x + \int_{\mathbb{R}^N} f(x,u) U \mathrm{d}x \leqslant c \| U \|^2 + c\varepsilon (\| u^\varepsilon \|_p^p + \\
\| u \|_p^p + \| z(\vartheta_t\omega) \|^2 + \| z(\vartheta_t\omega) \|_p^p),
\end{aligned}$$

由此结合式(7.81)并利用式(7.12),得

$$\frac{\mathrm{d}}{\mathrm{d}t} \| U \|_{H^1}^2 \leqslant c \| U \|_{H^1}^2 + c\varepsilon (\| u^\varepsilon \|_p^p + \| u \|_p^p) + c\varepsilon \mathrm{e}^{\frac{\mu}{2}|t|} r(\omega), \tag{7.85}$$

这里 $c>0$ 为确定常数. 现在区间 $[\tau,t]$ $(t\leqslant 0)$ 上积分式(7.85)得

$$\begin{aligned}
\| U(t) \|_{H^1}^2 &\leqslant \mathrm{e}^{c(t-\tau)} \| U(\tau) \|_{H^1}^2 + c\varepsilon \mathrm{e}^{ct} \int_\tau^t \mathrm{e}^{-cs} (\| u^\varepsilon \|_p^p + \| u \|_p^p) \mathrm{d}s + c\varepsilon \mathrm{e}^{ct} r(\omega) \int_\tau^t \mathrm{e}^{-(\frac{\mu}{2}+c)s} \mathrm{d}s \\
&\leqslant \mathrm{e}^{c(t-\tau)} \| U(\tau) \|_{H^1}^2 + c\varepsilon \mathrm{e}^{c(t-\tau)} \int_\tau^t (\| u^\varepsilon \|_p^p + \| u \|_p^p) \mathrm{d}s + c\varepsilon \mathrm{e}^{c(t-\tau)-\frac{\mu}{2}\tau} r(\omega) \\
&\leqslant \mathrm{e}^{-c\tau} \| U(\tau) \|_{H^1}^2 + c\varepsilon \mathrm{e}^{-c\tau} \int_\tau^t (\| u^\varepsilon \|_p^p + \| u \|_p^p) \mathrm{d}s + c\varepsilon \mathrm{e}^{-c\tau} r(\omega),
\end{aligned} \tag{7.86}$$

这里用到 $\mathrm{e}^{\mu t} \leqslant 1, t\leqslant 0$. 由式(7.43)和式(7.12)有

$$\begin{aligned}
\int_\tau^t \mathrm{e}^{-\mu(t-s)} \| u^\varepsilon(s) \|_p^p \mathrm{d}s &\leqslant \mathrm{e}^{-\mu(t-\tau)} \| v_0^\varepsilon \|_{H^1}^2 + \varepsilon \mathrm{e}^{-\mu t} \int_\tau^t \mathrm{e}^{\mu s} \zeta(\vartheta_s\omega) \mathrm{d}s + \frac{c}{\mu} \\
&\leqslant \mathrm{e}^{-\mu(t-\tau)} \| u_0^\varepsilon - \varepsilon z(\vartheta_t\omega) \|_{H^1}^2 + c\varepsilon \mathrm{e}^{-\frac{\mu}{2}t} r(\omega) + c.
\end{aligned} \tag{7.87}$$

因为 $\mathrm{e}^{-\mu(t-s)} \geqslant \mathrm{e}^{-\mu(t-\tau)}, \tau \leqslant t \leqslant 0$,所以

$$\begin{aligned}
\int_\tau^t \| u^\varepsilon(s) \|_p^p \mathrm{d}s &\leqslant \| u_0^\varepsilon - \varepsilon z(\vartheta_t\omega) \|_{H^1}^2 + c\varepsilon \mathrm{e}^{\frac{\mu}{2}t-\mu\tau} r(\omega) + c\mathrm{e}^{\mu(t-\tau)} \\
&\leqslant \| u_0^\varepsilon - \varepsilon z(\vartheta_t\omega) \|_{H^1}^2 + c\varepsilon \mathrm{e}^{-\mu\tau} r(\omega) + c\mathrm{e}^{-\mu\tau}.
\end{aligned} \tag{7.88}$$

类似地,由式(7.77)可推知

$$\int_\tau^t \| u(s) \|_p^p \mathrm{d}s \leqslant \| u_0 \|_{H^1}^2 + c. \tag{7.89}$$

因此,从式(7.86)、式(7.88)、式(7.89)可得

$$\| U(t) \|_{H^1}^2 \leqslant \mathrm{e}^{-c\tau} \| U(\tau) \|_{H^1}^2 + c\varepsilon \mathrm{e}^{-c\tau} (\| u_0^\varepsilon \|_{H^1}^2 + \| u_0 \|_{H_1}^2) + c\varepsilon \mathrm{e}^{-c\tau} (1 + r(\omega)), \tag{7.90}$$

则利用式(7.90)可自然得到

$$\| u^\varepsilon(t,\omega;\tau,u_0^\varepsilon) - u(t,\tau,u_0) \|_{H^1}^2 = \| U(t) + \varepsilon z(\vartheta_t\omega) \|_{H^1}^2$$

$$
\begin{aligned}
&\leqslant 2\|U(t)\|_{H^1}^2+2\varepsilon\|z(\vartheta_t\omega)\|_{H^1}^2\leqslant 2\|U(t)\|_{H^1}^2+c\varepsilon e^{-\frac{\mu}{2}t}r(\omega)\\
&\leqslant 2e^{-c\tau}\|U(\tau)\|_{H^1}^2+c\varepsilon e^{-c\tau}(\|u_0^\varepsilon\|_{H^1}^2+\|u_0\|_{H^1}^2)+c\varepsilon e^{-c\tau}(1+r(\omega))\\
&=2e^{-c\tau}\|u_0^\varepsilon-u_0-z(\vartheta_\tau\omega)\|_{H^1}^2+c\varepsilon e^{-c\tau}(\|u_0^\varepsilon\|_{H^1}^2+\|u_0\|_{H^1}^2)+\\
&\quad c\varepsilon e^{-c\tau}(1+r(\omega))\\
&\leqslant 4e^{-c\tau}\|u_0^\varepsilon-u_0\|_{H^1}^2+c\varepsilon e^{-c\tau}(\|u_0^\varepsilon\|_{H^1}^2+\|u_0\|_{H^1}^2)+\\
&\quad c\varepsilon e^{-c\tau}(1+r(\omega)),
\end{aligned}
$$

这里用到 $e^{-\mu t}\leqslant e^{-\mu\tau},\tau\leqslant t\leqslant 0$.

定理 7.2　假设 $g\in L^2(\mathbb{R}^N)$，式(7.2)至式(7.4)、式(7.6)至式(7.9)、式(7.78)和式(7.79)成立. 则随机吸引子 A_ε 在点 $\varepsilon=0$ 上半连续，即对每一个 $\omega\in\Omega$，

$$
\lim_{\varepsilon\downarrow 0}d(A_\varepsilon(\omega),A_0)=0,
$$

这里 d 为空间 $H^1(\mathbb{R}^N)$ 上的 Hausdorff 半距离.

证明　根据引理 7.4，当 $\varepsilon\downarrow 0$ 和 $\|u_0^\varepsilon-u_0\|_{H^1}\to 0$ 时，$(\varphi_\varepsilon,\vartheta)$ 收敛到 φ_0. 另一方面由引理 7.2 对每一个 $0<\varepsilon\leqslant 1$，$(\varphi_\varepsilon,\vartheta)$ 拥有一个 $\mathfrak{D}$-随机吸收集 E_ε（这里为简单不考虑 E_ε 与 μ 的关系），即对每一个 $D\in\mathfrak{D}$ 和 $\omega\in\Omega$，存在 $T=T(D,\omega)\leqslant 0$，使得对所有的 $\tau\leqslant T$，

$$
\|\varphi(-\tau,\vartheta_\tau\omega)D(\vartheta_\tau\omega)\|_{H^1}^2\leqslant M(1+\varepsilon r(\omega)),
$$

其中 M 为独立于 ε 的确定常数，$r(\omega)$ 由式(7.12)给出，$\mathfrak{D}$ 由式(7.36)给出. 记

$$
E_\varepsilon=\{u\in H^1(\mathbb{R}^N);\|u\|_{H^1}^2\leqslant M(1+\varepsilon r(\omega))\}.
$$

则 $E_\varepsilon\in\mathfrak{D}$，且

$$
\lim_{\varepsilon\downarrow 0}\sup\|E_\varepsilon\|_{H^1}\leqslant M.
$$

由于集合 E_ε 随 ε 的增加而增加，而 $A_\varepsilon(\omega)$ 由 E_ε 的 Omega-极限集所构造. 因此，$A_\varepsilon(\omega)$ 也随 ε 增加，从而

$$
A(\omega)=\bigcup_{0<\varepsilon\leqslant 1}\{A_\varepsilon(\omega)\},\quad \omega\in\Omega,
$$

这里 $A(\omega)$ 为 $\varepsilon=1$ 时的吸引子，故 $A(\omega)$ 是 $H^1(\mathbb{R}^N)$ 中的紧集. 定理 2.5 的条件全部满足.

第 8 章 非自治随机 FitzHugh-Nagumo 系统的 p 次可积吸引子

本章研究定义在 $\mathbb{R}^N$ 上的带加法噪声的非自治 FitzHugh-Nagumo 系统的拉回吸引子及其正则性:

$$\begin{cases} \mathrm{d}\tilde{u}+(\lambda\tilde{u}-\Delta\tilde{u}+\alpha\tilde{v})\mathrm{d}t=f(x,\tilde{u})\mathrm{d}t+g(t,x)\mathrm{d}t+h_1\mathrm{d}\omega_1(t), \\ \mathrm{d}\tilde{v}+(\sigma\tilde{v}-\beta\tilde{u})\mathrm{d}t=h(t,x)\mathrm{d}t+h_2\mathrm{d}\omega_2(t), \\ \tilde{u}(x,\tau)=\tilde{u}_0(x), \\ \tilde{v}(x,\tau)=\tilde{v}_0(x), \end{cases} \tag{8.1}$$

初值 $(\tilde{u}_0,\tilde{v}_0)\in L^2(\mathbb{R}^N)\times L^2(\mathbb{R}^N)$,参数 $\lambda,\alpha,\beta,\sigma$ 为正常数,h_1,h_2 为 $\mathbb{R}^N$ 上满足某些正则条件的函数,非自治项 $g,h\in L^2_{loc}(\mathbb{R},L^2(\mathbb{R}^N))$,非线性函数 f 具有指数为 $p-1,p>2$ 的多项式型增长,$\omega(t)=(\omega_1(t),\omega_2(t))$ 为定义在概率空间 (Ω,F,P) 上的 Wiener 过程,后面具体给出.

确定的 FitzHugh-Nagumo 系统描述了神经生物学中通过轴突的信号传输,是一个重要的数学模型,见文献[40,54,68,71,75,82]. 随机情形,文献[92]证明了自治的 FitzHugh-Nagumo 系统在初始空间 $L^2(\mathbb{R}^N)\times L^2(\mathbb{R}^N)$ 上随机吸引子的存在唯一性. 对于一般非自治力的 g 和 h,文献[3,4]证明了在初始空间 $L^2(\mathbb{R}^N)\times L^2(\mathbb{R}^N)$ 上拉回吸引子的存在性,文献[87]强化了这一结果,证明了拉回吸引子在非初始空间 $H^1(\mathbb{R}^N)\times L^2(\mathbb{R}^N)$ 上的正则性. 最近,文献[44,45,52]研究了随机格点 FitzHugh-Nagumo 系统的吸引子. 然而,据我们所知,没有文献讨论系统(8.1)的解的高次可积性,甚至非随机情形.

本章证明系统(8.1)在非初始空间 $L^{\varpi}(\mathbb{R}^N)\times L^2(\mathbb{R}^N)$ 上具有唯一拉回吸引子,其中函数 f,g 和 h 满足文献[4]中几乎同样的条件. 实际上,我们证明了在一簇空间 $L^{\varpi}(\mathbb{R}^N)\times L^2(\mathbb{R}^N)(\varpi\in(2,p])$ 上和初始空间 $L^2(\mathbb{R}^N)\times L^2(\mathbb{R}^N)$ 上所获得的拉回吸引子是同一个. 并且,该吸引子按 $L^{\varpi}(\mathbb{R}^N)\times L^2(\mathbb{R}^N)(\varpi\in(2,p])$ 空间上的拓扑是紧的,吸引 $L^2(\mathbb{R}^N)\times L^2(\mathbb{R}^N)$ 上的所有非空子集. 随机圈在 $L^p(\mathbb{R}^N)\times L^2(\mathbb{R}^N)$ 上的渐近紧性用文献[122]发明的渐近预估计技术获得. 尽管如此,由于系统(8.1)中的变量相互作用,需要用更技术的手段去证明解的无界部分在 L^p 范数下趋于零. 可用相对简单的方法证明这一问题,并不需要考虑非线性项在大值时的正负号,见文献[62,67,108,113]所作的一些类似证明. 读者可阅读文献[124].

8.1 数学背景

本节中，我们给出函数 f,g 和 h 满足的条件，建立两个参数动力系统（$\Omega_1,\{\vartheta_{1,t}\}_{t\in\mathbb{R}}$）和（$\Omega_2,F_2,P,\{\vartheta_{2,t}\}_{t\in\mathbb{R}}$），说明系统(8.1)在 $L^2(\mathbb{R}^N)\times L^2(\mathbb{R}^N)$ 空间上生成连续的随机圈. 首先，对非自治 FitzHugh-Nagumo 系统(8.1)，非线性函数 $f(x,s)$ 具有和文献[4]几乎同样的条件，也就是说，对每一个 $x\in\mathbb{R}^N,s\in\mathbb{R}$，

$$f(x,s)s\leqslant-\alpha_1|s|^p+\psi_1(x),\tag{8.2}$$

$$|f(x,s)|\leqslant\alpha_2|s|^{p-1}+\psi_2(x),\tag{8.3}$$

$$\frac{\partial f}{\partial s}(x,s)\leqslant\alpha_3,\tag{8.4}$$

$$\left|\frac{\partial f}{\partial x}(x,s)\right|\leqslant\psi_3(x),\tag{8.5}$$

其中 $p>2,\alpha_i>0(i=1,2,3)$ 为确定常数，$\psi_1\in L^1(\mathbb{R}^N)\cap L^{\frac{p}{2}}(\mathbb{R}^N)$，$\psi_2,\psi_3\in L^2(\mathbb{R}^N)$，非自治项 $g,h\in L^2(\mathbb{R},L^2_{loc}(\mathbb{R}^N))$ 并满足对每一个 $\tau\in\mathbb{R}$，

$$\int_{-\infty}^{\tau}\mathrm{e}^{\delta s}(\|g(s,.)\|^2_{L^2(\mathbb{R}^N)}+\|h(s,.)\|^2_{L^2(\mathbb{R}^N)})\mathrm{d}s<+\infty,\tag{8.6}$$

其中 $\delta=\min\{\lambda,\sigma\}$，$\lambda$ 和 σ 是系统(8.1)中的两个常数. 函数 $h_1\in H^2(\mathbb{R}^N)\cap W^{2,p}(\mathbb{R}^N)\cap L^\infty(\mathbb{R}^N)$，$h_2\in H^1(\mathbb{R}^N)$. 我们强调，这里不需要 ψ_1 本质有界，所以由式(8.2)无法推得非线性函数 $f(x,s)$ 在 s 取大值时的正负号.

对概率空间(Ω,F,P)，记 $\Omega=\{\omega\in C(\mathbb{R},\mathbb{R}^2);\omega(0)=0\}$，设 F 是由 Ω 的紧开拓扑诱导的 Borel σ-代数，P 是(Ω,F)上的 Wiener 测度. 定义 Ω 上的转移算子 ϑ，

$$\vartheta_t\omega(s)=\omega(s+t)-\omega(t),\text{对每一个 }\omega\in\Omega,t,s\in\mathbb{R},$$

则 ϑ_t 为(Ω,F,P)上的保测变换，且容易验证$(\Omega,F,P,\{\vartheta_t\}_{t\in\mathbb{R}})$为一参数动力系统，且该系统在概率 P 下是遍历的. 又设$\{\vartheta_{1,t}\}_{t\in\mathbb{R}}$是 $\Omega_1=\mathbb{R}$ 上的群，使得 $\vartheta_{1,t}(\tau)=\tau+t$ 对所有的 $\tau,t\in\mathbb{R}$ 成立，则$(\Omega_1,\{\vartheta_{1,t}\}_{t\in\mathbb{R}})$为另一个所需的参数动力系统.

给定 $t\in\mathbb{R}$，$\omega=(\omega_1,\omega_2)\in\Omega$，记 $\vartheta_t\omega=(\vartheta_t\omega_1,\vartheta_t\omega_2)$，设

$$z_1(\vartheta_t\omega_1)=-\lambda\int_{-\infty}^{0}\mathrm{e}^{\lambda s}(\vartheta_t\omega_1)(s)\mathrm{d}s;\qquad z_2(\vartheta_t\omega_2)=-\sigma\int_{-\infty}^{0}\mathrm{e}^{\sigma s}(\vartheta_t\omega_2)(s)\mathrm{d}s,$$

则

$$\mathrm{d}z_1(\vartheta_t\omega_1)+\lambda z_1(\vartheta_t\omega_1)\mathrm{d}t=\mathrm{d}\omega_1(t),\qquad \mathrm{d}z_2(\vartheta_t\omega_2)+\sigma z_2(\vartheta_t\omega_2)\mathrm{d}t=\mathrm{d}\omega_2(t).$$

根据文献[14]知，$z_1(\vartheta_t\omega_1)$和 $z_2(\vartheta_t\omega_2)$是 $\Omega_1=\mathbb{R}$ 上关于 t 的连续函数，并且 $z_1(\omega_1)$和 $z_2(\omega_2)$是缓增(速降)的.

设$(\tilde{u},\tilde{v})$满足系统(8.1)，记

$$u(t,\tau,\omega,u_0)=\tilde{u}(t,\tau,\omega,\tilde{u}_0)-h_1z_1(\vartheta_t\omega_1),v(t,\tau,\omega,v_0)=\tilde{v}(t,\tau,\omega,\tilde{v}_0)-h_2z_2(\vartheta_t\omega_2),\tag{8.7}$$

则(u,v)是下列系统的解：

$$\frac{\mathrm{d}u}{\mathrm{d}t}+\lambda u-\Delta u+\alpha v=f(x,u)+h_1z_1(\vartheta_t\omega_1)+g(t,x)+\Delta z_1(\vartheta_t\omega_1)-\alpha h_2z_2(\vartheta_t\omega_2),\tag{8.8}$$

$$\frac{dv}{dt}+\sigma v-\beta u=h(t,x)+\beta h_1 z_1(\vartheta_t\omega_1), \tag{8.9}$$

这里初始值 $u_0=\tilde{u}_0-h_1z_1(\vartheta_\tau\omega_1)$，$v_0=\tilde{v}_0-h_2z_2(\vartheta_\tau\omega_2)$.

由文献[4]可知，对每一对初值 $(u_0,v_0)\in L^2(\mathbb{R}^N)\times L^2(\mathbb{R}^N)$，方程(8.8)和方程(8.9)有唯一解 (u,v)，使得 $u\in C([\tau,+\infty),L^2(\mathbb{R}^N))\cap L^2(\tau,T,H^1(\mathbb{R}^N))\cap L^p(\tau,T,L^p(\mathbb{R}^N))$，$v\in C([\tau,+\infty),L^2(\mathbb{R}^N))$. 此外，问题(8.8)和问题(8.9)的解 (u,v) 在 $L^2(\mathbb{R}^N)\times L^2(\mathbb{R}^N)$ 里依初始值 (u_0,v_0) 连续. 于是，形式上 $(\tilde{u},\tilde{v})=(u+h_1z_1(\vartheta_t\omega_1),v+h_2z_2(\vartheta_t\omega_2))$ 是系统(8.1)的解，其中初始值为 $\tilde{u}_0=u_0+h_1z_1(\vartheta_\tau\omega_1)$，$\tilde{v}_0=v_0+h_2z_2(\vartheta_\tau\omega_2)$.

通过参数动力系统 $\mathbb{R}$ 和 $(\Omega,F,P,\{\vartheta_t\}_{t\in\mathbb{R}})$ 定义的连续圈 φ 为

$$\begin{aligned}\varphi(t,\tau,\omega,(\tilde{u}_0,\tilde{v}_0))&=(\tilde{u}(t+\tau,\tau,\vartheta_{-\tau}\omega,\tilde{u}_0),\tilde{v}(t+\tau,\tau,\vartheta_{-\tau}\omega,\tilde{v}_0))\\&=(u(t+\tau,\tau,\vartheta_{-\tau}\omega,u_0)+h_1z_1(\vartheta_t\omega_1),v(t+\tau,\tau,\vartheta_{-\tau}\omega,v_0)+h_2z_2(\vartheta_t\omega_2)),\end{aligned} \tag{8.10}$$

其中 $u_0=\tilde{u}_0-h_1z_1(\omega_1)$，$v_0=\tilde{v}_0-h_2z_2(\omega_2)$.

假定对每一个 $\tau\in\mathbb{R}$，$\omega\in\Omega$，定义

$$\lim_{t\to+\infty}e^{-\delta t}\|D(\tau-t,\vartheta_{-t}\omega)\|^2_{L^2(\mathbb{R}^N)\times L^2(\mathbb{R}^N)}=0, \tag{8.11}$$

其中 δ 如式(8.6). 用 $\mathfrak{D}_\delta$ 表示 $L^2(\mathbb{R}^N)\times L^2(\mathbb{R}^N)$ 空间上，使得式(8.11)成立的非空闭子集簇的集合，则明显 $\mathfrak{D}_\delta$ 是包含闭的.

实际上，如式(8.10)中定义的随机圈 φ 在初始空间 $L^2(\mathbb{R}^N)\times L^2(\mathbb{R}^N)$ 上的 $\mathfrak{D}_\delta$-拉回吸引子的存在性已被文献[4]得到.

定理 8.1(文献[4])　假定式(8.2)至式(8.6)成立，则随机圈 φ 在初始空间 $L^2(\mathbb{R}^N)\times L^2(\mathbb{R}^N)$ 上存在唯一 $\mathfrak{D}_\delta$-拉回吸引子 $A=\{A(\tau,\omega);\tau\in\mathbb{R},\omega\in\Omega\}$，其中对每一个 $\tau\in\mathbb{R}$，$\omega\in\Omega$，

$$A(\tau,\omega)=\bigcap_{s\geq 0}\overline{\bigcup_{t\geq s}\varphi(t,\tau-t,\vartheta_{-t}\omega,K(\tau-t,\vartheta_{-t}\omega))}^{L^2(\mathbb{R}^N)\times L^2(\mathbb{R}^N)}, \tag{8.12}$$

这里 K 为 φ 在 $L^2(\mathbb{R}^N)\times L^2(\mathbb{R}^N)$ 上的闭的可测 $\mathfrak{D}_\delta$-拉回吸收集，

$$K(\tau,\omega)=\{(\tilde{u},\tilde{v})\in L^2(\mathbb{R}^N)\times L^2(\mathbb{R}^N);\|\tilde{u}\|^2+\|\tilde{v}\|^2\leqslant\rho(\tau,\omega)\}, \tag{8.13}$$

其中 $\rho(\tau,\omega)$ 为随机常数，

$$\begin{aligned}\rho(\tau,\omega)=\ &c(1+|z_1(\omega_1)|^2+|z_2(\omega_2)|^2)+ce^{-\delta\tau}\int_{-\infty}^{\tau}e^{\delta s}(\|g(s,.)\|^2+\\&\|h(s,.)\|^2)ds+c\int_{-\infty}^{0}e^{\delta s}(|z_1(\vartheta_s\omega_1)|^p+|z_2(\vartheta_s\omega_2)|^2)ds,\end{aligned} \tag{8.14}$$

这里 c 是确定的正常数.

接下来，我们将证明对每一个 $\varpi\in(2,p]$，$p>2$，式(8.12)中定义的 A 也是 $L^{\varpi}(\mathbb{R}^N)\times L^2(\mathbb{R}^N)$ 空间上的 $\mathfrak{D}_\delta$-拉回吸引子.

8.2　一致先验估计

本节中，将证明式(8.10)所定义的随机圈在一簇空间 $L^{\varpi}(\mathbb{R}^N)\times L^2(\mathbb{R}^N)$($\varpi\in(2,p]$)上存在 $\mathfrak{D}_\delta$-拉回吸引子，并证明这些吸引子是同一个集合. 值得指出的是，对文献[4]中的非线性函数 $f(x,s)$ 和非自治项 g,h 的条件没有增加限制，仅仅要求 $\psi_1\in L^{p/2}(\mathbb{R}^N)$，如式(8.2)中所示. 对我们的问题来说，关键是证明系统(8.1)的解的第一个分支的无界部分在 L^p 拓扑下无

限趋于零，这里 $p>2$.

从这以后，分别用 $\|.\|$ 和 $\|.\|_p$ 表示 $L^2(\mathbb{R}^N)$ 和 $L^p(\mathbb{R}^N)(p>2)$ 空间的范数. 本文中的字母 c 为通用常数，在任何情况下都独立与 τ,ω,D,η 的选取.

注意到文献[4]已经证明了以下能量不等式：

$$\frac{\mathrm{d}}{\mathrm{d}t}(\alpha\|v\|^2+\beta\|u\|^2)+\delta(\alpha\|v\|^2+\beta\|u\|^2)+\frac{1}{2}\delta\alpha\|v\|^2+\alpha_1\beta\|u\|_p^p$$

$$\leqslant\frac{4\beta}{\lambda}\|g(t,.)\|^2+\frac{4\alpha}{\sigma}\|h(t,.)\|^2+c(|z_1(\vartheta_t\omega_1)|^p+|z_2(\vartheta_t\omega_2)|^2+1). \tag{8.15}$$

首先，列出文献[4]已得到的一个引理.

引理 8.1(**文献**[4]) 假定式(8.2)至式(8.6)成立. 设 $\tau\in\mathbb{R},\omega\in\Omega,D=\{D(\tau,\omega);\tau\in\mathbb{R},\omega\in\Omega\}\in\mathfrak{D}_\delta$，则存在常数 $T=T(\tau,\omega,D)>0$，使得对所有的 $t\geqslant T$，问题(8.8)和问题(8.9)的解 (u,v)，用 $\vartheta_{-\tau}\omega$ 代替 ω 后，满足

$$\|u(\tau,\tau-t,\vartheta_{-\tau}\omega,\tilde{u}_0-h_1z_1(\vartheta_{-t}\omega_1))\|^2+$$

$$\|v(\tau,\tau-t,\vartheta_{-\tau}\omega,\tilde{v}_0-h_2z_2(\vartheta_{-t}\omega_2))\|^2\leqslant R(\tau,\omega), \tag{8.16}$$

$$\int_{\tau-t}^{\tau}\mathrm{e}^{\delta(s-\tau)}(\|v(\tau,\tau-t,\vartheta_{-\tau}\omega,\tilde{v}_0-h_2z_2(\vartheta_{-t}\omega_2))\|^2+\|\tilde{u}(s,\tau-t,\vartheta_{-\tau}\omega,\tilde{u}_0)\|_p^p)\mathrm{d}s\leqslant R(\tau,\omega), \tag{8.17}$$

这里 $(\tilde{u}_0,\tilde{v}_0)\in D(\tau-t,\vartheta_{-t}\omega)$，

$$R(\tau,\omega)=c+c\mathrm{e}^{-\delta\tau}\int_{-\infty}^{\tau}\mathrm{e}^{\delta s}(\|g(s,.)\|^2+\|h(s,.)\|^2)\mathrm{d}s+$$

$$c\int_{-\infty}^{0}\mathrm{e}^{\delta s}(|z_1(\vartheta_s\omega_1)|^{2p-2}+|z_1(\vartheta_s\omega_1)|^p+|z_1(\vartheta_s\omega_1)|^2+|z_2(\vartheta_s\omega_2)|^2)\mathrm{d}s. \tag{8.18}$$

实际上，需要证明式(8.16)在紧区间 $[\tau-1,\tau]$ 上仍然成立，即以下引理成立：

引理 8.2 假定式(8.2)至式(8.6)成立. 设 $\tau\in\mathbb{R},\omega\in\Omega,D=\{D(\tau,\omega);\tau\in\mathbb{R},\omega\in\Omega\}\in\mathfrak{D}_\delta$，则存在常数 $T=T(\tau,\omega,D)\geqslant 2$，使得对所有的 $t\geqslant T$，问题(8.8)和问题(8.9)的解满足对每一个 $\zeta\in[\tau-1,\tau]$，成立

$$\|u(\zeta,\tau-t,\vartheta_{-\tau}\omega,\tilde{u}_0-h_1z_1(\vartheta_{-t}\omega_1))\|^2+\|v(\zeta,\tau-t,\vartheta_{-\tau}\omega,\tilde{v}_0-h_2z_2(\vartheta_{-t}\omega_2))\|^2\leqslant R(\tau,\omega),$$

其中 $(\tilde{u}_0,\tilde{v}_0)\in\mathfrak{D}_\delta(\tau-t,\vartheta_{-t}\omega)$，$R(\tau,\omega)$ 同式(8.18)仅常数 c 不同.

证明 首先，令 $t\geqslant 2,\zeta\in[\tau-1,\tau]$. 在不等式(8.15)中用 s 代替 t，两边同时乘以 $\mathrm{e}^{\delta(s-\tau)}$，然后关于 s 在区间 $(\tau-t,\zeta)$ 上积分，并用 $\vartheta_{-\tau}\omega$ 代替 ω 后，有

$$\mathrm{e}^{-\delta}(\beta\|u(\zeta,\tau-t,\vartheta_{-\tau}\omega\,\tilde{u}_0-h_1z_1(\vartheta_{-t}\omega_1))\|^2+\alpha\|v(\zeta,\tau-t,\vartheta_{-\tau}\omega,\tilde{v}_0-h_2z_2(\vartheta_{-t}\omega_2))\|^2)$$

$$\leqslant\int_{\tau-t}^{\tau}\mathrm{e}^{\delta(s-\tau)}\left(\frac{4\beta}{\lambda}\|g(s,.)\|^2+\frac{4\alpha}{\sigma}\|h(s,.)\|^2\right)\mathrm{d}s+$$

$$c\int_{\tau-t}^{\tau}\mathrm{e}^{\delta(s-\tau)}(|z_1(\vartheta_{s-\tau}\omega_1)|^p+|z_2(\vartheta_{s-\tau}\omega_2)|^2+1)\mathrm{d}s+\mathrm{e}^{-\delta t}(\beta\|u_0\|^2+\alpha\|v_0\|^2)$$

$$\leqslant c\mathrm{e}^{-\delta\tau}\int_{-\infty}^{\tau}\mathrm{e}^{\delta s}(\|g(s,.)\|^2+\|h(s,.)\|^2)\mathrm{d}s+$$

$$c\int_{-\infty}^{0}\mathrm{e}^{\delta s}(|z_1(\vartheta_s\omega_1)|^p+|z_2(\vartheta_s\omega_2)|^2+1)\mathrm{d}s+c\mathrm{e}^{-\delta t}(\|\tilde{u}_0\|^2+\|\tilde{v}_0\|^2)+$$

$$c\mathrm{e}^{-\delta t}(\|z_1(\vartheta_{-t}\omega_1)\|^2+\|z_2(\vartheta_{-t}\omega_2)\|^2). \tag{8.19}$$

注意到 $z_1(\omega_1),z_2(\omega_2)$ 是缓增的，以及 $(\tilde{u}_0,\tilde{v}_0)\in D(\tau-t,\vartheta_{-t}\omega)$，则式(8.19)暗示了结论成立.

为了证明问题(8.8)和问题(8.9)解的第一个分支的无界部分在 L^p 空间一致小，需要预先获得解在紧区间$[\tau-1.\tau]$上的 L^p-估计.

引理 8.3　假定式(8.2)至式(8.6)成立. 设 $\tau\in\mathbb{R},\omega\in\Omega,D=\{D(\tau,\omega);\tau\in\mathbb{R},\omega\in\Omega\}\in\mathfrak{D}_\delta$，则存在常数 $T=T(\tau,\omega,D)\geqslant 2$，使得对所有的 $t\geqslant T$，问题(8.8)和问题(8.9)的解的第一分支满足对 $\zeta\in[\tau-1,\tau]$，成立

$$\| u(\zeta,\tau-t,\vartheta_{-\tau}\omega,\tilde{u}_0-h_1z_1(\vartheta_{-t}\omega_1))\|_p^p\leqslant R(\tau,\omega),$$

这里$(\tilde{u}_0,\tilde{v}_0)\in D_\delta(\tau-t,\vartheta_{-t}\omega)$，$R(\tau,\omega)$同式(8.18)仅常数 c 不同.

证明　用$|u|^{p-2}u$ 乘以式(8.8)并在$\mathbb{R}^N$ 上积分，可得

$$\frac{1}{p}\frac{\mathrm{d}}{\mathrm{d}t}\|u\|_p^p+\lambda\|u\|_p^p\leqslant\int_{\mathbb{R}^N}f(x,\tilde{u})|u|^{p-2}u\mathrm{d}x-\alpha\int_{\mathbb{R}^N}v|u|^{p-2}u\mathrm{d}x+$$
$$\int_{\mathbb{R}^N}g(t,x)|u|^{p-2}u\mathrm{d}x+\int_{\mathbb{R}^N}(\Delta h_1z_1(\vartheta_t\omega_1)-\alpha h_2z_2(\vartheta_t\omega_2))|u|^{p-2}u\mathrm{d}x. \tag{8.20}$$

运用式(8.2)和式(8.3)可推知

$$f(x,\tilde{u})u\leqslant-\frac{\alpha_1}{2^p}|u|^p+c|h_1z_1(\vartheta_t\omega_1)|^p+\psi_1(x)+\psi_2(x)|h_1z_1(\vartheta_t\omega_1)|,$$

由此结合 Young 不等式，可推得

$$f(x,\tilde{u})|u|^{p-2}u\leqslant-\frac{\alpha_1}{2^{p+1}}|u|^{2p-2}+\frac{\lambda}{2}u^p+c|h_1z_1(\vartheta_t\omega_1)|^{2p-2}+c\psi_1(x)^{p/2}+c|\psi_2(x)|^2.$$

由 $\psi\in L^{p/2}(\mathbb{R}^N)$，$\psi_2\in L^2(\mathbb{R}^N)$，可得到式(8.20)中非线性项的估计

$$\int_{\mathbb{R}^N}f(x,\tilde{u})|u|^{p-2}u\mathrm{d}x\leqslant-\frac{\alpha_1}{2^{p+1}}\|u\|_{2p-2}^{2p-2}+\frac{\lambda}{2}\|u\|_p^p+c|z_1(\vartheta_t\omega_1)|^{2p-2}+c. \tag{8.21}$$

另外，再运用 Young 不等式可得

$$\alpha\int_{\mathbb{R}^N}v|u|^{p-2}u\mathrm{d}x+\int_{\mathbb{R}^N}g(t,x)|u|^{p-2}u\mathrm{d}x+$$
$$\int_{\mathbb{R}^N}(\Delta h_1z_1(\vartheta_t\omega_1)-\alpha h_2z_2(\vartheta_t\omega_2))|u|^{p-2}u\mathrm{d}x$$
$$\leqslant\frac{\alpha_1}{2^{p+1}}\|u\|_{2p-2}^{2p-2}+c(\|v\|^2+\|g(t,.)\|^2+|z_1(\vartheta_t\omega_1)|^2+|z_2(\vartheta_t\omega_2)|^2. \tag{8.22}$$

合并式(8.20)至式(8.22)得

$$\frac{\mathrm{d}}{\mathrm{d}t}\|u\|_p^p+\delta\|u\|_p^p\leqslant c(\|v\|^2+\|g(t,.)\|^2+|z_1(\vartheta_t\omega_1)|^{2p-2}+|z_1(\vartheta_t\omega_1)|^2+|z_2(\vartheta_t\omega_2)|^2+1), \tag{8.23}$$

其中 $\delta=\min\{\lambda,\sigma\}$. 首先，在式(8.23)中用 s 代替 t，接着在区间$[\tau-t,\zeta]$上用 Gronwall 引理 1.4，这里 $t\geqslant 2$，$\zeta\in[\tau-1,\tau]$，最后用 $\vartheta_{-\tau}\omega$ 代替 ω，得到

$$\|u(\zeta,\tau-t,\vartheta_{-\tau}\omega,u_0)\|_p^p$$
$$\leqslant\frac{\mathrm{e}^\delta}{\zeta-\tau+t}\int_{\tau-t}^{\zeta}\mathrm{e}^{\delta(s-\tau)}\|u(s,\tau-t,\vartheta_{-\tau}\omega,\tilde{u}_0-h_1z_1(\vartheta_{-t}\omega_1))\|_p^p\mathrm{d}s+$$
$$c\int_{\tau-t}^{\zeta}\mathrm{e}^{\delta(s-\tau)}\|v(s,\tau-t,\vartheta_{-\tau}\omega,\tilde{v}_0-h_2z_2(\vartheta_{-t}\omega_2))\|^2\mathrm{d}s+c\int_{\tau-t}^{\zeta}\mathrm{e}^{\delta(s-\tau)}\|g(s,.)\|^2\mathrm{d}s+$$
$$c\int_{\tau-t}^{\zeta}\mathrm{e}^{\delta(s-\tau)}(|z_1(\vartheta_{s-\tau}\omega_1)|^{2p-2}+|z_1(\vartheta_{s-\tau}w_1)|^2+|z_2(\vartheta_{s-\tau}\omega_2)|^2+1)\mathrm{d}s$$

$$\leqslant c\int_{\tau-t}^{\tau} e^{\delta(s-\tau)}\|\tilde{u}(s,\tau-t,\vartheta_{-\tau}\omega,\tilde{u}_0)\|_p^p ds+$$

$$c\int_{\tau-t}^{\tau} e^{\delta(s-\tau)}\|v(s,\tau-t,\vartheta_{-\tau}\omega,\tilde{v}_0-h_2z_2(\vartheta_{-t}\omega_2))\|^2 ds+ce^{-\delta\tau}\int_{-\infty}^{\tau} e^{\delta s}\|g(s,.)\|^2 ds+$$

$$c\int_{-\infty}^{0} e^{\delta s}(|z_1(\vartheta_s\omega_1)|^{2p-2}+|z_1(\vartheta_s\omega_1)|^p+|z_1(\vartheta_s\omega_1)|^2+|z_2(\vartheta_s\omega_2)|^2)ds+c, \quad (8.24)$$

这里用到$\frac{1}{\zeta-\tau+t}\leqslant 1, t\geqslant 2$. 于是,把式(8.17)运用到式(8.24)就得到了需要的结果.

注记 8.1 类似的讨论可得 $u\in L^p(\mathbb{R}^N)$,这表明对任意的 $t>0,\tau\in\mathbb{R},\omega\in\Omega,t>\tau$,映射 $\varphi(t,\tau,\omega,.):L^2(\mathbb{R}^N)\times L^2(\mathbb{R}^N)\to L^p(\mathbb{R}^N)\times L^2(\mathbb{R}^N)$. 因此,式(8.10)中定义的随机圈 φ 满足第2章中的条件(H1).

设 u 是问题(8.8)和问题(8.9)的解的第一分支,令 $\tau\in\mathbb{R},\omega\in\Omega$,记 $M=M(\tau,\omega)>0$ 以及

$$\mathbb{R}^N(|u(\tau,\tau-t,\vartheta_{-\tau}\omega,u_0)|\geqslant M)=\{x\in\mathbb{R}^N;|u(\tau,\tau-t,\vartheta_{-\tau}\omega,u_0)|\geqslant M\}.$$

于是有

引理 8.4 假定式(8.2)至式(8.6)成立. 设 $\tau\in\mathbb{R},\omega\in\Omega,D=\{D(\tau,\omega);\tau\in\mathbb{R},\omega\in\Omega\}\in\mathfrak{D}_\delta$,则对任意的 $\eta>0$,存在常数 $M=M(\tau,\omega,\eta)>0$ 和 $T=T(\tau,\omega,D)\geqslant 2$,使得对所有的$t\geqslant T$,问题(8.8)和问题(8.9)的解$(u,v)$的第一个分支 u 满足

$$\text{meas}(\mathbb{R}^N(|u(\tau,\tau_{-t},\vartheta_{-\tau}\omega,\tilde{u}_0-h_1z_1(\vartheta_{-t}\omega_1))|\geqslant M))\leqslant\eta,$$

这里 meas(.)表示一个可测集合的测度,$(\tilde{u}_0,\tilde{v}_0)\in D(\tau-t,\vartheta_{-t}\omega)$.

证明 根据式(8.16),存在正常数 $T=T(\tau,\omega,D)>0,R=R(\tau,\omega)$,使得对所有的 $t\geqslant T$,

$$\|u(\tau,\tau-t,\vartheta_{-\tau}\omega,\tilde{u}_0-h_1z_1(\vartheta_{-t}\omega_1))\|^2\leqslant R(\tau,\omega), \quad (8.25)$$

其中$(\tilde{u}_0,\tilde{v}_0)\in D(\tau-t,\vartheta_{-t}\omega)$. 于是,对任意的 $M=M(\tau,\omega)>0$ 及 $|u(\tau)|=|u(\tau,\tau-t,\vartheta_{-\tau}\omega,\tilde{u}_0-h_1z_1(\vartheta_{-t}\omega_1))|\geqslant M$,运用式(8.25)得

$$M^2\text{meas}(\mathbb{R}^N(|u(\tau,\tau-t,\vartheta_{-\tau}\omega,\tilde{u}_0-h_1z_1(\vartheta_{-t}\omega_1))|\geqslant M))$$

$$\leqslant\int_{\mathbb{R}^N(|u(\tau)|\geqslant M)}|u(\tau,\tau-t,\vartheta_{-\tau}\omega,\tilde{u}_0-h_1z_1(\vartheta_{-t}\omega_1))|^2 dx\leqslant R(\tau,\omega). \quad (8.26)$$

选择 $M=M(\tau,\omega,\eta)>\left(\frac{R(\tau,\omega)}{\eta}\right)^{1/2}$,从式(8.26)就得到我们的结论.

下面的引理表明,当 M 充分大时,绝对值$|u|$在定义域$\mathbb{R}^N(|u(\tau,\tau-t,\vartheta_{-\tau}\omega,u_0)|\geqslant M)$上的 L^p-范数无限小.

引理 8.5 假定式(8.2)至式(8.6)成立. 设 $\tau\in\mathbb{R},\omega\in\Omega,D=\{D(\tau,\omega);\tau\in\mathbb{R},\omega\in\Omega\}\in\mathfrak{D}_\delta$,则对任意的 $\eta>0$,存在常数 $M=M(\tau,\omega,\eta,D)>1$ 和 $T=T(\tau,\omega,D)\geqslant 2$,使得系统(8.1)的解$(\tilde{u},\tilde{v})$的第一个分支$\tilde{u}$满足

$$\sup_{t\geqslant T}\int_{\mathbb{R}^N(|\tilde{u}(\tau)|\geqslant M)}|\tilde{u}(\tau,\tau-t,\vartheta_{-\tau}\omega,\tilde{u}_0)|^p dx\leqslant\eta,$$

这里$(\tilde{u}_0,\tilde{v}_0)\in D(\tau-t,\vartheta_{-t}\omega)$,$\mathbb{R}^N(|\tilde{u}(\tau)|\geqslant M)=\mathbb{R}^N(|\tilde{u}(\tau,\tau-t,\vartheta_{-\tau}\omega,\tilde{u}_0)|\geqslant M)$.

证明 设 $s\in[\tau-1,\tau]$,在式(8.8)中用 $\vartheta_{-\tau}\omega$ 代替 ω,知

$$u=u(s)=:u(s,\tau-t,\vartheta_{-\tau}\omega,u_0),v=v(s)=:v(s,\tau-t,\vartheta_{-\tau}\omega,v_0),s\in[\tau-1,\tau],$$

是如下微分方程的解

$$\frac{du}{ds}+\lambda u-\Delta u+\alpha v=f(x,\tilde{u})+g(s,x)+\Delta h_1z_1(\vartheta_{s-\tau}\omega_1)-\alpha h_2z_2(\vartheta_{s-\tau}\omega_2), \quad (8.27)$$

这里$(u_0,v_0)=(\tilde{u}_0-h_1z_1(\vartheta_{-t}\omega_1),\tilde{v}_0-h_2z_2(\vartheta_{-t}\omega_2))$且$(\tilde{u}_0,\tilde{v}_0)\in D(\tau-t,\vartheta_{-t}\omega)$.

对固定的 $\tau\in\mathbb{R}$ 和 $\omega\in\Omega$,记

$$Z=Z(\tau,\omega)=\max_{s\in[\tau-1,\tau]}\{\|h_1z_1(\vartheta_{s-\tau}\omega_1)\|_{L^\infty(\mathbb{R}^N)}\},M=M(\tau,\omega)>\max\{1,Z\}. \tag{8.28}$$

用$(u-M)_+^{p-1}$乘以式(8.27)并在$\mathbb{R}^N$ 上积分可得,对每一个 $s\in[\tau-1,\tau]$,

$$\begin{aligned}&\frac{1}{p}\frac{\mathrm{d}}{\mathrm{d}s}\int_{\mathbb{R}^N}(u-M)_+^p\,\mathrm{d}x+\lambda\int_{\mathbb{R}^N}u(u-M)_+^{p-1}\,\mathrm{d}x-\int_{\mathbb{R}^N}\Delta u(u-M)_+^{p-1}\,\mathrm{d}x\\&=-\alpha\int_{\mathbb{R}^N}v(u-M)_+^{p-1}\,\mathrm{d}x+\int_{\mathbb{R}^N}f(x,\tilde{u})(u-M)_+^{p-1}\,\mathrm{d}x+\\&\quad\int_{\mathbb{R}^N}g(s,x)(u-M)_+^{p-1}\,\mathrm{d}x+\int_{\mathbb{R}^N}(\Delta h_1z_1(\vartheta_{s-\tau}\omega_1)-\alpha h_2z_2(\vartheta_{s-\tau}\omega_2))(u-M)_+^{p-1}\,\mathrm{d}x.\end{aligned} \tag{8.29}$$

现在需要估计式(8.29)中的每一项. 明显的,

$$-\int_{\mathbb{R}^N}\Delta u(u-M)_+^{p-1}\,\mathrm{d}x=(p-1)\int_{\mathbb{R}^N}(u-M)_+^{p-2}|\nabla u|^2\mathrm{d}x\geqslant 0, \tag{8.30}$$

$$\lambda\int_{\mathbb{R}^N}u(u-M)_+^{p-1}\,\mathrm{d}x\geqslant\lambda\int_{\mathbb{R}^N}(u-M)_+^p\,\mathrm{d}x. \tag{8.31}$$

最技术的地方是式(8.29)中的非线性项的估计. 为此注意到

$$|\tilde{u}(s)|^{p-1}\geqslant 2^{2-p}|u(s)|^{p-1}-|h_1z_1(\vartheta_{s-\tau}\omega_1)|^{p-1}, \tag{8.32}$$

以及由式(8.28)知,如果 $u(s)>M$,那么对所有的 $s\in[\tau-1,\tau]$,

$$\tilde{u}(s)=u(s)+h_1z_1(\vartheta_{s-\tau}\omega_1)\geqslant u(s)-|h_1z_1(\vartheta_{s-\tau}\omega_1)|\geqslant u(s)-M>0. \tag{8.33}$$

于是,根据式(8.2)、式(8.32)和式(8.33),我们发现对每一个 $s\in[\tau-1,\tau]$及 $u(s)>M$,

$$f(x,\tilde{u})\leqslant-\alpha_1|\tilde{u}|^{p-1}+\frac{1}{\tilde{u}}\psi_1(x)\leqslant-\alpha_1 2^{2-p}|u|^{p-1}+\alpha_1|h_1z_1(\vartheta_{s-\tau}\omega_1)|^{p-1}+\frac{\psi_1(x)}{\tilde{u}}. \tag{8.34}$$

因此,从式(8.33)和式(8.34)知,当 $u(s)>M$ 时

$$\begin{aligned}f(x,\tilde{u})&\leqslant-\alpha_1 2^{2-p}|u|^{p-1}+\alpha_1|h_1z_1(\vartheta_{s-\tau}\omega_1)|^{p-1}+|\psi_1(x)|(u-M)^{-1}\\&\leqslant-\alpha_1 2^{1-p}M^{p-2}(u-M)-\alpha_1 2^{1-p}(u-M)^{p-1}+\\&\quad\alpha_1|h_1z_1(\vartheta_{s-\tau}\omega_1)|^{p-1}+|\psi_1(x)|(u-M)^{-1},\end{aligned}$$

由此可知

$$\begin{aligned}&\int_{\mathbb{R}^N}f(x,\tilde{u})(u-M)_+^{p-1}\,\mathrm{d}x\\&\leqslant-\alpha_1 2^{1-p}M^{p-2}\int_{\mathbb{R}^N}(u-M)_+^p\,\mathrm{d}x-\alpha_1 2^{1-p}\int_{\mathbb{R}^N}(u-M)_+^{2p-2}\,\mathrm{d}x+\\&\quad\alpha_1\int_{\mathbb{R}^N}|h_1z_1(\vartheta_{s-\tau}\omega_1)|^{p-1}(u-M)_+^{p-1}\,\mathrm{d}x+\int_{\mathbb{R}^N}|\psi_1(x)|(u-M)_+^{p-2}\,\mathrm{d}x.\end{aligned} \tag{8.35}$$

因为 $h_1\in L^2(\mathbb{R}^N)\cap L^\infty(\mathbb{R}^N)$,根据 Sobolev 插值知,$h_1\in L^{2p-2}(\mathbb{R}^N)$,于是利用 Young 不等式得

$$\alpha_1\int_{\mathbb{R}^N}|h_1z_1(\vartheta_{s-\tau}\omega_1)|^{p-1}(u-M)_+^{p-1}\,\mathrm{d}x\leqslant\frac{1}{2}\alpha_1 2^{1-p}\int_{\mathbb{R}^N}(u-M)_+^{2p-2}\,\mathrm{d}x+c|z_1(\vartheta_{s-\tau}\omega_1)|^{2p-2}, \tag{8.36}$$

结合 $\psi_1\in L^{\frac{p}{2}}(\mathbb{R}^N)$知

$$\int_{\mathbb{R}^N}|\psi_1(x)|(u-M)_+^{p-2}\,\mathrm{d}x\leqslant\frac{1}{2}\lambda\int_{\mathbb{R}^N}(u-M)_+^p\,\mathrm{d}x+c\|\psi_1\|_{p/2}^{p/2}. \tag{8.37}$$

合并式(8.35)至式(8.37)得

$$\begin{aligned}&\int_{\mathbb{R}^N} f(x,\tilde{u})(u-M)_+^{p-1}\,\mathrm{d}x\\&\leqslant -\alpha_1 2^{1-p}M^{p-2}\int_{\mathbb{R}^N}(u-M)_+^p\,\mathrm{d}x-\alpha_1 2^{-p}\int_{\mathbb{R}^N}(u-M)_+^{2p-2}\,\mathrm{d}x+\\&\quad c\,|\,z_1(\vartheta_{s-\tau}\omega_1)\,|^{2p-2}+\frac{1}{2}\lambda\int_{\mathbb{R}^N}(u-M)_+^p\,\mathrm{d}x+c\,\|\,\psi_1\,\|_{p/2}^{p/2}.\end{aligned}\tag{8.38}$$

另一方面运用 Young 不等式得

$$-\alpha\int_{\mathbb{R}^N} v(u-M)_+^{p-1}\,\mathrm{d}x\leqslant\frac{1}{4}\alpha_1 2^{-p}\int_{\mathbb{R}^N}(u-M)_+^{2p-2}\,\mathrm{d}x+c\int_{\mathbb{R}^N(u(s)\geqslant M)}v^2\,\mathrm{d}x,\tag{8.39}$$

$$\int_{\mathbb{R}^N} g(s,x)(u-M)_+^{p-1}\,\mathrm{d}x\leqslant\frac{1}{8}\alpha_1 2^{-p}\int_{\mathbb{R}^N}(u-M)_+^{2p-2}\,\mathrm{d}x+c\int_{\mathbb{R}^N(u\geqslant M)}g^2(s,x)\mathrm{d}x,\tag{8.40}$$

因 $h_1\in H^2(\mathbb{R}^N)$和 $h_2\in L^2(\mathbb{R}^N)$，故

$$\begin{aligned}&\int_{\mathbb{R}^N}(\Delta h_1 z_1(\vartheta_{s-\tau}\omega_1)-\alpha h_2 z_2(\vartheta_{s-\tau}\omega_2))(u-M)_+^{p-1}\,\mathrm{d}x\\&\leqslant\frac{1}{8}\alpha_1 2^{-p}\int_{\mathbb{R}^N}(u-M)_+^{2p-2}\,\mathrm{d}x+c(|\,z_1(\vartheta_{s-\tau}\omega_1)\,|^2+|\,z_2(\vartheta_{s-\tau}\omega_2)\,|^2).\end{aligned}\tag{8.41}$$

于是，合并式(8.29)至式(8.31)和式(8.38)至式(8.41)，可得

$$\begin{aligned}&\frac{\mathrm{d}}{\mathrm{d}s}\int_{\mathbb{R}^N}(u(s)-M)_+^p\,\mathrm{d}x+\alpha_1 2^{1-p}M^{p-2}\int_{\mathbb{R}^N}(u(s)-M)_+^p\,\mathrm{d}x\leqslant c(\,\|\,g(s,.)\,\|^2+\|\,v(s)\,\|^2)+\\&\quad c(\,\|\,\psi_1\,\|_{p/2}^{p/2}+|\,z_1(\vartheta_{s-\tau}\omega_1)\,|^{2p-2}+|\,z_1(\vartheta_{s-\tau}\omega_1)\,|^2+|\,z_2(\vartheta_{s-\tau}\omega_2)\,|^2),\end{aligned}\tag{8.42}$$

这里的正常数 c 独立于 τ,ω 和 M. 为了方便起见，记

$$k=k(\tau,\omega,M)=\alpha_1 2^{1-p}M^{p-2},$$

和

$$\chi(\vartheta_s\omega)=c(\,\|\,\psi_1\,\|_{p/2}^{p/2}+|z_1(\vartheta_s\omega_1)|^{2p-2}+|z_1(\vartheta_s\omega_1)|^2+|z_2(\vartheta_s\omega_2)|^2).$$

把式(8.42)重新记为

$$\frac{\mathrm{d}}{\mathrm{d}s}\int_{\mathbb{R}^N}(u(s)-M)_+^p\,\mathrm{d}x+k\int_{\mathbb{R}^N}(u(s)-M)_+^p\,\mathrm{d}x\leqslant c(\,\|\,g(s,.)\,\|^2+\|\,v(s)\,\|^2)+\chi(\vartheta_{s-\tau}\omega),\tag{8.43}$$

这里 $s\in[\tau-1,\tau]$. 在区间$[\tau-1,\tau]$上运用 Gronwall 引理 1.4 到式(8.43)，得到

$$\begin{aligned}&\int_{\mathbb{R}^N}(u(\tau,\tau-t,\vartheta_{-\tau}\omega,u_0)-M)_+^p\,\mathrm{d}x\\&\leqslant\int_{\tau-1}^{\tau}\mathrm{e}^{k(s-\tau)}\int_{\mathbb{R}^N}(u(s,\tau-t,\vartheta_{-\tau}\omega,u_0)-M)_+^p\,\mathrm{d}x\mathrm{d}s+\\&\quad c\int_{\tau-1}^{\tau}\mathrm{e}^{k(s-\tau)}(\,\|\,g(s,.)\,\|^2+\|\,v(s,\tau-t,\vartheta_{-\tau}\omega,v_0)\,\|^2)\mathrm{d}s+\int_{\tau-1}^{\tau}\mathrm{e}^{k(s-\tau)}\chi(\vartheta_{s-\tau}\omega)\mathrm{d}s\\&\leqslant\int_{\tau-1}^{\tau}\mathrm{e}^{k(s-\tau)}(\,\|\,u(s,\tau-t,\vartheta_{-\tau}\omega,u_0)\,\|_p^p+\|\,v(s,\tau-t,\vartheta_{-\tau}\omega,v_0)\,\|^2)\mathrm{d}s+\\&\quad c\int_{\tau-1}^{\tau}\mathrm{e}^{k(s-\tau)}\,\|\,g(s,.)\,\|^2\mathrm{d}s+\int_{\tau-1}^{\tau}\mathrm{e}^{k(s-\tau)}\chi(\vartheta_{s-\tau}\omega)\mathrm{d}s\\&=I_1+I_2+I_3,\end{aligned}\tag{8.44}$$

其中

$$I_1 = \int_{\tau-1}^{\tau} e^{k(s-\tau)} (\| u(s,\tau-t,\vartheta_{-\tau}\omega,u_0) \|_p^p + \| v(s,\tau-t,\vartheta_{-\tau}\omega,v_0) \|^2) ds,$$

$$I_2 = c\int_{\tau-1}^{\tau} e^{k(s-\tau)} \| g(s,.) \|^2 ds,$$

和

$$I_3 = \int_{\tau-1}^{\tau} e^{k(s-\tau)} \chi(\vartheta_{s-\tau}\omega) ds.$$

现在我们证明当 $M\to+\infty$ 时，I_1，I_2 和 I_3 分别不超过 $\eta/3$. 根据引理 8.2 和引理 8.3 可知，对每一个固定的 $\tau\in\mathbb{R}$ 及 $\omega\in\Omega$，存在 $T_1=T_1(\tau,\omega,D)\geqslant 2$，使得对所有的 $t\geqslant T_1$，当 M 充分大时

$$I_1 \leqslant 2R(\tau,\omega)\int_{\tau-1}^{\tau} e^{k(s-\tau)} ds \leqslant \frac{2R(\tau,\omega)}{k} \leqslant \eta/3, \tag{8.45}$$

这是因为当 $M\to+\infty$ 时，$k\to+\infty$. 为了估计 I_2，选取 $k>\delta$ 和 $\varsigma\in(0,1)$，有

$$\begin{aligned}
I_2 &= c\int_{\tau-1}^{\tau-\varsigma} e^{k(s-\tau)} \| g(s,.) \|^2 ds + c\int_{\tau-\varsigma}^{\tau} e^{k(s-\tau)} \| g(s,.) \|^2 ds \\
&= ce^{-k\tau}\int_{\tau-1}^{\tau-\varsigma} e^{(k-\delta)s} e^{\delta s} \| g(s,.) \|^2 ds + ce^{-k\tau}\int_{\tau-\varsigma}^{\tau} e^{ks} \| g(s,.) \|^2 ds \\
&\leqslant ce^{-k\varsigma} e^{\delta(\varsigma-\tau)}\int_{-\infty}^{\tau} e^{\delta s} \| g(s,.) \|^2 ds + c\int_{\tau-\varsigma}^{\tau} \| g(s,.) \|^2 ds.
\end{aligned}$$

由式(8.6)可知，当 $k\to+\infty$ 时，上面最后一个不等式的第一项趋于零. 又因 $g\in L_{loc}^2(\mathbb{R}, L^2(\mathbb{R}^N))$，故可选取充分小的 ς 使得第二项也充分小. 于是，当 $M\to+\infty$ 时，有

$$I_2\leqslant \eta/3. \tag{8.46}$$

为了估计 I_3，当 k 充分大时，

$$I_3 = \int_{-1}^{0} e^{ks}\chi(\vartheta_s\omega) ds = \max_{-1\leqslant s\leqslant 0}\chi(\vartheta_s\omega) \frac{1}{k} \leqslant \eta/3. \tag{8.47}$$

因此，由式(8.44)至式(8.47)，存在充分大的 $M_1=M_1(\tau,\omega,\eta,D)>0$，使得

$$\sup_{t\geqslant T_1}\int_{\mathbb{R}^N} (u(\tau,\tau-t,\vartheta_{-\tau}\omega,u_0) - M_1)_+^p dx \leqslant \eta, \tag{8.48}$$

这里的 T_1 同式(8.45). 如果 $u(\tau,\tau-t,\vartheta_{-\tau}\omega,u_0)\geqslant 2M_1$，那么 $u(\tau,\tau-t,\vartheta_{-\tau}\omega,u_0)-M_1\geqslant \dfrac{u(\tau,\tau-t,\vartheta_{-\tau}\omega,u_0)}{2}$，故根据式(8.48)推知

$$\begin{aligned}
&\sup_{t\geqslant T_1}\int_{\mathbb{R}^N(u(\tau)\geqslant 2M_1)} | u(\tau,\tau-t,\vartheta_{-\tau}\omega,u_0) |^p dx \\
&\leqslant \sup_{t\geqslant T_1} 2^p\int_{\mathbb{R}^N} (u(\tau,\tau-t,\vartheta_{-\tau}\omega,u_0) - M_1)_+^p dx \leqslant c\eta.
\end{aligned} \tag{8.49}$$

另一方面根据 Sobolev 插值可知，$h_1\in L^p(\mathbb{R}^N)$，故存在小常数 $\varepsilon>0$，使得对任意集合 $E\subset\mathbb{R}^N$ 且测度 $\text{meas}(E)<\varepsilon$ 时，成立

$$\int_E | h_1(x) |^p ds \leqslant \frac{\eta}{| z_1(\omega_1) |^p}. \tag{8.50}$$

但是，据引理 8.4 可知，存在正常数 $M_2=M_2(\tau,\omega,\eta)>M_1$ 及 $T_2=T_2(\tau,\omega,D)>T_1$，使得

$$\sup_{t\geqslant T_2}\text{meas}(\mathbb{R}^N(|u(\tau,\tau-t,\vartheta_{-\tau}\omega,u_0)|\geqslant 2M_2))\leqslant\min\{\eta,\varepsilon\}. \tag{8.51}$$

于是由式(8.50)和式(8.51)得

$$\sup_{t\geqslant T_2}\int_{\mathbb{R}^N(u(\tau)\geqslant 2M_2)} | h_1 z_1(\omega_1) |^p dx \leqslant \eta. \tag{8.52}$$

另外，由式(8.49)可知

$$\sup_{t\geqslant T_2}\int_{\mathbb{R}^N(u(\tau)\geqslant 2M_2)}|u(\tau,\tau-t,\vartheta_{-\tau}\omega,u_0)|^p\mathrm{d}x\leqslant c\eta. \tag{8.53}$$

利用关系式子$\tilde{u}(\tau,\tau-t,\vartheta_{-\tau}\omega,\tilde{u}_0)=u(\tau,\tau-t,\vartheta_{-\tau}\omega,u_0)+h_1z(\omega_1)$并结合式(8.28)，推知

$$\mathbb{R}^N(\tilde{u}(\tau,\tau-t,\vartheta_{-\tau}\omega,\tilde{u}_0)\geqslant 2M_2+Z)\subseteq\mathbb{R}^N(u(\tau,\tau-t,\vartheta_{-\tau}\omega,u_0)\geqslant 2M_2),$$

由此得到

$$\begin{aligned}&\sup_{t\geqslant T_2}\int_{\mathbb{R}^N(\tilde{u}(\tau)\geqslant 2M_2+Z)}|\tilde{u}(\tau,\tau-t,\vartheta_{-\tau}\omega,\tilde{u}_0)|^p\mathrm{d}x\\&\leqslant\sup_{t\geqslant T_2}2^{p-1}\int_{\mathbb{R}^N(u(\tau)\geqslant 2M_2)}|u(\tau,\tau-t,\vartheta_{-\tau}\omega,u_0)|^p\mathrm{d}x+\\&\sup_{t\geqslant T_2}2^{p-1}\int_{\mathbb{R}^N(u(\tau)\geqslant 2M_2)}|h_1z(\omega_1)|^p\mathrm{d}x.\end{aligned} \tag{8.54}$$

于是合并式(8.52)至式(8.54)得

$$\sup_{t\geqslant T_2}\int_{\mathbb{R}^N(\tilde{u}(\tau)\geqslant 2M_2+Z)}|\tilde{u}(\tau,\tau-t,\vartheta_{-\tau}\omega,\tilde{u}_0)|^p\mathrm{d}x\leqslant c\eta. \tag{8.55}$$

采用类似的技术，可推知存在充分大的常数$\widetilde{M}_2=\widetilde{M}_2(\tau,\omega,\eta,D)>1$和$\widetilde{T}_2=\widetilde{T}_2(\tau,\omega,D)\geqslant 2$，使得

$$\sup_{t\geqslant T_2}\int_{\mathbb{R}^N(\tilde{u}(\tau)\leqslant -2\widetilde{M}_2-Z)}|\tilde{u}(\tau,\tau-t,\vartheta_{-\tau}\omega,\tilde{u}_0)|^p\mathrm{d}x\leqslant c\eta. \tag{8.56}$$

于是由式(8.55)和式(8.56)推得需要的结论.

8.3 主要结论与证明

文献[4]已经证明在$L^2(\mathbb{R}^N)\times L^2(\mathbb{R}^N)$中拉回吸引子的存在性，见第8.1节的定理2.1. 本小节证明，这一结论在$L^{\varpi}(\mathbb{R}^N)\times L^2(\mathbb{R}^N)$中也成立，其中$\varpi\in(2,p]$. 根据定理2.4可知，需证明系统(8.1)的解在$L^{\varpi}(\mathbb{R}^N)\times L^2(\mathbb{R}^N)$中的渐近紧性，其中$\varpi\in(2,p]$，这里要假定$p>2$.

首先，引入文献[4]中的一个引理.

引理 8.6 假定式(8.2)至式(8.6)成立，则与系统(8.1)相应的随机圈φ在$L^2(\mathbb{R}^N)\times L^2(\mathbb{R}^N)$中$\mathfrak{D}_\delta$-渐近紧. 也就是说，对每一个$\tau\in\mathbb{R}$，$\omega\in\Omega$，序列$\{\varphi(t_n,\tau-t_n,\vartheta_{-t_n}\omega,(\tilde{u}_{0,n},\tilde{v}_{0,n}))\}$在$L^2(\mathbb{R}^N)\times L^2(\mathbb{R}^N)$中存在收敛子列，这里$t_n\to+\infty$及$(\tilde{u}_{0,n},\tilde{v}_{0,n})\in D(\tau-t_n,\vartheta_{-t_n}\omega)\in\mathfrak{D}_\delta$.

根据定理2.5、引理8.5和引理8.6，可得

引理 8.7 假定式(8.2)至式(8.6)成立，则与系统(8.1)相应的随机圈φ在$L^p(\mathbb{R}^N)\times L^2(\mathbb{R}^N)$中$\mathfrak{D}_\delta$-渐近紧. 也就是说，对每一个$\tau\in\mathbb{R}$，$\omega\in\Omega$，序列$\{\varphi(t_n,\tau-t_n,\vartheta_{-t_n}\omega,(\tilde{u}_{0,n},\tilde{v}_{0,n}))\}$在$L^p(\mathbb{R}^N)\times L^2(\mathbb{R}^N)$中存在收敛子列，这里$t_n\to+\infty$及$(\tilde{u}_{0,n},\tilde{v}_{0,n})\in D(\tau-t_n,\vartheta_{-t_n}\omega)\in\mathfrak{D}_\delta$.

于是，利用Sobolev插值及引理8.6和引理8.7，得到

引理 8.8 假定式(8.2)至式(8.6)成立，则与系统(8.1)相应的随机圈φ在$L^{\varpi}(\mathbb{R}^N)\times L^2(\mathbb{R}^N)$中$\mathfrak{D}_\delta$-渐近紧，其中$\varpi\in(2,p)$. 也就是说，对每一个$\tau\in\mathbb{R}$，$\omega\in\Omega$，序列$\{\varphi(t_n,\tau-t_n,$

$\vartheta_{-t_n}\omega,(\tilde{u}_{0,n},\tilde{v}_{0,n}))\}$在 $L^{\varpi}(\mathbb{R}^N)\times L^2(\mathbb{R}^N)$中存在收敛子列，这里 $t_n\to+\infty$及$(\tilde{u}_{0,n},\tilde{v}_{0,n})\in D(\tau-t_n,\vartheta_{-t_n}\omega)\in\mathfrak{D}_\delta$.

根据引理 8.1、引理 8.6、引理 8.8 和定理 2.4，容易得到本章的主要结论.

定理 8.2　假定式(8.2)至式(8.6)成立，$\mathfrak{D}_\sigma$ 按式(9.14)定义，则对每一个$\varpi\in(2,p]$，与系统(8.1)相应的随机圈 φ 在空间 $L^{\varpi}(\mathbb{R}^N)\times L^2(\mathbb{R}^N)$中存在唯一$\mathfrak{D}_\delta$-拉回吸引子 $A_{\varpi}=\{A_{\varpi}(\tau,\omega);\tau\in\mathbb{R},\omega\in\Omega\}\in\mathfrak{D}_\delta$，并对 $\tau\in\mathbb{R},\omega\in\Omega$，

$$
\begin{aligned}
A_{\varpi}(\tau,\omega)&=\bigcap_{s>0}\overline{\bigcup_{t\geqslant s}\varphi(t,\tau-t,\vartheta_{-t}\omega,K(\tau-t,\vartheta_{-t}\omega))}^{L^{\varpi}(\mathbb{R}^N)\times L^2(\mathbb{R}^N)}\\
&=\bigcap_{s>0}\overline{\bigcup_{t\geqslant s}\varphi(t,\tau-t,\vartheta_{-t}\omega,K(\tau-t,\vartheta_{-t}\omega))}^{L^2(\mathbb{R}^N)\times L^2(\mathbb{R}^N)}=A(\tau,\omega),
\end{aligned}
$$

这里 $K=\{K(\tau,\omega);\tau\in\mathbb{R},\omega\in\Omega\}$和 $A=\{A(\tau,\omega);\tau\in\mathbb{R},\omega\in\Omega\}$分别是由式(8.12)和式(8.13)定义的在 $L^2(\mathbb{R}^N)\times L^2(\mathbb{R}^N)$空间上的$\mathfrak{D}_\delta$-拉回吸收集和拉回吸引子.

第 9 章 随机非自治反应扩散方程的 $H^1(\mathbb{R}^N)$-光滑吸引子

本章考虑带乘法白噪声和非自治项驱动的反应扩散方程：

$$du+(\lambda u-\Delta u)dt=f(x,u)dt+g(t,x)dt+\varepsilon u\circ d\omega(t), \tag{9.1}$$

初始条件：

$$u(\tau,x)=u_0(x), \quad x\in\mathbb{R}^N, \tag{9.2}$$

这里 $u_0\in L^2(\mathbb{R}^N)$，$\lambda>0$，ε 为噪声强度，$t>\tau$，$\omega(t)$ 为概率空间 (Ω,F,P) 上的双边实值过程. $f(x,s)$ 满足文献[90]中同样的条件，即对每一个 $x\in\mathbb{R}^N$ 和 $s\in\mathbb{R}$，

$$f(x,s)s\leqslant-\alpha_1|s|^p+\psi_1(x), \tag{9.3}$$

$$|f(x,s)|\leqslant\alpha_2|s|^{p-1}+\psi_2(x), \tag{9.4}$$

$$\frac{\partial f}{\partial s}(x,s)\leqslant\alpha_3, \tag{9.5}$$

$$\left|\frac{\partial f}{\partial x}(x,s)\right|\leqslant\psi_3(x), \tag{9.6}$$

其中 $\alpha_i>0(i=1,2,3)$，$p\geqslant2$，$\psi_1\in L^1(\mathbb{R}^N)\cap L^{p/2}(\mathbb{R}^N)$，$\psi_2\in L^2(\mathbb{R}^N)$ 及 $\psi_3\in L^2(\mathbb{R}^N)$. g 满足对每一个 $\tau\in R$ 和某个 $\delta\in[0,\lambda)$，

$$\int_{-\infty}^{\tau}e^{\delta s}\|g(s,.)\|^2_{L^2(\mathbb{R}^N)}ds<+\infty, \tag{9.7}$$

这里 λ 如式(9.1)，这暗示了

$$\int_{-\infty}^{0}e^{\delta s}\|g(s+\tau,.)\|^2_{L^2(\mathbb{R}^N)}ds<+\infty, \quad g\in L^2_{loc}(\mathbb{R},L^2(\mathbb{R}^N)). \tag{9.8}$$

对于反应扩散方程有大量的研究文献. 就无界域情形，在随机扰动下，最近文献[87]证明了具有加法噪声的 Fitzhugh-Nagumo 系统在乘积空间 $H^1(\mathbb{R}^N)\times L^2(\mathbb{R}^N)$ 上拉回吸引子的存在性结果，同时文献[88]证明了具有加法噪声的反应扩散方程在 $H^1(\mathbb{R}^N)$ 的存在性. 然而文献[87,88]证明是本质错误的，文献[66]纠正了其证明. 这里我们证明乘法扰动下的反应扩散方程的拉回吸引子的存在性，同时获得了吸引子在 $H^1(\mathbb{R}^N)$ 空间上的上半连续性. 本章中，用一种新的方法研究解在 $H^1(\mathbb{R}^N)$ 空间中的渐近紧性. 首先，证明解的 H^1-范数在一个大的球邻域的外部可以任意小；其次，证明解的截断的 L^{2p-2}-范数在一个紧区间上的积分可以任意小. 再结合谱分解方法，获得了解在 $H^1(\mathbb{R}^N)$ 空间中的渐近紧性. 读者可参阅文献[121].

9.1　问题背景

取 $\Omega=\{\omega\in C(\mathbb{R},\mathbb{R});\omega(0)=0\}$. 令

$$\vartheta_t\omega(s)=\omega(s+t)-\omega(t),\quad \omega\in\Omega,t,s\in\mathbb{R},$$

则 $(\Omega,F,P,\{\vartheta_t\}_{t\in\mathbb{R}})$ 模拟了随机噪声,且为遍历的距离动力系统. 由文献[31]知

$$\frac{\omega(t)}{t}\to 0,\text{当}|t|\to+\infty. \tag{9.9}$$

对 $\omega\in\Omega$,设 $z(t,\omega)=z_\varepsilon(t,\omega)=\mathrm{e}^{-\varepsilon\omega(t)}$. 则 $\mathrm{d}z+\varepsilon z\circ\mathrm{d}\omega(t)=0$. 令 $v(t,\tau,\omega,v_0)=z(t,\omega)u(t,\tau,\omega,u_0)$,其中 u 是方程(9.1)和方程(9.2)的解,初值为 u_0. 则 v 满足以下自治方程:

$$\frac{\mathrm{d}v}{\mathrm{d}t}+\lambda v-\Delta v=z(t,\omega)f(x,z^{-1}(t,\omega)v)+z(t,\omega)g(t,x), \tag{9.10}$$

初始值:

$$v(\tau,x)=v_0(x)=z(\tau,\omega)u_0(x). \tag{9.11}$$

如文献[90]所述,对每一个 $v_0\in L^2(\mathbb{R}^N)$,方程(9.10)和方程(9.11)在 $L^2(\mathbb{R}^N)$ 空间上存在连续解 $v(.)$,使得

$$v(.)\in C([\tau,+\infty),L^2(\mathbb{R}^N))\cap L^2_{loc}((\tau,+\infty),H^1(\mathbb{R}^N))\cap L^p_{loc}((\tau,+\infty),L^p(\mathbb{R}^N)).$$

则 $u(.)=z^{-1}(.,\omega)v(.)$ 为方程(9.1)和方程(9.2)在 $L^2(\mathbb{R}^N)$ 空间上的 $(F,B(L^2(\mathbb{R}^N)))$-可测的连续解,初值 $u_0=z^{-1}(\tau,\omega)v_0$.

定义映射 $\varphi:\mathbb{R}^+\times\mathbb{R}\times\Omega\times L^2(\mathbb{R}^N)\to L^2(\mathbb{R}^N)$ 使得

$$\varphi(t,\tau,\omega,u_0)=u(t+\tau,\tau,\vartheta_{-\tau}\omega,u_0)=z^{-1}(t+\tau,\vartheta_{-\tau}\omega)v(t+\tau,\tau,\vartheta_{-\tau}\omega,z(\tau,\vartheta_{-\tau}\omega)u_0), \tag{9.12}$$

对 $u_0\in L^2(\mathbb{R}^N),t\in\mathbb{R}^+,\tau\in\mathbb{R},\omega\in\Omega$. 则 φ 是 $(B(\mathbb{R}^+)\times F\times B(L^2(\mathbb{R}^N)))\mapsto B(L^2(\mathbb{R}^N))$-可测的. 并且映射 φ 是 $L^2(\mathbb{R}^N)$ 连续的随机圈,其参数动力系统为 $\mathbb{R}$ 和 $(\Omega,F,P,\{\vartheta_t\}_{t\in\mathbb{R}})$ 从式(9.12)可知

$$\varphi(t,\tau-t,\vartheta_{-t}\omega,u_0)=z(-\tau,\omega)v(\tau,\tau-t,\vartheta_{-\tau}\omega,z(\tau-t,\vartheta_{-\tau}\omega)u_0). \tag{9.13}$$

定义吸引域 $\mathfrak{D}$ 为

$$\mathfrak{D}=\{B=\{B(\tau,\omega)\subseteq L^2(\mathbb{R}^N);\quad \tau\in\mathbb{R},\omega\in\Omega\};$$
$$\lim_{t\to+\infty}\mathrm{e}^{-\lambda t}z^2(-t,\omega)\|B(\tau-t,\vartheta_{-t}\omega)\|^2=0,\text{对每一个 }\tau\in\mathbb{R},\omega\in\Omega\}, \tag{9.14}$$

这里 $\|B\|=\sup_{v\in B}\|v\|L^2(\mathbb{R}^N)$,$\lambda$ 如方程(9.1)中给出. 注意,这里定义的吸引域 $\mathfrak{D}$ 比文献[90]中的大,包括了 $L^2(\mathbb{R}^N)$ 空间的所有的速降集.

文献[90]的结论对式(9.14)中定义的 $\mathfrak{D}$ 同样成立. 因此,首先陈述文献[90]中的结论.

定理 9.1(**文献**[90])　假设式(9.3)至式(9.7)成立,则随机圈 φ_ε 在 $L^2(\mathbb{R}^N)$ 空间中存在唯一的 $\mathfrak{D}$-吸引子 $A_\varepsilon=\{A_\varepsilon(\tau,\omega);\tau\in\mathbb{R},\omega\in\Omega\}$,

$$A_\varepsilon(\tau,\omega)=\bigcap_{s\geqslant 0}\overline{\bigcup_{t\geqslant s}\varphi(t,\tau-t,\vartheta_{-t}\omega,K_\varepsilon(\tau-t,\vartheta_{-t}\omega))}^{L^2(\mathbb{R}^N)},\quad \tau\in\mathbb{R},\omega\in\Omega, \tag{9.15}$$

其中 K_ε 为 φ_ε 在 $L^2(\mathbb{R}^N)$ 空间的闭的、可测的 $\mathfrak{D}$-吸收集. 并且,A_ε 在 $L^2(\mathbb{R}^N)$ 空间的点 $\varepsilon=0$ 处上半连续.

注意，下面我们用 v,φ 和 z 分别作为 $v_\varepsilon,\varphi_\varepsilon$ 和 z_ε 的简写.

9.2 $H^1(\mathbb{R}^N)$-光滑吸引子

因为当 $\varepsilon\in(0,1]$，$e^{-|\omega(s)|}\leqslant z(s,\omega)=e^{-\varepsilon\omega(s)}\leqslant e^{|\omega(s)|}$，同时 $\omega(s)$ 关于 s 连续，所有存在两个仅仅依赖 ω 的正常数 $E=E(\omega)$ 和 $F=F(\omega)$，使得对所有的 $s\in[-2,0]$ 和 $\varepsilon\in(0,1]$，

$$0<E\leqslant z(s,\omega)\leqslant F,\quad \omega\in\Omega. \tag{9.16}$$

接下来，我们分别用 $\|.\|$，$\|.\|_p$ 和 $\|.\|_{H^1}$ 分别代表 $L^2(\mathbb{R}^N)$，$L^p(\mathbb{R}^N)$ 和 $H^1(\mathbb{R}^N)$ 空间范数. 用字母 c 表示仅仅依赖 p,λ 和 $\alpha_i(i=1,2,3)$ 的通用常数，用 $C(\tau,\omega)$ 表示依赖 τ,ω,p,λ 和 $\alpha_i(i=1,2,3)$ 的通用常数. 我们指出这些常数在不同的地方，甚至同一行中可能具有不同的值. 并假定 $p>2$.

9.2.1 H^1-尾部估计

引理 9.1 假定式(9.3)和式(9.5)至式(9.7)成立. 设 $\tau\in\mathbb{R},\omega\in\Omega,B=\{B(\tau,\omega);\tau\in\mathbb{R},\omega\in\Omega\}\in\mathfrak{D}$，则存在 $T=T(\tau,\omega,B)\geqslant 2$ 使得对所有的 $t\geqslant T$，方程(9.10)和方程(9.11)的解满足对每一个 $\zeta\in[\tau-1,\tau]$，

$$\|v(\zeta,\tau-t,\vartheta_{-\tau}\omega,z(\tau-t,\vartheta_{-\tau}\omega)u_0)\|^2_{H^1(\mathbb{R}^N)}\leqslant L_1(\tau,\omega,\varepsilon), \tag{9.17}$$

$$\int_{\tau-t}^{\tau}e^{\lambda(s-\tau)}(\|v(s,\tau-t,\vartheta_{-\tau}\omega,v_0)\|^2_{H_1}+z^{2-p}(s,\vartheta_{-\tau}\omega)\|v(s,\tau-t,\vartheta_{-\tau}\omega,v_0)\|^p_p)ds$$
$$\leqslant L_1(\tau,\omega,\varepsilon), \tag{9.18}$$

这里 $u_0\in B(\tau-t,\vartheta_{-t}\omega)$，$L_1(\tau,\omega,\varepsilon)=:cz^{-2}(-\tau,\omega)\int_{-\infty}^{0}e^{\lambda s}z^2(s,\omega)(\|g(s+\tau,.)\|^2+1)ds$. 特别的，从式(9.18)有

$$\int_{\tau-2}^{\tau}\|v(s,\tau-t,\vartheta_{-\tau}\omega,v_0)\|^p_p ds\leqslant C(\tau,\omega)L_1(\tau,\omega,\varepsilon). \tag{9.19}$$

证明 从式(9.10)，再利用式(9.3)，容易计算出

$$\frac{d}{dt}\|v\|^2+\frac{3\lambda}{2}\|v\|^2+\|\nabla v\|^2+\alpha_1 z^{2-p}(t,\omega)\|v\|^p_p\leqslant cz^2(t,\omega)(\|g(t,.)\|^2+\|\psi_1\|_1), \tag{9.20}$$

在区间$[\tau-t,\zeta]$上使用 Gronwall 引理，$\zeta\in[\tau-1,\tau]$，$t\geqslant 2$，用 $\vartheta_{-\tau}\omega$ 代替 ω，得

$$\|v(\zeta,\tau-t,\vartheta_{-\tau}\omega,v_0)\|^2+\frac{\lambda}{2}\int_{\tau-t}^{\zeta}e^{\lambda(s-\zeta)}\|v(s,\tau-t,\vartheta_{-\tau}\omega,v_0)\|^2ds+$$
$$\int_{\tau-t}^{\zeta}e^{\lambda(s-\zeta)}(\|\nabla v(s,\tau-t,\vartheta_{-\tau}\omega,v_0)\|^2+\alpha_1 z^{2-p}(s,\vartheta_{-\tau}\omega)\|v(s,\tau-t,\vartheta_{-\tau}\omega,v_0)\|^p_p)ds$$
$$\leqslant e^{-\lambda(\zeta-\tau+t)}z^2(\tau-t,\vartheta_{-\tau}\omega)\|u_0\|^2+c\int_{\tau-t}^{\zeta}e^{-\lambda(\zeta-s)}z^2(s,\vartheta_{-\tau}\omega)(\|g(s,.)\|^2+\|\psi_1\|_1)ds. \tag{9.21}$$

如果 $\zeta\in[\tau-1,\tau]$，那么

$$e^{-\lambda\tau}\leqslant e^{-\lambda\zeta}\leqslant e^{-\lambda(\tau-1)}, \tag{9.22}$$

则式(9.21)可改写为

$$\begin{aligned}&\|v(\zeta,\tau-t,\vartheta_{-\tau}\omega,v_0)\|^2+\\&\int_{\tau-t}^{\zeta}e^{\lambda(s-\tau)}(h\|v(s,\tau-t,\vartheta_{-\tau}\omega,v_0)\|_{H^1}^2+\alpha_1 z^{2-p}(s,\vartheta_{-\tau}\omega)\|v(s,\tau-t,\vartheta_{-\tau}\omega,v_0)\|_p^p)ds\\&\leqslant e^{\lambda}e^{-\lambda t}z^2(\tau-t,\vartheta_{-\tau}\omega)\|u_0\|^2+ce^{\lambda}\int_{\tau-t}^{\tau}e^{-\lambda(\tau-s)}z^2(s,\vartheta_{-\tau}\omega)(\|g(s,.)\|^2+\|\psi_1\|_1)ds\\&\leqslant e^{\lambda}z^{-2}(-\tau,\omega)\left(e^{-\lambda t}z^2(-t,\omega)\|u_0\|^2+c\int_{-\infty}^{0}e^{\lambda s}z^2(s,\omega)(\|g(s+\tau,.)\|^2+1)ds\right),\end{aligned}\tag{9.23}$$

这里用到 $z^2(\tau-t,\vartheta_{-\tau}\omega)=z^{-2}(-\tau,\omega)z^2(-t,\omega)$，$h=\min\{\frac{\lambda}{2},1\}$. 根据式(9.14)，对每一个 $\tau\in\mathbb{R}$，$\omega\in\Omega$ 和 $u_0\in B(\tau-t,\vartheta_{-t}\omega)$，$\lim_{t\to+\infty}z^2(-t,\omega)e^{-\lambda t}\|u_0\|^2=0$，则式(9.23)暗示了存在 $T=T(\tau,\omega,B)\geqslant 2$，使得对所有的 $t\geqslant T$ 和 $\zeta\in[\tau-1,\tau]$，

$$\|v(\zeta,\tau-t,\vartheta_{-\tau}\omega,v_0)\|^2\leqslant cz^{-2}(-\tau,\omega)\int_{-\infty}^{0}e^{\lambda s}z^2(s,\omega)(\|g(s+\tau,.)\|^2+1)ds<+\infty,\tag{9.24}$$

及

$$\begin{aligned}&\int_{\tau-t}^{\tau}e^{\lambda(s-\tau)}(\|v(s,\tau-t,\vartheta_{-\tau}\omega,v_0)\|_{H^1}^2+z^{2-p}(s,\vartheta_{-\tau}\omega)\|v(s,\tau-t,\vartheta_{-\tau}\omega,v_0)\|_p^p)ds\\&\quad\leqslant cz^{-2}(-\tau,\omega)\int_{-\infty}^{0}e^{\lambda s}z^2(s,\omega)(\|g(s+\tau,.)\|^2+1)ds<+\infty.\end{aligned}\tag{9.25}$$

从式(9.9)，计算出对 $\lambda>\delta>0$，

$$\lim_{t\to+\infty}z^2(-t,\omega)e^{-(\lambda-\delta)t}=\lim_{t\to+\infty}e^{-2\varepsilon\omega(-t)-(\lambda-\delta)t}=\lim_{t\to+\infty}(e^{2\varepsilon\frac{\omega(-t)}{t}+(\lambda-\delta)})^{-t}=0.\tag{9.26}$$

则从式(9.7)和式(9.26)可以看出，式(9.24)和式(9.25)的右端有限. 另一方面由式(9.10)、式(9.5)和式(9.6)推得

$$\frac{d}{dt}\|\nabla v\|^2+\lambda\|\nabla v\|^2\leqslant c\|\nabla v\|^2+z^2(t,\omega)(\|g(t,.)\|^2+\|\psi_3\|^2).\tag{9.27}$$

注意到当 $\zeta\in[\tau-1,\tau]$和 $t\geqslant 2$ 时，$\zeta-\tau+t\geqslant t-1\geqslant 1$. 于是在区间$[\tau-t,\zeta]$上运用引理1.4，其中 $\zeta\in[\tau-1,\tau]$，得

$$\begin{aligned}&\|\nabla v(\zeta,\tau-t,\vartheta_{-\tau}\omega,v_0)\|^2\\&\leqslant\frac{e^{\lambda}}{\zeta-\tau+t}\int_{\tau-t}^{\tau}e^{\lambda(s-\tau)}\|\nabla v(s,\tau-t,\vartheta_{-\tau}\omega,v_0)\|^2ds+\\&\quad c\int_{\tau-t}^{\tau}e^{\lambda(s-\tau)}\|\nabla v(s,\tau-t,\vartheta_{-\tau}\omega,v_0)\|^2ds+\\&\quad c\int_{\tau-t}^{\tau}e^{\lambda(s-\tau)}z^2(s,\vartheta_{-\tau}\omega)(\|g(s,.)\|^2+1)ds\\&\leqslant c\int_{\tau-t}^{\tau}e^{\lambda(s-\tau)}\|\nabla v(s,\tau-t,\vartheta_{-\tau}\omega,v_0)\|^2ds+\\&\quad cz^{-2}(-\tau,\omega)\int_{-\infty}^{0}e^{\lambda s}z^2(s,\omega)(\|g(s+\tau,.)\|^2+1)ds,\end{aligned}\tag{9.28}$$

这里使用了式(9.22). 则根据式(9.25)和式(9.28)知，当 $t\geqslant T$ 时，

$$\|\nabla v(\zeta,\tau-t,\vartheta_{-\tau}\omega,v_0)\|^2\leqslant cz^{-2}(-\tau,\omega)\int_{-\infty}^{0}e^{\lambda s}z^2(s,\omega)(\|g(s+\tau,.)\|^2+1)ds,\tag{9.29}$$

对所有的 $\zeta\in[\tau-1,\tau]$ 有限. 于是，式(9.24)和式(9.29)暗示了式(9.17). 证明完成.

引理 9.2 假定式(9.3)和式(9.5)至式(9.7)成立. 设 $\tau\in\mathbb{R}$，$\omega\in\Omega$，$B=\{B(\tau,\omega);\tau\in\mathbb{R},\omega\in\Omega\}\in\mathfrak{D}$，则对任意的 $\eta>0$，存在两个随机常数 $T=T(\tau,\omega,\eta,B)\geqslant 2$ 和 $R=R(\tau,\omega,\eta)>1$，使得方程(9.10)和方程(9.11)的解满足对所有的 $t\geqslant T$ 和 $k\geqslant R$，

$$\int_{|x|\geqslant k}|v(\tau,\tau-t,\vartheta_{-\tau}\omega,z(\tau-t,\vartheta_{-\tau}\omega)u_0)|^2\mathrm{d}x+$$

$$\int_{\tau-1}^{\tau}\int_{|x|\geqslant k}|\nabla v(s,\tau-t,\vartheta_{-\tau}\omega,z(\tau-t,\vartheta_{-\tau}\omega)u_0)|^2\mathrm{d}x\mathrm{d}s\leqslant\eta,$$

这里 $u_0\in B(\tau-t,\vartheta_{-t}\omega)$ 及 R 和 T 独立于 ε.

证明 对文献[90]中的引理 5.5 给以修改即可得证. 首先定义 $\mathbb{R}^+$ 上的光滑函数 $\xi(.)$，使得

$$\xi(s)=\begin{cases}0, & \text{当 } 0\leqslant s\leqslant 1,\\ 0\leqslant\xi(s)\leqslant 1, & \text{当 } 1\leqslant s\leqslant 2,\\ 1, & \text{当 } s\geqslant 2,\end{cases}\tag{9.30}$$

则存在正数 C_1，使得 $|\xi'(s)|+|\xi''(s)|\leqslant C_1$ 对所有的 $s\geqslant 0$ 成立. 为了简单起见，记 $\xi=\xi\left(\frac{|x|^2}{k^2}\right)$.

从式(9.10)推知

$$\frac{1}{2}\frac{\mathrm{d}}{\mathrm{d}t}\int_{\mathbb{R}^N}\xi|v|^2\mathrm{d}x+\lambda\int_{\mathbb{R}^N}\xi|v|^2\mathrm{d}x-\int_{\mathbb{R}^N}\xi v\Delta v\mathrm{d}x$$

$$=z(t,\omega)\int_{\mathbb{R}^N}f(x,u)v\xi\mathrm{d}x+z(t,\omega)\int_{\mathbb{R}^N}gv\xi\mathrm{d}x.\tag{9.31}$$

通过计算得

$$-\int_{\mathbb{R}^N}\xi v\Delta v\mathrm{d}x=\int_{\mathbb{R}^N}v(\nabla\xi.\nabla v)\mathrm{d}x+\int_{\mathbb{R}^N}\xi|\nabla v|^2\mathrm{d}x$$

$$\geqslant-\left|\int_{k\leqslant|x|\leqslant\sqrt{2}k}\xi'.\frac{2|x|}{k^2}|v||\nabla v|\mathrm{d}x\right|+\int_{\mathbb{R}^N}\xi|\nabla v|^2\mathrm{d}x\geqslant-\frac{c}{k}\|v\|_{H^1}^2+\int_{\mathbb{R}^N}\xi|\nabla v|^2\mathrm{d}x,\tag{9.32}$$

$$z(t,\omega)\int_{\mathbb{R}^N}f(x,u)v\xi\mathrm{d}x\leqslant-\alpha_1z^{2-p}(t,\omega)\int_{\mathbb{R}^N}\xi|v|^p\mathrm{d}x+z^2(t,\omega)\int_{\mathbb{R}^N}\xi\psi_1\mathrm{d}x,\text{(使用式(9.3))}\tag{9.33}$$

$$\left|z(t,\omega)\int_{\mathbb{R}^N}gv\xi\mathrm{d}x\right|\leqslant\frac{\lambda}{2}\int_{\mathbb{R}^N}\xi|v|^2\mathrm{d}x+\frac{1}{2\lambda}z^2(t,\omega)\int_{\mathbb{R}^N}\xi g^2\mathrm{d}x.\tag{9.34}$$

合并式(9.31)至式(9.34)得

$$\frac{\mathrm{d}}{\mathrm{d}t}\int_{\mathbb{R}^N}\xi|v|^2\mathrm{d}x+\lambda\int_{\mathbb{R}^N}\xi|v|^2\mathrm{d}x+\int_{\mathbb{R}^N}\xi|\nabla v|^2\mathrm{d}x$$

$$\leqslant cz^2(t,\omega)\int_{\mathbb{R}^N}\xi(|\psi_1|+|g(t,x)|^2)\mathrm{d}x+\frac{c}{k}\|v\|_{H^1}^2.\tag{9.35}$$

把 Gronwall 引理用到式(9.35)，取区间$[\tau-t,\tau]$，并用 $\vartheta_{-\tau}\omega$ 代替 ω，我们发现

$$\int_{\mathbb{R}^N}\xi|v(\tau,\tau-t,\vartheta_{-\tau}\omega,v_0)|^2\mathrm{d}x+\int_{\tau-t}^{\tau}\mathrm{e}^{\lambda(s-\tau)}\int_{\mathbb{R}^N}\xi|\nabla v(\tau,\tau-t,\vartheta_{-\tau}\omega,v)|^2\mathrm{d}x\mathrm{d}s\leqslant$$

$$cz^{-2}(\tau,\omega)\int_{-\infty}^{0}\mathrm{e}^{\lambda s}z^2(s,\omega)\int_{|x|\geqslant k}(|\psi_1|+|g(s+\tau,x)|^2)\mathrm{d}x\mathrm{d}s+$$

$$\frac{c}{k}\int_{\tau-t}^{\tau} e^{\lambda(\tau-s)} \| v(s,\tau-t,\vartheta_{-\tau}\omega,v_0) \|_{H^1}^2 ds + z^2(-\tau,\omega)e^{-\lambda t}z^2(-t,\omega)\| u_0 \|^2. \tag{9.36}$$

根据引理 9.1,存在 $T_1=T_1(\tau,\omega,B)\geqslant 2$ 和 $R_1=R_1(\tau,\omega,\eta)>1$,使得对所有的 $t\geqslant T_1$ 和$k\geqslant R_1$,

$$\frac{c}{k}\int_{\tau-t}^{\tau} e^{\lambda(\tau-s)} \| v(s,\tau-t,\vartheta_{-\tau}\omega,v_0) \|_{H^1}^2 ds \leqslant \frac{cL_1(\tau,\omega,\varepsilon)}{k} \leqslant \frac{\eta}{3}. \tag{9.37}$$

另一方面对每一个 $\tau\in\mathbb{R}$,$\omega\in\Omega$ 和 $u_0\in B(\tau-t,\vartheta_{-t}\omega)$,存在 $T_2=T_2(\tau,\omega,B,\eta)>0$,使得对所有的 $t\geqslant T_2$,

$$z^2(-\tau,\omega)e^{-\lambda t}z^2(-t,\omega)\| u_0 \|^2 \leqslant \frac{\eta}{3}. \tag{9.38}$$

由式(9.26),存在随机变量 $a(\omega)$使得

$$0<e^{(\lambda-\delta)s}z^2(s,\omega)\leqslant a(\omega),\ s\in(-\infty,0].$$

则根据式(9.8),推知对每一个 $\tau\in\mathbb{R}$,

$$\int_{-\infty}^{0} e^{\lambda s}z^2(s,\omega)\int_{\mathbb{R}^N} | g(s+\tau,x) |^2 dx ds = \int_{-\infty}^{0} e^{(\lambda-\delta)s}z^2(s,\omega)e^{\delta s} \| g(s+\tau,.) \|^2 ds$$

$$\leqslant a(\omega)\int_{-\infty}^{0} e^{\delta s} \| g(s+\tau,.) \|^2 ds <+\infty, \tag{9.39}$$

这里 $\delta\in[0,\lambda)$. 根据式(9.39)和 $\psi_1\in L^1$,存在 $R_2=R_2(\tau,\omega,\eta)$,使得对所有的 $k\geqslant R_2$,

$$cz^{-2}(\tau,\omega)\int_{-\infty}^{0} e^{\lambda s}z^2(s,\omega)\int_{|x|\geqslant k}(| \psi_1 |+| g(s+\tau,x) |^2) dx ds \leqslant \frac{\eta}{3}. \tag{9.40}$$

取 $T=\max\{T_1,T_2\}$和 $R=\max\{R_1,R_2\}$,把式(9.37)至式(9.38)和式(9.40)合并到式(9.36),得到对所有的 $t\geqslant T$ 和 $k\geqslant R$,

$$\int_{|x|\geqslant k} | v(\tau,\tau-t,\vartheta_{-\tau}\omega,v_0) |^2 dx + \int_{\tau-t}^{\tau} e^{\lambda(s-\tau)}\int_{|x|\geqslant k} | \nabla v(\tau,\tau-t,\vartheta_{-\tau}\omega,v_0) |^2 dx ds \leqslant \eta. \tag{9.41}$$

显然,式(9.41)暗示了需要的结果. 证明完成.

引理 9.3　假定式(9.3)和式(9.5)至式(9.7)成立. 设 $\tau\in\mathbb{R}$,$\omega\in\Omega$,$B=\{B(\tau,\omega);\tau\in\mathbb{R},\omega\in\Omega\}\in\mathfrak{D}$,则存在 $T=T(\tau,\omega,B)\geqslant 2$,使得方程(9.10)和方程(9.11)的解 v 满足对所有的$t\geqslant T$,

$$\int_{\tau-1}^{\tau} \| v(s,\tau-t,\vartheta_{-\tau}\omega,z(\tau-t,\vartheta_{-\tau}\omega)u_0) \|_{2p-2}^{2p-2} ds \leqslant L_2(\tau,\omega,\varepsilon), \tag{9.42}$$

$$\int_{\tau-1}^{\tau} \| v_s(s,\tau-t,\vartheta_{-\tau}\omega,z(\tau-t,\vartheta_{-\tau}\omega)u_0) \|^2 ds \leqslant L_2(\tau,\omega,\varepsilon), \tag{9.43}$$

其中 $v_s=\dfrac{\partial v}{\partial s}$,$u_0\in B(\tau-t,\vartheta_{-\tau}\omega)$和

$$L_2(\tau,\omega,\varepsilon)=:C(\tau,\omega)\int_{-\infty}^{0} e^{\lambda s}(z^2(s,\omega)+z^p(s,\omega))(\| g(s+\tau,.) \|^2+1)ds.$$

证明　对式(9.10)乘以 $|v|^{p-2}v$,在 $\mathbb{R}^N$ 上积分得到

$$\frac{1}{p}\frac{d}{dt}\| v \|_p^p+\lambda \| v \|_p^p \leqslant z(t,\omega)\int_{\mathbb{R}^N} f(x,z^{-1}v)|v|^{p-2}v dx + z(t,\omega)\int_{\mathbb{R}^N} |v|^{p-2}vg dx. \tag{9.44}$$

运用式(9.3)我们看到

$$z(t,\omega)\int_{\mathbb{R}^N} f(x,z^{-1}v)|v|^{p-2}v\mathrm{d}x \leqslant -\alpha_1 z^{2-p}(t,\omega)\int_{\mathbb{R}^N}|v|^{2p-2}\mathrm{d}x + z^2(t,\omega)\int_{\mathbb{R}^N}\psi_1(x)|v|^{p-2}\mathrm{d}x$$
$$\leqslant -\alpha_1 z^{2-p}(t,\omega)\int_{\mathbb{R}^N}|v|^{2p-2}\mathrm{d}x + \frac{\lambda}{2}\|v\|_p^p + z^p(t,\omega)\|\psi_1\|_{p/2}^{p/2}. \tag{9.45}$$

同时,式(9.44)右端的最后一项估计为

$$z(t,\omega)\int_{\mathbb{R}^N}|v|^{p-2}vg\mathrm{d}x \leqslant \frac{1}{2}\alpha_1 z^{2-p}(t,\omega)\int_{\mathbb{R}^N}|v|^{2p-2}\mathrm{d}x + cz^p(t,\omega)\|g(t,.)\|^2. \tag{9.46}$$

合并式(9.44)至式(9.46),注意 $p>2$,得到

$$\frac{\mathrm{d}}{\mathrm{d}t}\|v\|_p^p + \lambda\|v\|_p^p + \alpha_1 z^{2-p}(t,\omega)\|v\|_{2p-2}^{2p-2} \leqslant cz^p(t,\omega)(\|g(t,.)\|^2+1. \tag{9.47}$$

在区间$[\tau-2,\zeta]$上运用引理 1.4,其中 $\zeta\in[\tau-1,\tau]$,并用 $\vartheta_{-\tau}\omega$ 代替 ω,推得

$$\|v(\zeta,\tau-t,\vartheta_{-\tau}\omega,v_0)\|_p^p \leqslant \frac{\mathrm{e}^\lambda}{\zeta-\tau+2}\int_{\tau-2}^{\tau}\mathrm{e}^{\lambda(s-\tau)}\|v(s,\tau-t,\vartheta_{-\tau}\omega,v_0)\|_p^p\mathrm{d}s +$$
$$cz^{-p}(-\tau,\omega)\int_{-\infty}^0 \mathrm{e}^{\lambda s}z^p(s,\omega)(\|g(s+\tau,.)\|^2+1)\mathrm{d}s. \tag{9.48}$$

因为 $\zeta-\tau+2\geqslant 1$ 对所有 $\zeta\in[\tau-1,\tau]$成立,所以利用式(9.19)可知,对所有的 $t\geqslant T$ 和$\zeta\in[\tau-1,\tau]$,

$$\|v(\zeta,\tau-t,\vartheta_{-\tau}\omega,v_0)\|_p^p \leqslant C(\tau,\omega)\int_{-\infty}^0 \mathrm{e}^{\lambda s}(z^2(s,\omega)+z^p(s,\omega))(\|g(s+\tau,.)\|^2+1)\mathrm{d}s. \tag{9.49}$$

在式(9.47)的两端关于 t 在区间$[\tau-1,\tau]$上积分,并用 $\vartheta_{-\tau}\omega$ 代替 ω,推得

$$\alpha_1\int_{\tau-1}^{\tau} z^{2-p}(s,\vartheta_{-\tau}\omega)\|v(s,\tau-t,\vartheta_{-\tau}\omega,v_0)\|_{2p-2}^{2p-2}\mathrm{d}s \leqslant \|v(\tau-1,\tau-t,\vartheta_{-\tau}\omega,v_0)\|_p^p +$$
$$c\mathrm{e}^{-\lambda}\int_{\tau-1}^{\tau}\mathrm{e}^{\lambda(s-\tau)}z^p(s,\vartheta_{-\tau}\omega)(\|g(s,.)\|^2+1)\mathrm{d}s. \tag{9.50}$$

于是利用式(9.16)、式(9.48)和式(9.50)可得

$$\int_{\tau-1}^{\tau}\|v(s,\tau-t,\vartheta_{-\tau}\omega,v_0)\|_{2p-2}^{2p-2}\mathrm{d}s \leqslant C(\tau,\omega)\int_{-\infty}^0 \mathrm{e}^{\lambda s}(z^2(s,\omega)+z^p(s,\omega)).$$
$$(\|g(s+\tau,.)\|^2+1)\mathrm{d}s. \tag{9.51}$$

这就证明了式(9.42).

为了获得 v_t 在 $L_{loc}^2(\mathbb{R},L^2(\mathbb{R}^N))$空间的估计,用 v_t 乘以式(9.10)并在$\mathbb{R}^N$ 积分得出

$$\|v_t\|^2 + \frac{1}{2}\frac{\mathrm{d}}{\mathrm{d}t}(\lambda\|v\|^2 + \|\nabla v\|^2)$$
$$= z(t,\omega)\int_{\mathbb{R}^N} f(x,z^{-1}v)v_t\mathrm{d}x + z(t,\omega)\int_{\mathbb{R}^N} gv_t\mathrm{d}x$$
$$\leqslant \frac{1}{2}\|v_t\|^2 + c\,\alpha_2^2 z^{4-2p}(t,\omega)\|v\|_{2p-2}^{2p-2} + cz^2(t,\omega)\|\psi_2\|^2 + cz^2(t,\omega)\|g(t,.)\|^2,$$

也就是

$$\|v_t\|^2 + \frac{\mathrm{d}}{\mathrm{d}t}(\lambda\|v\|^2 + \|\nabla v\|^2)$$
$$\leqslant cz^{4-2p}(t,\omega)\|v\|_{2p-2}^{2p-2} + cz^2(t,\omega)(\|g(t,.)\|^2 + \|\psi_2\|^2). \tag{9.52}$$

在式(9.52)的两端关于 t 在区间$[\tau-1,\tau]$上积分,得到

$$\int_{\tau-1}^{\tau} \| v_s(s,\tau-t,\vartheta_{-\tau}\omega,v_0) \|^2 \mathrm{d}s \leqslant c\int_{\tau-1}^{\tau} z^{4-2p}(s,\vartheta_{-\tau}\omega) \| v(s,\tau-t,\vartheta_{-\tau}\omega,v_0)\|_{2p-2}^{2p-2}\mathrm{d}s +$$

$$c\int_{\tau-1}^{\tau} z^2(s,\vartheta_{-\tau})(\| g(s,.) \|^2+1)\mathrm{d}s +$$

$$c \| v(\tau-1,\tau-t,\vartheta_{-\tau}\omega,v_0) \|_{H^1}^2. \tag{9.53}$$

把式(9.16)、式(9.42)和式(9.17)运用到式(9.53)可推知

$$\int_{\tau-1}^{\tau} \| v_s(s,\tau-t,\vartheta_{-\tau}\omega,v_0) \|^2 \mathrm{d}s \leqslant C(\tau,\omega).$$

$$\int_{-\infty}^{0} \mathrm{e}^{\lambda s}(z^2(s,\omega)+z^p(s,\omega))(\| g(s+\tau,.) \|^2+1)\mathrm{d}s.$$

证明完成.

引理 9.4　假定式(9.3)至式(9.7)成立. 设 $\tau\in\mathbb{R},\omega\in\Omega,B=\{B(\tau,\omega);\tau\in\mathbb{R},\omega\in\Omega\}\in\mathfrak{D}$,则对任意的 $\eta>0$,存在两个常数 $T=T(\tau,\omega,\eta,B)\geqslant 2$ 和 $R=R(\tau,\omega,\eta)>1$,使得方程(9.10)和方程(9.11)的解 v 满足对所有的 $t\geqslant T$,

$$\int_{|x|\geqslant R}(| v(\tau,\tau-t,\vartheta_{-\tau}\omega,z(\tau-t,\vartheta_{-\tau}\omega)u_0) |^2+| \nabla v(\tau,\tau-t,\vartheta_{-\tau}\omega,z(\tau-t,\vartheta_{-\tau}\omega)u_0) |^2)\mathrm{d}x \leqslant \eta,$$

这里 $u_0\in B(\tau-t,\vartheta_{-t}\omega)$ 且 R 和 T 独立于 ε.

证明　设 ξ 如式(9.29)定义,用 $-\xi\Delta v$ 乘以式(9.10)并在 $\mathbb{R}^N$ 积分,得

$$\frac{1}{2}\frac{\mathrm{d}}{\mathrm{d}t}\int_{\mathbb{R}^N}\xi | \nabla v |^2\mathrm{d}x+\int_{\mathbb{R}^N}(\nabla\xi.\nabla v)v_t\mathrm{d}x+$$

$$\lambda\int_{\mathbb{R}^N}\xi | \nabla v |^2\mathrm{d}x+\lambda\int_{\mathbb{R}^N}(\nabla\xi.\nabla v)v\mathrm{d}x+\int_{\mathbb{R}^N}\xi | \Delta v |^2\mathrm{d}x$$

$$=-z(t,\omega)\int_{\mathbb{R}^N}f(x,z^{-1}v)\xi\Delta v\mathrm{d}x-z(t,\omega)\int_{\mathbb{R}^N}g\xi\Delta v\mathrm{d}x. \tag{9.54}$$

首先

$$\left|\int_{\mathbb{R}^N}(\nabla\xi.\nabla v)v_t\mathrm{d}x+\lambda\int_{\mathbb{R}^N}(\nabla\xi.\nabla v)v\mathrm{d}x\right|$$

$$=\left|\int_{\mathbb{R}^N}(v_t+\lambda v)\left(\frac{2x}{k^2}.\nabla v\right)\xi'\mathrm{d}x\right|\leqslant\frac{c}{k}(\| v_t \|^2+\| v \|_{H^1}^2). \tag{9.55}$$

式(9.54)中的非线性项改写为

$$-z\int_{\mathbb{R}^N}f(x,z^{-1}v)\xi\Delta v\mathrm{d}x=z\int_{\mathbb{R}^N}f(x,z^{-1}v)(\nabla\xi.\nabla v)\mathrm{d}x+z\int_{\mathbb{R}^N}\left(\frac{\partial}{\partial x}f(x,z^{-1}v).\nabla v\right)\xi\mathrm{d}x+$$

$$\int_{\mathbb{R}^N}\frac{\partial}{\partial u}f(x,z^{-1}v) | \nabla v |^2\xi\mathrm{d}x. \tag{9.56}$$

利用式(9.4)、式(9.5)和式(9.6),通过计算发现

$$\left|z\int_{\mathbb{R}^N}f(x,z^{-1}v)(\nabla\xi.\nabla v)\mathrm{d}x\right|\leqslant\frac{z\sqrt{2}C_1}{k}\int_{k\leqslant|x|\leqslant\sqrt{2}k} | f(x,z^{-1}v) || \nabla v |\mathrm{d}x$$

$$\leqslant\frac{c}{k}(z^{4-2p}\| v \|_{2p-2}^{2p-2}+z^2\| \psi_2 \|^2+\| \nabla v \|^2), \tag{9.57}$$

$$\int_{\mathbb{R}^N}\frac{\partial}{\partial u}f(x,z^{-1}v) | \nabla v |^2\xi\mathrm{d}x\leqslant\alpha_3\int_{\mathbb{R}^N}\xi | \nabla v |^2\mathrm{d}x, \tag{9.58}$$

$$\left|z\int_{\mathbb{R}^N}\left(\frac{\partial}{\partial x}f(x,z^{-1}v).\nabla v\right)\xi\mathrm{d}x\right|\leqslant\left|z\int_{\mathbb{R}^N} | \psi_3 || \nabla v | \xi\mathrm{d}x\right|$$

$$\leqslant \frac{\lambda}{2}\int_{\mathbb{R}^N}\xi\mid\nabla v\mid^2\mathrm{d}x+cz^2\int_{\mathbb{R}^N}\xi\mid\psi_3\mid^2\mathrm{d}x. \tag{9.59}$$

则合并式(9.56)至式(9.59)有

$$-z\int_{\mathbb{R}^N}f(x,z^{-1}v)\xi\Delta v\mathrm{d}x\leqslant\frac{c}{k}(z^{4-2p}\|v\|_{2p-2}^{2p-2}+z^2\|\psi_2\|^2+\|\nabla v\|^2)+$$
$$\frac{\lambda}{2}\int_{\mathbb{R}^N}\xi\mid\nabla v\mid^2\mathrm{d}x+cz^2\int_{\mathbb{R}^N}\xi\mid\psi_3\mid^2\mathrm{d}x+\alpha_3\int_{\mathbb{R}^N}\xi\mid\nabla v\mid^2\mathrm{d}x. \tag{9.60}$$

同时，

$$\left|z\int_{\mathbb{R}^N}g\xi\Delta v\mathrm{d}x\right|\leqslant\frac{1}{2}\int_{\mathbb{R}^N}\xi\mid\Delta v\mid^2\mathrm{d}x+\frac{1}{2\lambda}z^2\int_{\mathbb{R}^N}\xi|g|^2\mathrm{d}x. \tag{9.61}$$

把式(9.55)、式(9.60)和式(9.61)合并到式(9.54)，整理得

$$\frac{\mathrm{d}}{\mathrm{d}t}\int_{\mathbb{R}^N}\xi\mid\nabla v\mid^2\mathrm{d}x+\lambda\int_{\mathbb{R}^N}\xi\mid\nabla v\mid^2\mathrm{d}x\leqslant\frac{c}{k}(\|v_t\|^2+\|v\|_{H^1}^2+z^{4-2p}\|v\|_{2p-2}^{2p-2}+z^2\|\psi_2\|^2)+$$
$$2\alpha_3\int_{\mathbb{R}^N}\xi\mid\nabla v\mid^2\mathrm{d}x+cz^2\int_{\mathbb{R}^N}\xi(\mid\psi_3\mid^2+|g|^2)\mathrm{d}x. \tag{9.62}$$

在区间$[\tau-1,\tau]$上运用引理 1.4，得到

$$\int_{\mathbb{R}^N}\xi\mid\nabla v(\tau,\tau-t,\vartheta_{-\tau}\omega,v_0)\mid^2\mathrm{d}x$$
$$\leqslant\frac{c}{k}\int_{\tau-1}^{\tau}\mathrm{e}^{\lambda(s-\tau)}(\|v_s(s)\|^2+\|v(s)\|_{H^1}^2+z^{4-2p}(s,\vartheta_{-\tau}\omega)\|v(s)\|_{2p-2}^{2p-2}+$$
$$z^2(s,\vartheta_{-\tau}\omega)\|\psi_2\|^2)\mathrm{d}s+c\int_{\tau-1}^{\tau}\mathrm{e}^{\lambda(s-\tau)}\int_{|x|\geqslant k}\mid\nabla v(s)\mid^2\mathrm{d}x\mathrm{d}s+$$
$$cz^{-2}(\tau,\omega)\int_{-\infty}^{0}\mathrm{e}^{\lambda s}z^2(s,\omega)\int_{|x|\geqslant k}(\mid\psi_3\mid^2+\mid g(s+\tau,x)\mid^2)\mathrm{d}x\mathrm{d}s, \tag{9.63}$$

这里 $v(s)=v(s,\tau-t,\vartheta_{-\tau}\omega,z(\tau-t,\vartheta_{-\tau}\omega)u_0)$. 接下来，验证式(9.63)右端所有的项，随 t 和 k 的变大而趋于零. 首先，根据引理 9.2 可知，存在常数 $T_1=T_1(\tau,\omega,B,\eta)\geqslant 2$ 和 $R_1=R_1(\tau,\omega,\eta)>1$，使得对所有的 $t\geqslant T_1$ 和 $k\geqslant R_1$，

$$c\int_{\tau-1}^{\tau}\mathrm{e}^{\lambda(s-\tau)}\int_{|x|\geqslant k}\mid\nabla v(s,\tau-t,\vartheta_{-\tau}\omega,v_0)\mid^2\mathrm{d}x\mathrm{d}s\leqslant\frac{\eta}{6}. \tag{9.64}$$

由引理 9.1，存在常数 $T_2=T_2(\tau,\omega,B)\geqslant 1$ 和 $R_2=R_2(\tau,\omega,\eta)\geqslant 1$，使得对所有的 $t\geqslant T_2$ 和$k\geqslant R_2$，

$$\frac{c}{k}\int_{\tau-1}^{\tau}\mathrm{e}^{\lambda(s-\tau)}\|v(s,\tau-t,\vartheta_{-\tau}\omega,v_0)\|_{H^1}^2\mathrm{d}s\leqslant\frac{\eta}{6}. \tag{9.65}$$

由引理 9.3，存在常数 $T_3=T_3(\tau,\omega,B)\geqslant 2$ 和 $R_3=R_3(\tau,\omega,\eta)>1$，使得对所有的 $t\geqslant T_3$ 和$k\geqslant R_3$，

$$\frac{c}{k}\int_{\tau-1}^{\tau}\mathrm{e}^{\lambda(s-\tau)}z^{4-2p}(s,\vartheta_{-\tau}\omega)\|v(s,\tau-t,\vartheta_{-\tau}\omega,v_0)\|_{2p-2}^{2p-2}\mathrm{d}s$$
$$\leqslant\frac{c}{k}z^{2p-4}(-\tau,\omega)F^{4-2p}L_2(\tau,\omega,\varepsilon)\leqslant\frac{\eta}{6}, \tag{9.66}$$

和

$$\frac{c}{k}\int_{\tau-1}^{\tau}\mathrm{e}^{\lambda(s-\tau)}\|v_s(s,\tau-t,\vartheta_{-\tau}\omega,v_0)\|^2\mathrm{d}s\leqslant\frac{c}{k}L_2(\tau,\omega,\varepsilon)\leqslant\frac{\eta}{6}. \tag{9.67}$$

根据对 ψ_3 和 g 的假定，推知存在 $R_4=R_4(\tau,\omega,\eta)>0$，使得对所有的 $k\geqslant R_4$，

$$cz^{-2}(\tau,\omega)\int_{-\infty}^{0}\mathrm{e}^{\lambda s}z^2(s,\omega)\int_{|x|\geqslant k}(|\psi_3|^2+|g(s+\tau,x)|^2)\mathrm{d}x\mathrm{d}s\leqslant\frac{\eta}{6}. \tag{9.68}$$

明显存在 $R_5=R_5(\tau,\omega,\eta)>0$，使得对所有的 $k\geqslant R_5$，

$$\frac{c}{k}\int_{\tau-1}^{\tau}\mathrm{e}^{\lambda(s-\tau)}z^2(s,\vartheta_{-\tau}\omega)\|\psi_2\|^2\mathrm{d}s\leqslant\frac{c}{k}\|\psi_2\|^2z^{-2}(-\tau,\omega)\int_{-1}^{0}z^2(s,\omega)\mathrm{d}s\leqslant\frac{\eta}{6}, \tag{9.69}$$

这里 $\int_{-1}^{0}z^2(s,\omega)\mathrm{d}s<+\infty$. 最后，取

$$T=\{T_1,T_2,T_3\},\quad R=\max\{R_1,R_2,R_3,R_4,R_5\}.$$

显然，R 和 T 独立于 ε. 则把式(9.64)至式(9.69)合并到式(9.63)，整理得对所有的 $t\geqslant T$ 和 $k\geqslant R$，

$$\int_{|x|\geqslant\sqrt{2}k}|\nabla v(\tau,\tau-t,\vartheta_{-\tau}\omega,v_0)|^2\mathrm{d}x\leqslant\eta.$$

再结合引理 9.2 得到需要的结论.

9.2.2　截断解的 L^{2p-2}-估计

引理 9.5　假定式(9.3)至式(9.7)成立. 设 $\tau\in\mathbb{R}$，$\omega\in\Omega$，$B=\{B(\tau,\omega);\tau\in\mathbb{R},\omega\in\Omega\}\in\mathfrak{D}$，则对任意的 $\eta>0$，存在常数 $\widetilde{M}=\widetilde{M}(\tau,\omega,\eta)>1$ 和 $T=T(\tau,\omega,B,\eta)\geqslant2$，使得方程(9.10)和方程(9.11)的解 v 满足对所有的 $t\geqslant T$，$\varepsilon\in(0,1]$ 和 $u_0\in B(\tau-t,\vartheta_{-t}\omega)$，

$$\int_{\tau-1}^{\tau}\mathrm{e}^{\widetilde{\varrho}(s-\tau)}\int_{\mathcal{O}}|v(s,\tau-t,\vartheta_{-\tau}\omega,z(\tau-t,\vartheta_{-\tau}\omega)u_0)|^{2p-2}\mathrm{d}x\mathrm{d}s\leqslant\eta,$$

这里 $p>2$，$\widetilde{M}$，T 独立于 ε，$\mathcal{O}=\mathbb{R}^N(|v(s,\tau-t,\vartheta_{-\tau}\omega,z(\tau-t,\vartheta_{-\tau}\omega)u_0)|\geqslant\widetilde{M})$ 和

$$\widetilde{\varrho}=\widetilde{\varrho}(\tau,\omega,\widetilde{M})=\alpha_1F^{2-p}\mathrm{e}^{-(p-2)|\omega(-\tau)|}\widetilde{M}^{p-2}.$$

证明　首先，在方程(9.10)中用 $\vartheta_{-\tau}\omega$ 代替 ω，得

$$v=v(s)=:v(s,\tau-t,\vartheta_{-\tau}\omega,v_0),\quad s\in[\tau-1,\tau],$$

是随机方程

$$\frac{\mathrm{d}v}{\mathrm{d}s}+\lambda v-\Delta v=\frac{z(s-\tau,\omega)}{z(-\tau,\omega)}f(x,u)+\frac{z(s-\tau,\omega)}{z(-\tau,\omega)}g(s,x), \tag{9.70}$$

的解，初值 $v_0=z(\tau-t,\vartheta_{-\tau}\omega)u_0$，$u_0\in B(\tau-t,\vartheta_{-t}\omega)$，这里用到 $z(s,\vartheta_{-\tau}\omega)=\dfrac{z(s-\tau,\omega)}{z(-\tau,\omega)}>0$.

设 $M=M(\tau,\omega)>1$，$(v-M)_+$ 为 $v-M$ 的正值部分. 用 $(v-M)_+^{p-1}$ 乘以式(9.70)并在 $\mathbb{R}^N$ 上积分有

$$\begin{aligned}&\frac{1}{p}\frac{d}{\mathrm{d}s}\int_{\mathbb{R}^N}(v-M)_+^p\,\mathrm{d}x+\lambda\int_{\mathbb{R}^N}v(v-M)_+^{p-1}\,\mathrm{d}x-\int_{\mathbb{R}^N}\Delta v(v-M)_+^{p-1}\,\mathrm{d}x\\&=\frac{z(s-\tau,\omega)}{z(-\tau,\omega)}\int_{\mathbb{R}^N}f(x,u)(v-M)_+^{p-1}\,\mathrm{d}x+\frac{z(s-\tau,\omega)}{z(-\tau,\omega)}\int_{\mathbb{R}^N}g(s,x)(v-M)_+^{p-1}\,\mathrm{d}x.\end{aligned} \tag{9.71}$$

现必须估计式(9.71)中所有的项. 明显地，

$$-\int_{\mathbb{R}^N}\Delta v(v-M)_+^{p-1}\,\mathrm{d}x=(p-1)\int_{\mathbb{R}^N}(v-M)_+^{p-2}|\nabla v|^2\mathrm{d}x\geqslant0, \tag{9.72}$$

$$\lambda\int_{\mathbb{R}^N} v(v-M)_+^{p-1}\,\mathrm{d}x \geqslant \lambda\int_{\mathbb{R}^N}(v-M)_+^p\,\mathrm{d}x. \tag{9.73}$$

如果 $v>M$,那么 $u=z^{-1}(s,\vartheta_{-\tau}\omega)v>0$. 故利用假设式(9.3),有

$$f(x,u)\leqslant -\alpha_1 u^{p-1}+\frac{\psi_1(x)}{u}=-\alpha_1\left(\frac{z(s-\tau,\omega)}{z(-\tau,\omega)}\right)^{1-p}v^{p-1}+\frac{z(s-\tau,\omega)}{z(-\tau,\omega)}\frac{\psi_1(x)}{v}. \tag{9.74}$$

既然 $s\in[\tau-1,\tau]$, $p>2$,则由式(9.16)得

$$F^{2-p}\leqslant z^{2-p}(s-\tau,\omega)\leqslant E^{2-p},$$

由此和式(9.74)得到

$$\begin{aligned}
\frac{z(s-\tau,\omega)}{z(-\tau,\omega)}f(x,u)&\leqslant -\alpha_1\left(\frac{z(s-\tau,\omega)}{z(-\tau,\omega)}\right)^{2-p}v^{p-1}+\frac{z^2(s-\tau,\omega)}{z^2(-\tau,\omega)}\frac{\psi_1(x)}{v}\\
&=-\frac{\alpha_1}{2}\left(\frac{z(s-\tau,\omega)}{z(-\tau,\omega)}\right)^{2-p}v^{p-1}-\frac{\alpha_1}{2}\left(\frac{z(s-\tau,\omega)}{z(-\tau,\omega)}\right)^{2-p}v^{p-1}+\\
&\quad\frac{z^2(s-\tau,\omega)}{z^2(-\tau,\omega)}\frac{\psi_1(x)}{v}\\
&\leqslant -\frac{\alpha_1}{2}\frac{F^{2-p}}{z^{2-p}(-\tau,\omega)}M^{p-2}(v-M)-\frac{\alpha_1}{2}\frac{F^{2-p}}{z^{2-p}(-\tau,\omega)}(v-M)^{p-1}+\\
&\quad\frac{F^2}{z^2(-\tau,\omega)}|\psi_1(x)|(v-M)^{-1},
\end{aligned}$$

于是,式(9.71)中的非线性项估计为

$$\begin{aligned}
&\frac{z(s-\tau,\omega)}{z(-\tau,\omega)}\int_{\mathbb{R}^N}f(x,u)(v-M)_+^{p-1}\,\mathrm{d}x\\
&\leqslant -\frac{\alpha_1}{2}\frac{F^{2-p}}{z^{2-p}(-\tau,\omega)}M^{p-2}\int_{\mathbb{R}^N}|(v-M)_+^p\,\mathrm{d}x-\frac{\alpha_1}{2}\frac{F^{2-p}}{z^{2-p}(-\tau,\omega)}\int_{\mathbb{R}^N}(v-M)_+^{2p-2}\,\mathrm{d}x+\\
&\quad\frac{F^2}{z^2(-\tau,\omega)}\int_{\mathbb{R}^N}|\psi_1(x)|(v-M)_+^{p-2}\,\mathrm{d}x\\
&\leqslant -\frac{\alpha_1}{2}\frac{F^{2-p}}{z^{2-p}(-\tau,\omega)}M^{p-2}\int_{\mathbb{R}^N}(v-M)_+^p\,\mathrm{d}x-\frac{\alpha_1}{2}\frac{F^{2-p}}{z^{2-p}(-\tau,\omega)}\int_{\mathbb{R}^N}(v-M)2_+^{p-2}\,\mathrm{d}x+\\
&\quad\frac{1}{2}\lambda\int_{\mathbb{R}^N}(v-M)_+^p\mathrm{d}x+\frac{cF^p}{z^p(-\tau,\omega)}\int_{\mathbb{R}^N(v\geqslant M)}|\psi_1(x)|^{p/2}\mathrm{d}x,
\end{aligned} \tag{9.75}$$

这里和以后我们需重复使用 ε-Young 不等式:

$$|ab|\leqslant \varepsilon a^m+\varepsilon^{-n/m}b^n,\quad \varepsilon>0, m>1, n>1, \frac{1}{m}+\frac{1}{n}=1.$$

式(9.71)右端的第二项估计为

$$\begin{aligned}
&\frac{F}{z(-\tau,\omega)}\left|\int_{\mathbb{R}^N}g(s,x)(v(s)-M)_+^{p-1}\mathrm{d}x\right|\\
&\leqslant \frac{\alpha_1}{4}\frac{F^{2-p}}{z^{2-p}(-\tau,\omega)}\int_{\mathbb{R}^N}(v-M)_+^{2p-2}\,\mathrm{d}x+\frac{1}{\alpha_1}\frac{F^p}{z^p(-\tau,\omega)}\int_{\mathbb{R}^N(v(s)\geqslant M)}g^2(s,x)\mathrm{d}x.
\end{aligned} \tag{9.76}$$

合并式(9.71)至式(9.76),整理得

$$\begin{aligned}
&\frac{\mathrm{d}}{\mathrm{d}s}\int_{\mathbb{R}^N}(v(s)-M)_+^p\,\mathrm{d}x+\frac{\alpha_1F^{2-p}}{z^{2-p}(-\tau,\omega)}M^{p-2}\int_{\mathbb{R}^N}(v(s)-M)_+^p\,\mathrm{d}x+\frac{\alpha_1F^{2-p}}{z^{2-p}(-\tau,\omega)}\int_{\mathbb{R}^N}(v-\\
&M)_+^{2p-2}\,\mathrm{d}x\\
&\leqslant \frac{cFp}{z^p(-\tau,\omega)}(\|g(s,.)\|^2+\|\psi_1\|_{p/2}^{p/2}),
\end{aligned} \tag{9.77}$$

这里 c 独立于 ε,τ,ω 和 M. 注意到对每一个 $\tau\in\mathbb{R}$ 和 $\varepsilon\in(0,1]$,

$$e^{-|\omega(-\tau)|}\leqslant z(-\tau,\omega)=e^{-\varepsilon\omega(-\tau)}\leqslant e^{|\omega(-\tau)|}. \tag{9.78}$$

为方便陈述,记

$$\varrho=\varrho(\tau,\omega,M)=\alpha_1F^{2-p}e^{-(p-2)|\omega(-\tau)|}M^{p-2},$$
$$d=d(\tau,\omega)=\alpha_1F^{2-p}e^{-(p-2)|\omega(-\tau)|}.$$

则式(9.77)改写为

$$\frac{d}{ds}\int_{\mathbb{R}^N}(v(s)-M)_+^p\,dx+\varrho\int_{\mathbb{R}^N}(v(s)-M)_+^p\,dx+d\int_{\mathbb{R}^N}(v-M)_+^{2p-2}\,dx$$
$$\leqslant cF^pe^{p|\omega(-\tau)|}(\|g(s,.)\|^2+1), \tag{9.79}$$

这里 $s\in[\tau-1,\tau]$,ϱ,E,F 独立于 ε 和 t. 在区间 $[\tau-1,\tau]$ 上运用引理 1.4,有

$$\int_{\tau-1}^{\tau}e^{\varrho(s-\tau)}\int_{\mathbb{R}^N}(v(s)-M)_+^{2p-2}\,dxds\leqslant\frac{1}{d}\int_{\tau-1}^{\tau}e^{\varrho(s-\tau)}\int_{\mathbb{R}^N}(v(s,\tau-t,\vartheta_{-\tau}\omega,v_0)-M)_+^p\,dxds+$$
$$\frac{cF^pe^{p|\omega(-\tau)|}}{d}\int_{\tau-1}^{\tau}e^{\varrho(s-\tau)}(\|g(s,.)\|^2+1)ds. \tag{9.80}$$

根据式(9.49),存在常数 $T=T(\tau,\omega,B)\geqslant2$,使得对所有的 $t\geqslant T$,

$$\int_{\tau-1}^{\tau}e^{\varrho(s-\tau)}\int_{\mathbb{R}^N}(v(s,\tau-t,\vartheta_{-\tau}\omega,v_0)-M)_+^p\,dxds\leqslant N(\tau,\omega,\varepsilon)\frac{1}{\varrho}\to0, \tag{9.81}$$

当 $\varrho\to+\infty$,这里 $N(\tau,\omega,\varepsilon)$ 由式(9.49)的右端确定. 接着需要验证式(9.80)右端的第二项,当 $\varrho\to+\infty$ 时任意小. 事实上,选取 $\varrho>\delta(\delta\in(0,\beta))$,$\varsigma\in(0,1)$,有

$$\int_{\tau-1}^{\tau}(e^{\varrho(s-\tau)}(\|g(s,.)\|^2+1)ds=\int_{\tau-1}^{\tau-\varsigma}e^{\varrho(s-\tau)}(\|g(s,.)\|^2+1)ds+\int_{\tau-\varsigma}^{\tau}e^{\varrho\tau}e^{\varrho(s-\tau)}$$
$$(\|g(s,.)\|^2+1)ds$$
$$=e^{-\varrho\tau}\int_{\tau-1}^{\tau-\varsigma}e^{(\varrho-\delta)s}e^{\delta s}(\|g(s,.)\|^2+1)ds+e^{-\varrho\tau}\int_{\tau-\varsigma}^{\tau}e^{\varrho\tau}(\|g(s,.)\|^2+1)ds$$
$$\leqslant e^{-\varrho\varsigma}e^{\delta(\varsigma-\tau)}\int_{-\infty}^{\tau}e^{\delta s}(\|g(s,.)\|^2+1)ds+\int_{\tau-\varsigma}^{\tau}(\|g(s,.)\|^2+1)ds.$$

根据式(9.7),当 $\varrho\to+\infty$ 时,第一项趋于零. 又因为 $g\in L^2_{loc}(\mathbb{R},L^2(\mathbb{R}^N))$,所以可选取充分小的 ς,使得第二项任意小. 则当 $\varrho\to+\infty$,得到

$$cF^pe^{p|\omega(-\tau)|}\int_{\tau-1}^{\tau}e^{\varrho(s-\tau)}(\|g(s,.)+\|^2+1)ds\to0. \tag{9.82}$$

如果 $M\to+\infty$,那么 $\varrho\to+\infty$,故由式(9.80)至式(9.82)可知,当 $M\to+\infty$,

$$\int_{\tau-1}^{\tau}e^{\varrho(s-\tau)}\int_{\mathbb{R}^N}(v(s)-M)_+^{2p-2}\,dxds\to0. \tag{9.83}$$

注意 $v-M\geqslant\frac{v}{2}$ 对 $v\geqslant2M$ 成立. 于是由式(9.83)得

$$\int_{\tau-1}^{\tau}e^{\varrho(s-\tau)}\int_{\mathbb{R}^N(v(s)\geqslant2M)}|v(s)|^{2p-2}dxds\to0,$$

当 $M\to+\infty$ 时成立. 因此,对任意的 $\eta>0$,存在充分大的 $M_1=M_1(\tau,\omega,\eta)>1$,使得当 $t\geqslant T$ 时,

$$\int_{\tau-1}^{\tau}e^{\varrho_1(s-\tau)}\int_{\mathbb{R}^N(v(s)\geqslant2M_1)}|v(s)|^{2p-2}dxds\leqslant\frac{\eta}{2}, \tag{9.84}$$

这里 T 同式(9.82),$\varrho_1=\varrho_1(\tau,\omega,M_1)$. 类似的可证明存在 $M_2=M_2(\tau,\omega,\eta)>1$,使得当 $t\geqslant$

T 时，

$$\int_{\tau-1}^{\tau} e^{\varrho_2(s-\tau)}\int_{\mathbb{R}^N(v(s)\leqslant -2M_2)} |v(s)|^{2p-2}\mathrm{d}x\mathrm{d}s\leqslant \frac{\eta}{2}, \tag{9.85}$$

这里$\varrho_2=\varrho_2(\tau,\omega,M_2)$. 设$\widetilde{M}=2\times\max\{2M_1,2M_2\}$和$\widetilde{\varrho}=\max\{\varrho_1,\varrho_2\}$，则式(9.84)和式(9.85)一起暗示了需要的结论.

9.2.3 有界域上的渐近紧性

在本小节中，利用前面证明的引理 9.5，来证明式(9.12)定义的随机圈 φ 在 $H_0^1(\mathcal{O}_R)$中渐近紧，其中 $R>0$，$\mathcal{O}_R=\{x\in\mathbb{R}^N;|x|\leqslant R\}$. 为此目的，定义 $\phi(.)=1-\xi(.)$，其中 ξ 为截断函数，如式(9.29). 显然 $0\leqslant\phi(s)\leqslant 1$，且当 $s\in[0,1]$，$\phi(s)=1$；当 $s\geqslant 2$，$\phi(s)=0$. 固定正常数 k，定义

$$\tilde{v}(t,\tau,\omega,v_0)=\phi\left(\frac{x^2}{k^2}\right)v(t,\tau,\omega,v_0),\tilde{u}(t,\tau,\omega,u_0)=\phi\left(\frac{x^2}{k^2}\right)u(t,\tau,\omega,u_0), \tag{9.86}$$

这里 v 是方程(9.10)和方程 (9.11)的解，u 是方程(9.1)和方程(9.2)的解，$v=z(t,\omega)u$. 则有

$$\tilde{u}(t,\tau,\omega,u_0)=z^{-1}(t,\omega)\tilde{v}(t,\tau,\omega,v_0). \tag{9.87}$$

明显的$\tilde{v}$解如下方程：

$$\begin{cases}\tilde{v}_t+\lambda\tilde{v}-\Delta\tilde{v}=\phi zf(x,z^{-1}v)+\phi zg-v\Delta\phi-2\nabla\phi.\nabla v,\\ \tilde{v}|_{\partial\mathcal{O}_{k\sqrt{2}}}=0,\\ \tilde{v}(\tau,x)=\tilde{v}_0(x)=\phi v_0(x),\end{cases} \tag{9.88}$$

其中 $\phi=\phi\left(\frac{x^2}{k^2}\right)$.

众所周知，有界域$\mathcal{O}_{k\sqrt{2}}$上具有 Dirichlet 边界条件的特征值问题

$$\begin{cases}-\Delta\tilde{v}=\lambda\tilde{u},\\ \tilde{v}|_{\partial\mathcal{O}_{k\sqrt{2}}}=0\end{cases}$$

在 $L^2(\mathcal{O}_{k\sqrt{2}})$和 $H_0^1(\mathcal{O}_{k\sqrt{2}})$上存在一族正交基$\{\boldsymbol{e}_j\}_{=1}^{+\infty}$，使得相应的特征值$\{\lambda_j\}_{j=1}^{+\infty}$关于 j 非降的. 设 $H_m=\mathrm{Span}\{\boldsymbol{e}_1,\boldsymbol{e}_2,\cdots,\boldsymbol{e}_m\}\subset H_0^1(\mathcal{O}_{k\sqrt{2}})$和 $P_m: H_0^1(\mathcal{O}_{k\sqrt{2}})\to H_m$ 为投影，I 单位算子. 则对每一个$\tilde{u}\in H_0^1(\mathcal{O}_{k\sqrt{2}})$，$\tilde{u}$有唯一分解$\tilde{u}=\tilde{u}_1+\tilde{u}_2$，其中$\tilde{u}_1=P_m\tilde{u}\in H_m$，$\tilde{u}_2=(I-P_m)\tilde{u}\in H_m^{\perp}$，即$H_0^1(\mathcal{O}_{k\sqrt{2}})=H_m\oplus H_m^{\perp}$.

引理 9.6 假定式(9.3)至式(9.7)成立. 设 $\tau\in\mathbb{R}$，$\omega\in\Omega$，$B=\{B(\tau,\omega);\tau\in\mathbb{R},\omega\in\Omega\}\in\mathfrak{D}$，则对任意的 $\eta>0$，存在 $N_0=N_0(\tau,\omega,k,\eta)\in Z^+$ 和 $T=T(\tau,\omega,B,\eta)\geqslant 2$，使得对所有的 $t\geqslant T$ 和 $m>N_0$，

$$\|(I-P_m)\tilde{u}(\tau,\tau-t,\vartheta_{-\tau}\omega,\tilde{u}_0)\|_{H_0^1(\mathcal{O}_{k\sqrt{2}})}\leqslant\eta,$$

其中$\tilde{u}_0=\phi u_0$，$u_0\in B(\tau-t,\vartheta_{-\tau}\omega)$. 这里$\tilde{u}$如式(9.87)给出，$N$ 和 T 独立于ε.

证明 从式(9.87)，我们先估计$\tilde{v}$. 对$\tilde{v}\in H_0^1(\mathcal{O}_{k\sqrt{2}})$，记$\tilde{v}=\tilde{v}_1+\tilde{v}_2$，这里$\tilde{v}_1=P_m\tilde{v}$，$\tilde{v}_2=(I-P_m)\tilde{v}$. 自然的，$\tilde{u}=\tilde{u}_1+\tilde{u}_2$，其中$\tilde{u}_1=P_m\tilde{u}$和$\tilde{u}_2=(I-P_m)\tilde{u}$. 从式(9.88)推出

$$\frac{1}{2}\frac{\mathrm{d}}{\mathrm{d}t}\|\nabla\tilde{v}_2\|_{L^2(\mathcal{O}_{k\sqrt{2}})}^2+\lambda\|\nabla\tilde{v}_2\|_{L^2(\mathcal{O}_{k\sqrt{2}})}^2+\|\Delta\tilde{v}_2\|_{L^2(\mathcal{O}_{k\sqrt{2}})}^2$$

$$=-z\int_{\mathcal{O}_{k\sqrt{2}}}\phi f(x,z^{-1}v)\Delta\tilde{v}_2\mathrm{d}x+\int_{\mathcal{O}_{k\sqrt{2}}}(\phi zg-v\Delta\phi-2\nabla\phi.\nabla v)\Delta\tilde{v}_2\mathrm{d}x, \tag{9.89}$$

这里的 z 为 $z(t,\omega)$ 的简写. 从式(9.4)推知

$$z\int_{\mathcal{O}_{k\sqrt{2}}}\phi f(x,z^{-1}v)\Delta\tilde{v}_2\mathrm{d}x\leqslant\frac{1}{4}\|\Delta\tilde{v}_2\|^2_{L^2(\mathcal{O}_{k\sqrt{2}})}+cz^{4-2p}\|v\|^{2p-2}_{L^{2p-2}(\mathcal{O}_{k\sqrt{2}})}+z^2\|\psi_2\|^2. \tag{9.90}$$

另一方面，

$$\int_{\mathcal{O}_{k\sqrt{2}}}(\phi zg-v\Delta\phi-2\nabla\phi.\nabla v)\Delta\tilde{v}_2\mathrm{d}x\leqslant\frac{1}{4}\|\Delta\tilde{v}_2\|^2_{L^2(\mathcal{O}_{k\sqrt{2}})}+c(z^2\|g\|^2+\|v\|^2+\|\nabla v\|^2). \tag{9.91}$$

于是从式(9.89)至式(9.91)得到

$$\begin{aligned}&\frac{\mathrm{d}}{\mathrm{d}t}\|\nabla\tilde{v}_2\|^2_{L^2(\mathcal{O}_{k\sqrt{2}})}+\|\Delta\tilde{v}_2\|^2_{L^2(\mathcal{O}_{k\sqrt{2}})}\\&\leqslant c(z^{4-2p}\|v\|^{2p-2}_{L^{2p-2}(\mathcal{O}_{k\sqrt{2}})}+z^2\|\psi_2\|^2+z^2\|g\|^2+\|v\|^2_{H^1}).\end{aligned}$$

再结合 Poincaré 不等式

$$\|\Delta\tilde{v}_2\|^2_{L^2(\mathcal{O}_{k\sqrt{2}})}\geqslant\lambda_{m+1}\|\nabla\tilde{v}_2\|^2_{L^2(\mathcal{O}_{k\sqrt{2}})},$$

得

$$\begin{aligned}&\frac{\mathrm{d}}{\mathrm{d}t}\|\nabla\tilde{v}_2\|^2_{L^2(\mathcal{O}_{k\sqrt{2}})}+\lambda_{m+1}\|\nabla\tilde{v}_2\|^2_{L^2(\mathcal{O}_{k\sqrt{2}})}\\&\leqslant c(z^{4-2p}\|v\|^{2p-2}_{L^{2p-2}(\mathcal{O}_{k\sqrt{2}})}+z^2\|\psi_2\|^2+z^2\|g\|^2+\|v\|^2_{H^1}).\end{aligned} \tag{9.92}$$

运用引理 1.4，其中区间取$[\tau-1,\tau]$，推得

$$\begin{aligned}&\|\nabla\tilde{v}_2(\tau,\tau-t,\vartheta_{-\tau}\omega,\tilde{v}_0)\|^2_{L^2(\mathcal{O}_{k\sqrt{2}})}\\&\leqslant\int_{\tau-1}^{\tau}\mathrm{e}^{\lambda_{m+1}(s-\tau)}\|\nabla\tilde{v}_2(s,\tau-t,\vartheta_{-\tau}\omega,\tilde{v}_0)\|^2_{L^2(\mathcal{O}_{k\sqrt{2}})}\mathrm{d}s+\\&\quad c\int_{\tau-1}^{\tau}\mathrm{e}^{\lambda_{m+1}(s-\tau)}z^{4-2p}(s,\vartheta_{-\tau}\omega)\|v(s,\tau-t,\vartheta_{-\tau}\omega,\tilde{v}_0)\|^{2p-2}_{L^{2p-2}(\mathcal{O}_{k\sqrt{2}})}\mathrm{d}s+\\&\quad c\int_{\tau-1}^{\tau}\mathrm{e}^{\lambda_{m+1}(s-\tau)}(z^2(s,\vartheta_{-\tau}\omega)\|\psi_2\|^2+z^2(s,\omega)\|g(s,.)\|^2)\mathrm{d}s+\\&\quad c\int_{\tau-1}^{\tau}\mathrm{e}^{\lambda_{m+1}(s-\tau)}\|v(s,\tau-t,\vartheta_{-\tau}\omega,\tilde{v}_0)\|^2_{H^1}\mathrm{d}s\\&\leqslant c\int_{\tau-1}^{\tau}\mathrm{e}^{\lambda_{m+1}(s-\tau)}z^{4-2p}(s,\vartheta_{-\tau}\omega)\|v(s,\tau-t,\vartheta_{-\tau}\omega,\tilde{v}_0)\|^{2p-2}_{L^{2p-2}(\mathcal{O}_{k\sqrt{2}})}\mathrm{d}s+\\&\quad c\int_{\tau-1}^{\tau}\mathrm{e}^{\lambda_{m+1}(s-\tau)}\|v(s,\tau-t,\vartheta_{-\tau}\omega,\tilde{v}_0)\|^2_{H^1}\mathrm{d}s+\\&\quad c\int_{\tau-1}^{\tau}\mathrm{e}^{\lambda_{m+1}(s-\tau)}z^2(s,\vartheta_{-\tau}\omega)(\|g(s,.)\|^2+1)\mathrm{d}s\\&=I_1+I_2+I_3.\end{aligned} \tag{9.93}$$

接下来，验证当 m 增加到无穷，I_1，I_2 和 I_3 收敛到零. 首先，从式(9.16)，对 $s\in[-1,0]$有 $z^{4-2p}(s,\omega)\leqslant E^{4-2p}$，则

$$\begin{aligned}I_1&=z^{2p-4}(-\tau,\omega)\int_{\tau-1}^{\tau}\mathrm{e}^{\lambda_{m+1}(s-\tau)}z^{4-2p}(s-\tau,\omega)\|v(s,\tau-t,\vartheta_{-\tau}\omega,\tilde{v}_0)\|^{2p-2}_{L^{2p-2}(\mathcal{O}_{k\sqrt{2}})}\mathrm{d}s\\&\leqslant z^{2p-4}(-\tau,\omega)E^{4-2p}\int_{\tau-1}^{\tau}\mathrm{e}^{\lambda_{m+1}(s-\tau)}\|v(s,\tau-t,\vartheta_{-\tau}\omega,\tilde{v}_0)\|^{2p-2}_{L^{2p-2}(\mathcal{O}_{k\sqrt{2}})}\mathrm{d}s\\&\leqslant z^{2p-4}(-\tau,\omega)E^{4-2p}\Big(\int_{\tau-1}^{\tau}\mathrm{e}^{\lambda_{m+1}(s-\tau)}\int_{\mathcal{O}_{k\sqrt{2}}(|v(s)|\geqslant M)}|v(s,\tau-t,\vartheta_{-\tau}\omega,\tilde{v}_0)|^{2p-2}\mathrm{d}x\mathrm{d}s+\end{aligned}$$

$$\int_{\tau-1}^{\tau} e^{\lambda_{m+1}(s-\tau)} \int_{\mathcal{O}_{k\sqrt{2}}(|v(s)|\leqslant M)} |v(s,\tau-t,\vartheta_{-\tau}\omega,\tilde{v}_0)|^{2p-2} dx ds\Big). \tag{9.94}$$

由引理 9.5 可知，存在 $T_1=T_1(\tau,\omega,B)\geqslant 2$ 和 $\widetilde{M}=\widetilde{M}(\tau,\omega,B)>0$，使得对所有的 $t\geqslant T_1$，

$$z^{2p-4}(-\tau,\omega)E^{4-2p}\int_{\tau-1}^{\tau} e^{\widetilde{\varrho}(s-\tau)} \int_{\mathcal{O}_{k\sqrt{2}}(|v(s)|\geqslant\widetilde{M})} |v(s,\tau-t,\vartheta_{-\tau}\omega,\tilde{v}_0)|^{2p-2} dx ds \leqslant \eta. \tag{9.95}$$

因 $\lambda_{m+1}\to+\infty$，所以存在 $N'=N'(\tau,\omega,\eta)>0$，使得对所有的 $m>N'$，$\lambda_{m+1}>\widetilde{\varrho}$. 因此，从式(9.95)给出对所有的 $t\geqslant T_1$ 和 $m>N'$，

$$z^{2p-4}(-\tau,\omega)E^{4-2p}\int_{\tau-1}^{\tau} e^{\lambda_{m+1}(s-\tau)} \int_{\mathcal{O}_{k\sqrt{2}}(|v(s)|\geqslant\widetilde{M})} |v(s,\tau-t,\vartheta_{-\tau}\omega,\tilde{v}_0)|^{2p-2} dx ds \leqslant \eta. \tag{9.96}$$

至于式(9.94)右端的第二项，因 $\mathcal{O}_{k\sqrt{2}}(|v(s)|\leqslant\widetilde{M})$ 有界，故存在 $N''=N''(\tau,\omega,\eta)>0$，使得对所有的 $m>N''$，

$$\begin{aligned} &z^{2p-4}(-\tau,\omega)e^{4-2p}\int_{\tau-1}^{\tau} e^{\lambda_{m+1}(s-\tau)} \int_{\mathcal{O}_{k\sqrt{2}}(|v(s)|\leqslant\widetilde{M})} |v(s,\tau-t,\vartheta_{-\tau}\omega,\tilde{v}_0)|^{2p-2} dx ds \\ &\leqslant z^{2p-4}(-\tau,\omega)E^{4-2p}\frac{\widetilde{M}^{2p-2}}{\lambda_{m+1}}|(\mathcal{O}_{k\sqrt{2}}(|v(s)|\leqslant\widetilde{M}))|\leqslant\eta, \end{aligned} \tag{9.97}$$

这里 $|(\mathcal{O}_{k\sqrt{2}}(|v(s)|\leqslant M))|$ 为有界域 $\mathcal{O}_{k\sqrt{2}}(|v(s)|\leqslant\widetilde{M})$ 的有限测度. 设 $N_1=\max\{N',N''\}$. 从式(9.94)至式(9.97)知对所有的 $m>N_1$，$t\geqslant T_1$，

$$I_1\leqslant 2\eta. \tag{9.98}$$

根据引理 9.1，存在 $T_2=T_2(\tau,\omega,B)$ 和 $N_2=N_2(\tau,\omega,\eta)>0$，使得对所有的 $m>N_2$ 和 $t\geqslant T_2$，

$$I_2=c\int_{\tau-1}^{\tau} e^{\lambda_{m+1}(s-\tau)} \|v(s,\tau-t,\vartheta_{-\tau}\omega,\tilde{v}_0)\|_{H^1}^2 ds\leqslant\frac{cL_1(\tau,\omega,\varepsilon)}{\lambda_{m+1}}\leqslant\eta. \tag{9.99}$$

类似于式(9.82)，可以展示存在 $N_3=N_3(\tau,\omega,\eta)>0$，使得对所有的 $m>N_3$，

$$I_3=c\int_{\tau-1}^{\tau} e^{\lambda_{m+1}(s-\tau)} z^2(s,\vartheta_{-\tau}\omega)(\|g(s,.)\|^2+1)ds\leqslant\eta. \tag{9.100}$$

设 $N_0=\max\{N_1,N_2,N_3\}$ 和 $T=\max\{T_1,T_2\}$. 合并式(9.93)和式(9.98)至式(9.100)，对所有的 $m>N_0$ 和 $t\geqslant T$，

$$\|\nabla\tilde{v}_2(\tau,\tau-t,\vartheta_{-\tau}\omega,\tilde{v}_0)\|_{L^2(\mathcal{O}_{k\sqrt{2}})}^2\leqslant 4\eta. \tag{9.101}$$

于是从式(9.13)和式(9.101)可以得到

$\|\nabla\tilde{u}_2(\tau,\tau-t,\vartheta_{-\tau}\omega,\tilde{u}_0)\|_{L^2(\mathcal{O}_{k\sqrt{2}})}^2=z^2(-\tau,\omega)\|\nabla\tilde{v}_2(\tau,\tau-t,\vartheta_{-\tau}\omega,\tilde{v}_0)\|_{L^2(\mathcal{O}_{k\sqrt{2}})}^2\leqslant 4z^2(-\tau,\omega)\eta$，对所有的 $m>N_0$ 和 $t\geqslant T$ 成立. 证明完成.

引理 9.7 假定式(9.3)至式(9.7)成立. 设 $\tau\in\mathbb{R}$，$\omega\in\Omega$，则对每一个 $k>0$ 及任意的 $t_n\to+\infty$ 和 $u_{0,n}\in B(\tau-t_n,\vartheta_{-t_n}\omega)$，序列 $\left\{\tilde{u}\left(\tau,\tau-t_n,\vartheta_{-\tau}\omega,\phi\left(\frac{x^2}{k^2}\right)u_{0,n}\right)\right\}_{n=1}^{\infty}$ 在空间 $H_0^1(\mathcal{O}_{k\sqrt{2}})$ 中存在收敛子列.

证明 给定 $\eta>0$，从引理 9.6 可知，存在 $N_0\in\mathbb{Z}^+$ 使得当 $t_n\to+\infty$，

$$\left\|(I-P_{N_0})\tilde{u}\left(\tau,\tau-t_n,\vartheta_{-\tau}\omega,\phi\left(\frac{x^2}{k^2}\right)u_{0,n}\right)\right\|_{H^1(\mathcal{O}_{k\sqrt{2}})}\leqslant\eta. \tag{9.102}$$

从引理 9.1 可知，如果 t_n 充分大，那么

$$\left\|P_{N_0}\tilde{u}\left(\tau,\tau-t_n,\vartheta_{-\tau}\omega,\phi\left(\frac{x^2}{k^2}\right)u_{0,n}\right)\right\|H^1(\mathcal{O}_{k\sqrt{2}})\leqslant L_1(\tau,\omega,\varepsilon). \tag{9.103}$$

考虑到 $H^1(\mathcal{O}_{k\sqrt{2}})=P_{N_0}H^1(\mathcal{O}_{k\sqrt{2}})+(I-P_{N_0})H^1(\mathcal{O}_{k\sqrt{2}})$，而 $P_{N_0}H^1(\mathcal{O}_{k\sqrt{2}})$ 为有限维空间. 于是，从式(9.103)可知，如果 n,m 充分大，那么

$$\left\| P_{N_0}\tilde{u}\left(\tau,\tau-t_n,\vartheta_{-\tau}\omega,\phi\left(\frac{x^2}{k^2}\right)u_{0,n}\right)-P_{N_0}\tilde{u}\left(\tau,\tau-t_m,\vartheta_{-\tau}\omega,\phi\left(\frac{x^2}{k^2}\right)u_{0,m}\right)\right\|_{H^1(\mathcal{O}_{k\sqrt{2}})}\leqslant\eta. \tag{9.104}$$

接下来，用标准的讨论，从式(9.102)和式(9.104)容易完成余下的证明. 从而省略.

9.2.4　$H^1(\mathbb{R}^N)$-光滑吸引子的存在性

引理 9.8　假定式(9.3)至式(9.7)成立，则由方程(9.1)和方程(9.2)生成的随机圈 φ 在 $H^1(\mathbb{R}^N)$空间中渐近紧的，即对每一个 $\tau\in\mathbb{R},\omega\in\Omega$ 及任意的 $t_n\to+\infty$ 和 $u_{0,n}\in B(\tau-t_n,\vartheta_{-t_n}\omega)$，序列$\{\varphi(t_n,\tau-t_n,\vartheta_{-t_n}\omega,u_{0,n})\}_{n=1}^{\infty}$在 $H^1(\mathbb{R}^N)$空间上存在收敛子列.

证明　给定 $R>0,\tau\in\mathbb{R}$，记$\mathcal{O}_R^c=\mathbb{R}^N-\mathcal{O}_R$，其中$\mathcal{O}_R=\{x\in\mathbb{R}^N;|x|\leqslant R\}$. 则由引理 9.4，对任意的 $\eta>0$，存在 $R=R(\tau,\omega,\eta)>0$ 和 $N_1=N_1(\tau,\omega,B,\eta)\in\mathbb{Z}^+$，使得对所有的 $n\geqslant N_1$，

$$\| v(\tau,\tau-t_n,\vartheta_{-\tau}\omega,z(\tau-t_n,\vartheta_{-\tau}\omega)u_{0,n})\|_{H^1(\mathcal{O}_R^c)}\leqslant\frac{\eta}{8}e^{-|\omega(-\tau)|}, \tag{9.105}$$

对所有的 $u_{0,n}\in B(\tau-t_n,\vartheta_{-t_n}\omega)$成立. 从式(9.13)和式(9.105)，有

$$\| u(\tau,\tau-t_n,\vartheta_{-\tau}\omega,z(\tau-t_n,\vartheta_{-\tau}\omega)u_{0,n})\|_{H^1(\mathcal{O}_R^c)}\leqslant\frac{\eta}{8}. \tag{9.106}$$

另一方面对这一半径为 R，根据引理 9.7，存在 $N_2=N_2(\tau,\omega,B,\eta)\geqslant N_1$，使得对所有的 m，$n\geqslant N_2$，

$$\| u\left(\tau,\tau-t_n,\vartheta_{-\tau}\omega,\phi\left(\frac{x^2}{R^2}\right)u_{0,n}\right)-u\left(\tau,\tau-t_m,\vartheta_{-\tau}\omega,\phi\left(\frac{x^2}{R^2}\right)u_{0,m}\right)\|_{H_0^1(\mathcal{O}_{R\sqrt{2}}^c)}\leqslant\frac{\eta}{8}. \tag{9.107}$$

接下来，从式(9.106)和式(9.107)，再经过标准的讨论即可得到需要的结论. 证明完成.

设 $\varepsilon\in(0,1]$，从引理 9.1，可知 φ_ε 在空间 $L^2(\mathbb{R}^N)$中存在$\mathfrak{D}$-吸收集 K_ε，定义为

$$K_\varepsilon=\{K_\varepsilon(\tau,\omega)=\{u\in L^2(\mathbb{R}^N);\|u\|\leqslant L_\varepsilon(\tau,\omega)\};\tau\in\mathbb{R},\omega\in\Omega\}, \tag{9.108}$$

这里

$$L_\varepsilon(\tau,\omega,\varepsilon)=\left(c\int_{-\infty}^{0}e^{\lambda s}e^{-2\varepsilon\omega(s)}(\|g(s+\tau,.)\|^2+1)\right)^{\frac{1}{2}}. \tag{9.109}$$

根据引理 9.8 和定理 2.4，马上得到

定理 9.2　假定式(9.3)至式(9.7)成立，则对每一个固定的 $\varepsilon\in(0,1]$，由方程(9.1)至方程(9.2)生成的随机圈 φ_ε 在 $H^1(\mathbb{R}^N)$空间中存在唯一$\mathfrak{D}$-吸引子 $A_{\varepsilon,H^1}=\{A_{\varepsilon,H^1}(\tau,\omega);\tau\in\mathbb{R},\omega\in\Omega\}$，其核段为

$$A_{\varepsilon,H^1}(\tau,\omega)=\bigcap_{s>0}\overline{\bigcup_{t\geqslant s}\varphi_\varepsilon(t,\tau-t,\vartheta_{-t}\omega,K_\varepsilon(\tau-t,\vartheta_{-t}\omega))}^{H^1(\mathbb{R}^N)},\quad \tau\in\mathbb{R},\omega\in\Omega.$$

并且 A_{ε,H^1} 和 φ_ε 在 $L^2(\mathbb{R}^N)$空间中的$\mathfrak{D}$-吸引子 A_ε 一致，其中 A_ε 同式(9.15)定义. 也就是说，

$$A_{\varepsilon,H^1}(\tau,\omega)=\bigcap_{s\geqslant 0}\overline{\bigcup_{t\geqslant s}\varphi_\varepsilon(t,\tau-t,\vartheta_{-t}\omega,K_\varepsilon(\tau-t,\vartheta_{-t}\omega))}^{L^2(\mathbb{R}^N)},\quad \tau\in\mathbb{R},\omega\in\Omega.$$

9.3 $H^1(\mathbb{R}^N)$-上半连续性

从定理 9.1 和定理 9.2,可知对每一个 $\varepsilon\in(0,1]$,φ_ε 在 $L^2(\mathbb{R}^N)$ 和 $H^1(\mathbb{R}^N)$ 中存在共同的 $\mathfrak{D}$-吸引子 $A\varepsilon$,其中 $\mathfrak{D}$ 由式(9.14)所定义. 鉴于此,我们研究吸引子 $A\varepsilon$ 同时在空间 $L^2(\mathbb{R}^N)$ 和 $H^1(\mathbb{R}^N)$ 中的上半连续性. 注意到文献[90]仅仅研究了在 $L^2(\mathbb{R}^N)$ 空间中在 $\varepsilon=0$ 处的上半连续性. 这里,我们证明 A_ε 的上半连续性也可在 $H^1(\mathbb{R}^N)$ 拓扑下发生.

同文献[90],设 f 进一步满足 $x\in\mathbb{R}^N$ 和 $s\in\mathbb{R}$,

$$\left|\frac{\partial}{\partial s}f(x,s)\right|\leqslant\alpha_4|s|^{p-2}+\psi_4(x), \tag{9.110}$$

其中 $\alpha_4>0$. 当 $p=2$ 时,$\psi_4\in L^\infty(\mathbb{R}^N)$;当 $p>2$ 时,$\psi_4\in L^{\frac{p}{p-2}}(\mathbb{R}^N)$.

设 φ_0 为方程(9.1)和方程(9.2)在 $\varepsilon=0$ 时相对应的连续圈. 即 φ_0 为 $\mathbb{R}$ 上的非自治确定圈. 记 $\mathfrak{D}_0$ 表示 $L^2(\mathbb{R}^N)$ 空间的非空闭的确定子集构成的集合:

$$\mathfrak{D}_0=\{B=\{B(\tau)\subseteq L^2(\mathbb{R}^N);\tau\in\mathbb{R}\};\lim_{t\to+\infty}\mathrm{e}^{-\delta t}\,\|B(\tau-t)\|=0,\tau\in\mathbb{R},\delta<\lambda\},$$

其中 λ 同式(9.10). 作为定理 9.2 的特殊情形,在假设式(9.3)至式(9.7)下,φ_0 在 $L^2(\mathbb{R}^N)$ 和 $H^1(\mathbb{R}^N)$ 空间中,存在共同的 $\mathfrak{D}_0$-吸引子 $A_0=\{A_0(\tau);\tau\in\mathbb{R}\}$.

要证明 A_ε 在 $\varepsilon=0$ 处的上半连续性,必须验证定理 2.6 的条件(2.9)至条件(2.13)分别在 $L^2(\mathbb{R}^N)$ 和 $H^1(\mathbb{R}^N)$ 中成立. 然而式(2.9)至式(2.12)已经获得,见文献[90]的推论 7.2,引理 7.5 和等式(7.31). 这里仅仅需要验证式(2.13)在 $H^1(\mathbb{R}^N)$ 中成立即可.

引理 9.9 假定式(9.3)至式(9.7)成立,则对每一个 $\tau\in\mathbb{R}$ 和 $\omega\in\Omega$,$\bigcup_{\varepsilon\in(0,1]}A_\varepsilon(\tau,\omega)$ 在 $H^1(\mathbb{R}^N)$ 中是预紧的.

证明 对任意的 $\eta>0$,只需证明对每一个 $\tau\in\mathbb{R}$ 和 $\omega\in\Omega$,集合 $\bigcup_{\varepsilon\in(0,1]}A_\varepsilon(\tau,\omega)$ 在空间 $H^1(\mathbb{R}^N)$ 中存在有限的 η-网. 记 $\chi=\chi(\tau,\omega)\in\bigcup_{\varepsilon\in(0,1]}A\varepsilon(\tau,\omega)$. 则存在 $\varepsilon\in(0,1]$,使得 $\chi(\tau,\omega)\in A_\varepsilon(\tau,\omega)$. 由 $A_\varepsilon(\tau,\omega)$ 的不变性可知,存在 $u_0\in A_\varepsilon(\tau-t,\vartheta_{-t}\omega)$,使得

$$\chi(\tau,\omega)=\varphi_\varepsilon(t,\tau-t,\vartheta_{-t}\omega,u_0)=u_\varepsilon(\tau,\tau-t,\vartheta_{-\tau}\omega,u_0)\quad(\text{利用式(9.13)}), \tag{9.111}$$

对所有的 $t\geqslant0$ 成立. 设 $R>0$,记 $\mathcal{O}_R^c=\mathbb{R}^N-\mathcal{O}_R$,其中 $\mathcal{O}_R=\{x\in\mathbb{R}^N;|x|\leqslant R\}$. 注意到 $A_\varepsilon(\tau,\omega)\in\mathfrak{D}$. 则根据引理 9.4,对任意的 $\eta>0$,存在 $T=T(\tau,\omega,\eta)\geqslant2$ 和 $R=R(\tau,\omega,\eta)>1$,使得方程(9.1)和方程(9.2)的解 u 满足对所有的 $t\geqslant T$,

$$\|u_\varepsilon(\tau,\tau-t,\vartheta_{-\tau}\omega,u_0)\|_{H^1(\mathcal{O}_R^c)}\leqslant\eta. \tag{9.112}$$

于是从式(9.111)和式(9.112)有

$$\|\chi(\tau,\omega)\|_{H^1(\mathcal{O}_R^c)}\leqslant\eta,\text{对所有的 }\chi\in\textstyle\bigcup_{\varepsilon\in(0,1]}A_\varepsilon(\tau,\omega). \tag{9.113}$$

另一方面根据引理 9.6 可知,存在投影 P_{N_0} 和 $T=T(\tau,\omega,\eta)\geqslant2$,使得对所有的 $t\geqslant T$,

$$\|(I-P_{N_0})\tilde{u}_\varepsilon(\tau,\tau-t,\vartheta_{-\tau}\omega,\tilde{u}_0)\|_{H_0^1(\mathcal{O}_{R\sqrt{2}})}\leqslant\eta, \tag{9.114}$$

这里 $\tilde{u}_\varepsilon$ 为 u_ε 在区域 $\mathcal{O}_{R\sqrt{2}}$ 上的截断函数,见公式(9.86). 因为 $P_{N_0}\tilde{u}_\varepsilon\in H_{N_0}$,这里空间 $H_{N_0}=\mathrm{span}\{\boldsymbol{e}_{1,2,\cdots},\boldsymbol{e}_{N_0}\}$ 是有限维的,而 $P_{N_0}\tilde{u}_\varepsilon(\tau,\tau-t,\vartheta_{-\tau}\omega,\tilde{u}_0)$ 在 H_{N_0} 空间有界,因而是紧的. 从而存在有限个点 $v_1,v_2,\cdots,v_s\in H_{N_0}$,使得

$$\|P_{N_0}\tilde{u}_\varepsilon(\tau,\tau-t,\vartheta_{-\tau}\omega,\tilde{u}_0)-v_i\|_{H_0^1(\mathcal{O}_{R\sqrt{2}})}\leqslant\eta. \tag{9.115}$$

利用式(9.111),不等式(9.114)和不等式(9.115)分别改写为

$$\|(I-P_{N_0})\chi(\tau,\omega)\|_{H_0^1(\mathcal{O}_{R\sqrt{2}})}\leqslant\eta,\ \|P_{N_0}\chi(\tau,\omega)-v_i\|_{H_0^1(\mathcal{O}_{R\sqrt{2}})}\leqslant\eta, \tag{9.116}$$

对所有的 $\chi\in\bigcup_{\varepsilon\in(0,1]}A_\varepsilon(\tau,\omega)$ 成立. 现定义 $\tilde{v}_i=\tilde{v}_i(x)=0$ 如果 $x\in\mathcal{O}_{R\sqrt{2}}^c$；$\tilde{v}_i=v_i$ 如果 $x\in\mathcal{O}_{R\sqrt{2}}$. 则对每一个 $i=1,2,\cdots,s$，$\tilde{v}_i\in H^1(\mathbb{R}^N)$. 并且根据式(9.113)和式(9.116)，有

$$\begin{aligned}\|\chi(\tau,\omega)-\tilde{v}_i\|H^1(\mathbb{R}^N)&\leqslant\|\chi(\tau,\omega)-\tilde{v}_i\|_{H^1(\mathcal{O}_{R\sqrt{2}}^c)}+\|\chi(\tau,\omega)-\tilde{v}_i\|_{H_0^1(\mathcal{O}_{R\sqrt{2}})}\\&\leqslant\|\chi(\tau,\omega)\|_{H^1(\mathcal{O}_{R\sqrt{2}}^c)}+\|P_{N_0}\chi(\tau,\omega)-\tilde{v}_i\|_{H_0^1(\mathcal{O}_{R\sqrt{2}})}+\\&\quad\|(I-P_{N_0})\chi(\tau,\omega)\|_{H_0^1(\mathcal{O}_{R\sqrt{2}})}\leqslant 3\eta,\end{aligned}$$

对所有的 $\chi\in\bigcup\limits_{\varepsilon\in(0,1]}A_\varepsilon(\tau,\omega)$ 成立. 因此，$\bigcup\limits_{\varepsilon\in(0,1]}A_\varepsilon(\tau,\omega)$ 在 $H^1(\mathbb{R}^N)$ 中有限 η-网，这暗示了并集 $\bigcup\limits_{\varepsilon\in(0,1]}A_\varepsilon(\tau,\omega)$ 在 $H^1(\mathbb{R}^N)$ 中是预紧的. 证毕.

于是，我们得到以 ε 为指标的吸引子 A_ε 在 $H^1(\mathbb{R}^N)$ 中收敛到 A_0：

定理 9.3　假定式(9.3)至式(9.7)和式(9.110)成立，则对每一个 $\tau\in\mathbb{R}$ 和 $\omega\in\Omega$，

$$\lim_{\varepsilon\downarrow 0}\operatorname{dist}_{H^1}(A_\varepsilon(\tau,\omega),A_0(\tau))=0,$$

这里 $\operatorname{dist}_{H^1}$ 为空间 $H^1(\mathbb{R}^N)$ 中的 Hausdorff 半距离.

参考文献

[1] Adhikari,D. Cao,C. Wu,J. The 2D Boussinesq equations with vertical viscosity and vertical diffusivity[J]. J Differential Equations,2010(249):1078-1088.

[2] Adams, R. A., Fournier, J. F. Sobolev Spaces, Second edition [M]. Academic Press,2003.

[3]Adili,A., Wang,B. Random attractors for non-autonomous stochasitic FitzHugh-Nagumo systems with multiplicative noise[J]. Discrete Contin Dyn Systs,Supplement,2013:1-10.

[4] Adili,A., Wang,B. Random attractors for stochastic FitzHugh-Nagumo systems driven by deterministic non-autonomous forcing[J]. Discrete Contin Dyn Systs,Ser B,2013,18(3):643-666.

[5] Aifantis,E. C. On the problem of diffusion in solids[J]. Acta Mechanica,1980,37(3-4):265-296.

[6] Aifantis,E. C. Gradient nanomechanics: applications to deformation,fracture,and diffusion in nanopolycrystals[J]. Metallurgical and Materials Transactions A,2011,42(10):2985-2998.

[7] Anh,C. T., Tang,Q. B. Pullback attractors for a non-autonomous semi-linear degenerate parabolic equation[J]. Glasg Math J,2010(52):537-554.

[8] Anh,C. T., Hung,P. Q. Global existence and long-time behavior of solutions to a class of degenerate parabolic equations[J]. Ann Polon Math,2008(93):217-230.

[9] Anh,C. T., Chuong,N. M., Ke,T. D. Global attractors for the m-semiflow degenerated by a quasilinear degenerate parabolic equation[J]. J Math Anal Appl,2010(363):444-453.

[10] Anh,C. T., Tang,Q. B., Thanh,N. V. Regularity of random attractors for stochastic semi-linear degenerate parabolic equations[J]. Electronic J of Differential equations,2012(207):1-22.

[11] Anh,C. T., Tang,Q. B., Pullback attractors for a class of non-autonous nonclassical diffusion equations[J]. Nonlinear Anal,2010(73):399-412.

[12] Anh, C. T., Toan, N. D. Pullback attractors for nonclassical diffusion equations in noncylindrical domains[J]. Internat J Math Math Sci, 2012(2012): 875913.

[13] Anh, C. T., Tang, Q. B. Dynamics of non-autonomous nonclassical diffusion equations on R^n[J]. Commun Pure Appl Anal, 2012, 11(3): 1231-1252.

[14] Arnold, L. Random dynamical dystem[M]. Springer-Verlag, Berlin, 1998.

[15] Babin, A. V., Vishik, M. I. Attractors of Evolution Equations[M]. North-Holland, Amsterdam, 1992.

[16] Ball, J. M. Continuity property and global attractors of generalized semiffows and the Navier-stokes equations[J]. J Nonlinear Sci, 1997(7): 475-502.

[17] Ball, J. M. Global attractors for damped semilinear wave equations[J]. Discrete Contin Dyn Syst, 2004(10): 31-52.

[18] Basma, J. M. Long-time asymptotics of the second grade fluid equations on $\mathbb{R}^2$[J]. Dynamics of PDe, 2011, 8(3): 185-223.

[19] Bates, P. W., Lu, K. L., Wang, B. X. Random attractors for stochastic reaction-diffusion equations on unbounded domain[J]. J Differential equation, 2009(246): 845-869.

[20] Brézis, H. Analyse fonctionnelle: theorie et applications[M]. Paris, France: Masson, 1983.

[21] Brézis, H. Functional Analysis, Sobolev Spaces and Partial Differential Equations[M]. Springer: New York, 2011.

[22] Brze źniak, Z., Caraballo, T., Langa, J. A., et al. Random attractors for stochastic 2D-Navier-Stokes equations in some unbounded domains[J]. J Differential Equations, 2013, 255(11): 3897-3919.

[23] Brune, P., Duan, J., Schmalfuß, B. Random dynamics of the Boussinesq system with dynamical boundary conditions[J]. Stoch Anal Appl, 2009, 27(5): 1096-1116.

[24] Caldiroli, P., Musina, R. On a variational degenerate elliptic problem[J]. Nonlinear Differ Equ Appl, 2000(7): 187-199.

[25] Caraballo, T., Kloeden, P. E., Schmafuß, B. Exponentially stable stationary solutions for stochastic evolution equations and their perturbation[J]. Appl Math Optim, 2004(50): 183-207.

[26] Caraballo, T., Langa, J. A., Robinson, J. C. Upper semicontinuity of attractors for small random perturbations of dynamical systems[J]. Communications in Partial Differential Equations, 1998(23): 1557-1581.

[27] Chen, S., Foias, C., Holm, D. D., et al. A connection between Camassa-Holm equations and turbulent fows in channels and pipes[J]. Phys Fluids, 1999(11): 2343-2353.

[28] Chen, S., Foias, C., Holm, D. D., et al. The Camassa-Holm equations as a closure model for turbulent channel fow[J]. Phys Rev Lett, 1998(81): 5338-5341.

[29] Chen, S., Foias, C., Holm, D. D., et al. The Camassa-Holm equations and turbulence [J]. Physica D, 1999(133): 49-65.

[30] Chueshov, I. Monotone Random Systems Theory and Applications[M]. Springer-Ver-

lag,Berlin,2002.

[31] Crauel,H. ,Flandoli,F. Attracors for random dynamical systems[J]. Probab Theory Related Fields,1994(100):365-393.

[32] Crauel, H. , Debussche, A. , Flandoli, F. Random attractors [J]. J Dynam Diferential equations,1997(9):307-341.

[33] Prato,G. Da. ,Zabczyk,J. Stochastic Equations in Infinite Dimensions[M]. Cambridge Univ Press,Cambridge,1992.

[34] Evans,L. C. Partial Differential Equations[M]. Gratidute Studies In Mathematics Volume 19,American Mathematics Society,2010.

[35] Dautray,R. ,Lions,J. L. Mathematical Analysis and Numerical Methods for Science and Technology,Vol. I: Physical origins and classical method[M]. Springer-Verlag,Berlin, 1985.

[36] Deugoue,G. ,Sango,M. Weak solutions to stochastic 3D Navier-Stokes-α model of turbulence: α-Asymptotic behavior[J]. J Math Anal Appl, 2011,384(1):49-62.

[37] Eidus,D. ,Kamin,S. The fltration equation in a class of functions decreasing at infinity [J]. Proc Amer Math Soc,1994,120(3):825-830.

[38] Fan,X. Attractors for a damped stochastic wave equation of Sine-Gordon type with sublinear multiplicative noise[J]. Stoch Anal Appl,2006(24):767-793.

[39] Feireisl, E. , Laurencot, P. , Simondon, F. Global attractors for degenerate parabolic equations on unbounded domains[J]. J Differential Equations,1996,129(2):239-261.

[40] FitzHugh,R. Impulses and physiological states in theoretical models of nerve membrane[J]. Biophys J,1961(1):445-466.

[41] Flandoli,F. Schmalfuß,B. Random attractors for the 3D stochastic Navier-Stokes equation with multiplicative noise[J]. Stoch Stoch Rep,1996(59):21-45.

[42] Foias,C. ,Holm,D. D. ,Titi,E. S. The three dimensional viscuous Camassa-Holm equations,and their relation to the Navier-Stokes equations and turbulence theory[J]. J Dynam Differential equations,2002,14(1):1-35.

[43] Gan,C. ,Wang,Q. ,Perc,M. Torus breakdown and noise-induced dynamics in the randomly driven Morse oscillator[J]. J Phys A: Math Theor,2010,43(12):125102.

[44] Gu,A. H. ,Li,Y. R. ,Li,J. Random attractor for stochastic lattice FitzHugh-Nagumo system driven by α-stable Lévy noises[J]. Int J Bifurcat Chaos,2014,24(10):1450123.

[45] Gu,A. H. ,Li,Y. R. Singleton sets random attractor for stochastic FitzHugh-Nagumo lattice equations driven by fractional Brownian motions[J]. Commun Nonlinear Sci Numer Simulat,2014(19):3929-3937.

[46] Guo,B. Nonlinear Galerkin methods for solving two dimensional Boussinesq equations [J]. Chin Ann Math,1995(16B):379-390.

[47] Guo,B. Spectral methods for solving two dimensional Newton-Boussinesq equations[J]. Acta Math Appl Sin, 1989(5):208-218.

[48] Guo,B. Yuan,G. On the suitable weak solutions to the Boussinesq equations in a bound-

ed domain[J]. Acta Math Sin,1996(12):205-216.

[49] Gurtin,M. E,. MacCamy,R. C. On the Diffusion of biological populations[J]. Math Biosci,1977(33):35-49.

[50] Hu,S. ,Papageorgiou,N. S. Handbook of Multivalued Analysis[M]. Volume 1: Theory,Kluwer Academic Publishers,Dordrecht,1997.

[51] Hu,Z. ,Wang,Y. Pullback attractors for a nonautonomous nonclassical difusion equation with variable delay[J]. J Math Physics,2012,53(7):2702.

[52] Huang,J. The random attractor of stochastic FitzHugh-Nagumo equations in an infinite lattice with white noises[J]. Physica D,2007(233):83-94.

[53] Imkeller,P. ,Schmalfuβ,B. The conjugacy of stochastic and random differential equtions and the exitence of global attractors[J]. J Dynam Differential Equations,2001,13(2): 215-249.

[54] Jones,C. Stability of the traveling wave solution of the FitzHugh-Nagumo System[J]. Trans Amer Math Soc,1984(286):431-469.

[55] Kamin,S. ,Rosenau,P. Propagation of thermal waves in an inhomogeneous medium[J]. Commun Pur Appl Math,1981(34):831-852.

[56] Kamin,S. ,Rosenau,P. Nonlinear thermal evolution in an inhomogeneous medium[J]. J Math Phys,1982,23(7):1385-1390.

[57] Karachalios, N. I. , Zographopoulos,N. B. On the dynamics of a degenerate parabolic equation: Global bifurcation of stationary states and convergence[J]. Calc Var,2006, 25(3):361-393.

[58] Keller,H. , Schmalfuβ,B. Attractors for stochastic differential equations with nontrivial noise[J]. Bul Acad Stiinte Repub Mold Math,1998(26):43-54.

[59] Kloeden,P. E. , Langa,J. A. Flattening,squeezing and the existence of random attractors[J]. Proc R Soc Lond,Ser A,2007(463):163-181.

[60] Kuttler,K. , Aifantis,E. C. Quasilinear evolution equations in nonclassical diffusion [J]. Siam J Math Anal,1998,19(1):110-120.

[61] Lee,H. Analysis and computational methods of dirichlet bound optimal control problem for 2D Boussinesq equations[J]. Adv Compu Math,2003(19):255-275.

[62] Li,Y. , Guo,B. Random attractors for quasi-continuous random dynamical systems and applications to stochastic reaction-diffusion equations[J]. J Differential Equations,2008 (245):1775-1800.

[63] Li, Y. , Gu,A. , Li,J. existences and continuity of bi-spatial random attractors and application to stochasitic semilinear Laplacian equations[J]. J Differential Equations, 2015,258(2):504-534.

[64] Li,Y. , Cui,A. , Li,J. Upper semi-continuity and regularity of random attractors on ptimes integrable spaces and applications[J]. Nonlinear Anal,2014(109):33-44.

[65] Li,Y. , Guo,B. Random attractors of Boussinesq equations with multiplicative noise [J]. Acta Math Sin,English Ser,2009(25):481-490.

[66] Li,Y. , Yin,J. Amodifed proof of pullback attractors in a Sobolev space for stochastic FitzHugh-Nagumo equations[J]. Discrete Contin Dyn Syst, 2016,21(4):1203-1223.
[67] Li,J. , Li,Y. , Wang,B. Random attractors of reaction-diffusion equations with multiplicative noise in L^p[J]. Appl Math Compu,2010(215):3399-3407.
[68] Lu,Y. , Shao,Z. Determining nodes for partly dissipative reaction diffusion systems [J]. Nonlinear Anal,2003,54(5):873-884.
[69] Ma,L. , Zhao,L. Uniqueness of ground states of some coupled nonlinear Schrödinger systems and their application[J]. J Differential Equations,2008(245):2551-2565.
[70] Ma,Q. , Liu,Y. , Zhang,F. Global Attractors in $H^1(\mathbb{R}^n)$ for Nonclassical Diffusion Equations[J]. Discrete Dynamics in Nature and Society,2012(2012):1-16.
[71] Marion, M. Finite-dimensional attractors associated with partly disspativen reaction-diffusion systems[J]. Siam J Math Anal, 1989(20):818-844.
[72] Marín-Rubio,P. , Real,J. , Valero,J. Pullback attractors for a two-dimensional Navier-Stokes model in an infinite delay case[J]. Nonlinear Anal,2011,74(5):2012-2030.
[73] Morillas,F. , Valero,J. Attractors for reaction-diffusion equations in $\mathbb{R}^N$ with continuous nonlinearity[J]. Aysmptotic Analysis,2005(44):111-130.
[74] Murray,J. D. Mathematical Biology, Ⅱ: Spatial Models and Biomedical Applications [M]. Springer-Verlag,New York-Berlin-Heidelberg,2003.
[75] Nagumo,J. , Arimoto,S. , Yosimzawa,S. An active pulse transimission line simulating nerve axon[J]. Proc Ire,1964(50):2061-2070.
[76] Niu,W. Global attractors for degenerate semilinear parabolic equations[J]. Nonlinear Anal,2013(77):158-170.
[77] Paicu,M. , Raugel,G. , Rekalo,A. Regularity of the global attractor and finitedimensional behavior for the second grade fluid Equations[J]. J Differential Equations,2012, 252(6):3695-3751.
[78] Razafimandimby,P. A. , Sango,M. Asymptotic behavior of solutions of stochastic evolution equations for second grade fluids[J]. C R Acad Sci Paris,Ser Ⅰ,2010,348(13-14):787-790.
[79] Robinson,J. C. Infinite-Dimensional Dynamical Systems: An introduction to Dissipative Parabolic PDEs and the Theory of Global Attractors[M]. Cambridge Univ Press,2001.
[80] Rudin,W. Functional Analysis[M]. China Machine Press,2004.
[81] Schmalfuß,B. Backward cocycle and attractors of stochastic differential equations[M]. in: V. Reitmann,T. Riedrich,N. Koksch (Eds.):,International Seminar on Applied Mathematics-Nonlinear Dynamics: Attractor Approximation and Global Behavior, Technische Universität, Dresden,1992:185-192.
[82] Shao,Z. D. Existence and continuity of strong solutions of partly dissipative reaction diffusion systems[J]. Discrete Contin Dyn Systs,Supplement,2011:1319-1328.
[83] Sulaiman,S. Global existence and uniqueness for a nonlinear Boussinesq system in di-

mension two[J]. J Math Phys,2010(51):093103.

[84] Sun,C.,Yang,M. Dynamics of the nonclassical diffusion equations[J]. Asymptotic Analysis,2008,59(1):51-81.

[85] Sun,C., Yang,M. Global attractors for a nonclassical diffusion equation[J]. Acta Math Sinica,English Series,2007,23(7):1271-1280.

[86] Sutherland,W. A. Introduction to Metric and Topological Spaces[M]. Oxford Uniforsity Press,Oxford,england,1975.

[87] Tang,B. Q. Regularity of pullback random attractors for stochasitic FitzHugh-Nagumo system on unbounded domains[J]. Discrete Contin Dyn Systs,2015,35(1):441-466.

[88] Tang,B. Q. Regularity of random attractors for stochastic reaction-diffusion equations on unbounded domains[J]. Stochastics and Dynamics,2016,16(1):1650006.

[89] Temam,R. Infnite-Dimensional Dynamical Systems in Mechanics and Physics[M]. Springer-Verlag,New York,1997.

[90] Wang,B. Existence and upper Semicontinuity of attractors for stochastic equations with deterministic non-autonomous terms[J]. Stochastics and Dynamics, 2014, 14(4): 1791-1798.

[91] Wang,B. Random attractors for non-autonomous stochastic wave equations with multiplicative noise[J]. Discrete and Continuous Dynamical systems, 2014,34(1):269-300.

[92] Wang, B. Random attractors for the stochastic FitzHugh-Nagumo system on unbounded domains[J]. Nonlinear Anal,2009(71):2811-2828.

[93] Wang,B. Asymptotic behavior of stochastic wave equations with critical exponents on R^3[J]. Trans Amer Math Soc, 2011(363):3639-3663.

[94] Wang,G., Guo,B., Li,Y. The asymptotic behavior of the stochastic Ginzburg-Landau equation with additive noise[J]. Appl Math Comput,2008,198(2):849-857.

[95] Wang,Z., Zhou,S. Random attractors for stochastic reaction-diffusion equations with multiplicative noise on unbounded domains[J]. J Math Anal Appl, 2011, 384(1): 160-172.

[96] Wang,B. Random attractors for the stochastic Benjamin-Bona-Mahony equation on unbounded domains[J]. J Differential Equations,2009(246):2506-2537.

[97] Wang,B. Suffcient and necessary criteria for existence of pullback attractors for non-compact random dynamical systems[J]. J Differential Equations, 2012(253): 1544-1583.

[98] Wang,B. Pullback attractors for non-autonomous reaction-diffusion equations on $\mathbb{R}^N$ [J]. Frontiers of Mathematics in China,2009,4(3):563-583.

[99] Wang,B. Attractors for reaction-diffusion equations in unbounded domains[J]. Phys. D,1999(128):41-52.

[100] Wang,B. Upper semicontinuity of random attractors for non-compact random dynamical systems[J]. Electronic Journal of Differential Equations,2009(139):1-18.

[101] Wang,S., Li,D., Zhong,C. On the dynamics of a class of nonclassical parabolic equa-

tions[J]. J Math Anal Appl,2006,317(2):565-582.

[102] Yang,M. , Sun,C. , Zhong,C. Existence of a global attractor for a p-Laplacian equation in $\mathbb{R}^N$[J]. Nonlinear Anal,2007,66(1):1-13.

[103] Wang,X. , Zhong,C. Attractors for the non-autonomous nonclassical diffusion equations with fading memory[J]. Nonlinear Anal,2009(71):5733-5746.

[104] Wang,Y. , Wang,L. Trajectory attractors for nonclassical diffusion equations with fading memory[J]. Acta Math Scientia,2013,33(3):721-737.

[105] Weinstein,M. I. Nonlinear Schrödinger equations and sharp interpolation estimates [J]. Commun Math Phys,1983(87):567-576.

[106] Yang,M. H. , Sun,C. Y. , Zhong,C. K. Global attractor for p-Laplacian equation [J]. J Math Anal Appl,2007,327(2):1130-1142.

[107] Yang,M. H. , Kloeden,P. E. Random attractors for stochastic semi-linear degenerate parabolic equations[J]. Nonlinear Analysis: Real World Applications,2011,12(5): 2811-2821.

[108] Yin,J. , Li,Y. , et al. Random attractors for stochastic semi-linear degenerate parabolic equations with additive noise in L^q[J]. Appl Math Compu,2013(225):526-540.

[109] Zelik,S. Attractors of reaction-diffusion systems in unbounded domains and their spatial complex[J]. Commun Pure Appl Math,2003(56):584-637.

[110] Zhang,F. , Liu,Y. Pullback attractors in $H^1(\mathbb{R}^n)$ for non-autonomous nonclassical diffusion equations[J]. Dynamical Systems,2014,29(1):106-118.

[111] Zhang,Q. Random attractors for a Ginzburg-Landau equation with additive noise[J]. Chaos,Solitons and Fractals,2009,39(1):463-472.

[112] Zhang,Y. , Zhong,C. , Wang,S. Attractors for a class of reaction-diffusion equations [J]. Nonlinear Anal,2009(71):1901-1908.

[113] Zhao,W. , Li,Y. (L^2, L^p)-random attractors for stochastic reaction-diffusion equation on unbounded domains[J]. Nonlinear Anal,2012,75(2):485-502.

[114] Zhao,W. , Li,Y. Existence of random attractor for a p-Laplacian-type equation with additive noise[J]. Abstract and Applied Analysis,2011(616451):1-21.

[115] Zhao,W. , Li,Y. Asymptotic behavior of two-dimensional stochastic magneto-hydrodynamics equations with additive noises[J]. J Math Physics,2011,52(072701):1-18.

[116] Zhao, W. Regularity of random attractors for a stochastic degenerate parabolic equation driven by additive noises[J]. Appl Math Compu,2014,239(15):358-374.

[117] Zhao,W. H^1-random attractors for stochastic reaction-diffusion equations with additive noise[J]. Nonlinear Anal, 2013(84):61-72.

[118] Zhao,W. Regularity of random attractors for a stochastic degenerate parabolic equations driven by multiplicative noise[J]. Acta Math Scientia,2016,36B(2):409-427.

[119] Zhao,W. H^1-random attractors and random equilibria for stochastic reaction-diffusion equations with multiplicative noises[J]. Commun. Nonlinear Sci Numer Simulat, 2013,18(10):2707-2721.

[120] Zhao, W., Song, S. Dynamics of stochastic nonclassical diffusion equations on unbounded domains[J]. Electron J Diff Equ, 2015(282):1-22.

[121] Zhao, W. Existences and upper semi-continuity of pullback attractors in $H^1(\mathbb{R}^N)$ for non-autonomous reaction-diffusion equations perturbed by multiplicative noise[J]. Electron J Diff Equ, 2016(294):1-28.

[122] Zhong, C., Yang, M., Sun, C. The existence of global attractors for the norm-to-weak continuous semigroup and its application to the nonlinear reaction-diffusion equations[J]. J Differential Equations, 2006(223):367-399.

[123] 赵文强. 带加法白噪声的随机三维 Camassa-Holm 模型的 H^2-吸引子[J]. 数学学报, 2014, 57(4):795-810.

[124] 赵文强. 无界域上加法扰动的非自治随机 FitzHugh-Nagumo 系统的拉回吸引子的正则性[J]. 中国科学·数学, 2016, 46(4):495-510.

[125] 赵文强, 李扬荣. 随机耗散 Camassa-Holm 方程的吸引子[J]. 应用数学学报:中文版, 2012, 35(1):73-87.

[126] 赵文强, 李扬荣. 带加法白噪声的随机 Boussinesq 方程组的解的渐近行为[J]. 数学学报:中文版, 2013, 56(1):1-14.

[127] 赵文强, 陈尚杰. 随机动力系统的吸引子与偏微分方程的解[M]. 重庆:重庆大学出版社, 2012.

[128] 钟承奎, 范先令, 等. 非线性泛函分析引论[M]. 兰州:兰州大学出版社, 2004.

[129] 周民强. 实变函数论[M]. 北京:北京大学出版社, 2001.

[130] 程其襄, 张奠宙, 等. 实变函数与泛函分析基础[M]. 北京:高等教育出版社, 2003.

[131] 郭懋正. 实变函数与泛函分析[M]. 北京:北京大学出版社, 2005.

[132] 郭柏灵, 蒲学科. 随机无穷维动力系统[M]. 北京:北京航空航天大学出版社, 2009.

[133] Sheldon M. Ross. 应用随机过程——概率模型导论[M]. 龚光鲁, 译. 北京:人民邮电出版社, 2007.

